Toyota Electric Vehicle War

トヨタのEV戦争

EVを制した国が、
世界の経済を支配する

中西孝樹
Takaki Nakanishi

講談社ビーシー／講談社

トヨタのEV戦争

EVを制した国が、世界の経済を支配する

はじめに

国内自動車産業は過去最大の危機に直面している。

脱炭素を進め、自国の経済安全保障を強める欧米のルールメーキングに対し、日本車メーカーが提供してきた買いやすく、直しやすく、長持ちする価値が封じ込められ始めている。そして、EV販売が大幅に増大する中国や欧州では日本車の市場シェアの下落が止まらない。

日本勢は敗北し、国内産業と自動車関連企業の衰退が起こりかねない悲観論が漂っていることは否定しがたい。日本車は以前から大市場を有する欧米の規制やルールメーキングに抑圧されながらも、提供価値がユーザーに認められ、そして選ばれて成長を続けてきた。今回のピンチはチャンスに転じられるのか、あるいは100年目の深刻な衰退を迎えることになるだろうか。

トヨタ自動車はユーザーニーズに耳を傾け、地域・地域に適合した丁寧なクルマづくり、地道な燃費性能の向上、リーンで高品質な柔軟性の高い生産システムを磨き続けた結果、世界で最も成功したトップメーカーに上りつめた。

しかし、2020年を境に、トヨタには大いなる疑問と不安が台頭している。具体的にEVでの出遅れや競争力に対する不安が払拭できないのである。EVでの出遅れというのは本当なのだろうか。もしそうなら、将来のトヨタ経営にいかなる影響を及ぼすことになるか。

2021年12月の「電気自動車（EV）説明会」では豊田章男社長（当時）が感情を込めて「E

Vも本気」と訴えた。世界トップレベルの350万台EV生産体制を打ち出し、ステージに16ものEVモデルをずらっと並べる衝撃的な発表があった。

これでトヨタのマルチパスウェイ（全方位）戦略にはハイブリッドにEVが加わり一段と盤石になるかと思われたが、その期待は長く続かなかった。EV第1弾となったbZ4Xは品質問題で出鼻をくじかれ、2022年のトヨタのEV販売台数はわずかに2万台程度に留まる。

「ICE（内燃機関）の段階的な販売中止とZEV（ゼロエミッション車）の導入拡大を、株主の立場からトヨタに働きかけましょう」。非政府の自然保護・環境保護団体グリーンピースはEVシフトが遅れるトヨタを非難し、脱炭素ランキングで2年連続最下位に評価している。ハイブリッド技術で世界の環境にこれほど貢献しているにもかかわらず、環境活動家からこれほど非難を受けるのだ。

2023年1月、トヨタは経営体制の交代を決断した。14年にわたりトヨタの再建を進めた豊田は会長へ一歩退き、弱冠53歳の佐藤恒治が4月に社長に昇格、EV戦略の見直しを発表した。

「デジタル化、電動化、コネクテッドなど、私はもうですね、ちょっと古い人間だと思う」豊田は何も飾らず、自己否定とも取れることに言及してまで佐藤による変革をサポートした。

何がこの交代を突き動かし、その狙いの真意はどこにあるのか。トヨタはどこに向かおうとしているのだろうか。その結果、国内自動車関連産業の未来、550万人の関連雇用者の行方はどうなるのか。これは製造業のみならず、日本の経済と産業の国際競争力を左右する一大事となっていくのである。

本書の狙い

現在のトヨタの真実をフラットな目で書き込むことを目指した。ＥＶ戦略のつまずきは、トヨタの将来の事業展開において重大な争点となっているが、トヨタが抱える問題の本質の一角に過ぎないと考えている。トヨタの課題を炙り出し、なぜうまくいかないかの真因を考え、強いトヨタを取り戻すには何が必要かを論考することが本書を執筆する動機だ。

そして、トヨタ37万人の社員、関連産業５５０万人、そしてトヨタをこよなく愛するユーザーに向けて、この正解がない世界で国内の自動車産業はどこへ向かうべきかを共に考える書物としたい。国内基幹産業、ひいては製造業全体のものづくり戦略を考え直す契機になればと願う。

今のメディアはトヨタの報道だらけだが、本音に基づく情報が報道されているようには見えない。トヨタ独自メディアの『トヨタイムズ』は素晴らしい情報を提供しているのだが、トヨタに耳が痛いところはあまり報道されていない。筆者は長く証券系のアナリストを生業としてきた。対峙してきたのは資本市場である。この独立的かつ中立的な立場から、現在のトヨタの問題を冷静に研究し、未来のトヨタ、日本の将来を真摯に考え直すことが本書の目的である。

本書には特定の情報提供者が存在していない。また、トヨタから特別のサポートを受けているわけでもない。アナリスト人生30年の中で培ったグローバルなネットワーク、公開財務情報を日々分析してきた成果が、この中に描かれる客観的なエビデンスと解析内容であり、アナリストの分析力と洞察力を駆使した未来の予測と、トヨタが進む道の足元を照らす書である。

第1章

トヨタつまずきの本質論

CASE革命とモビリティの未来図

知能化、デジタル化、電動化

CASE（ケース）という言葉が、自動車産業のデジタル革命を表すものとして完全に定着した。CASEとは「C＝コネクテッド」「A＝オートノマス（自動運転）」「S＝シェア&サービス」「E＝エレクトリック（電化）」の自動車産業の4つのトレンドの頭文字を取ったものだ。2016年、ダイムラー（現メルセデスベンツグループ）が作り出した造語である。

包括的に、それぞれのトレンドをシームレスなパッケージとして組み合わせた時、ヒト・モノ・コトの移動を広く再定義する次世代の産業革命、いわゆる「CASE革命」が起こる。デジタル化（＝ソフトウェア）、知能化（＝人工知能）、電化（＝電気自動車）という3つの技術革新がこのデジタル革命を引き起こすトリガーである。

フォードが1908年に大衆化を実現させたT型フォードを自動車産業の始まりと考えれば、まさに100年目の大変革の時期を迎えたといえるだろう。1900年、ニューヨークのマンハッタン5番街は馬車で埋め尽くされていたが、わずか十数年後、自家用車のT型フォードに置き換わってしまった。いつでもどこでも移動の自由を提供することで、人々の暮らしを一変させた。

同じ規模の大変革が今まさに起ころうとしている。クルマがネットワークに常時接続されたIoT端末となり、自動運転技術の普及でドライバーは運転タスクから解放される。クルマの価値は所有だけではなくなり、共有し利用する価値を生み出していく。全く新しい移動（＝モビリティ）価値を支える動力源は、排気ガスのないクリーンな電気が支える。

これが、CASEが引き起こすデジタル革命であり、向かう先には自動車産業からモビリティ産業への進化がある。かつての「作って儲け、売って儲け、直して儲ける」自動車産業の時代は終焉を迎える。自動車産業はモビリティ産業への転身を図らなければ、生き残りは困難になっていくのである。

CASE革命下のトヨタの生き残り戦略

国内産業が存亡の大変革に見舞われたことは、以前から数多く起こってきた。戦後の日本経済を支えた繊維産業は、米国からの市場開放圧力を受けて突然死のごとく消えていった。最近では、日本のお家芸とも思われた家電産業や半導体産業も一気に世界の競争の渦に巻き込まれ、衰弱していったことは歴史的事実である。自動車産業がそうならないとは誰が断言できるだろう。

グーグルが自動運転車である愛くるしいポッド型の2人乗り実証実験車「ファイヤーフライ」

のプロトタイプを投入し、公道で実証実験を始めたのは2015年であった。カリフォルニア州のマウンテンビュー市には、グーグルの自動運転事業からスピンオフしたウェイモの本社がある。その周辺の高速道路や生活道路でもルーフに据えた大型のライダー（LiDAR＝光を用いたリモートセンシング技術）の回転機構をグルグルさせながら、大型の自家用車に混じって自動走行するけなげなファイヤーフライの姿を目にすることは日常茶飯事であった。

来るべきモビリティの未来に興奮を隠せなかったものだ。もう5年もすればロボタクシーが走り回り、自家用車がクルマをシェアするMaaS（モビリティ・アズ・ア・サービス＝サービスとしての移動、マーズ）に移行する、完全に新しいモビリティの時代が来るのだと感じさせた。

新しいトヨタフィロソフィー「幸せの量産」

トヨタは誰と戦っているのか

そのような大きなクルマの価値の大変革に向き合うため、2020年11月、トヨタは「新トヨタフィロソフィー」を明文化し、宣誓した。

トヨタは新しい時代のミッション（果たすべき使命）とは「幸せの量産」にあり、クルマメーカーからどんなものを作る会社になっても、「幸せを量産する」会社であり続ける。

豊田章男が社長として執行のトップを担っていた時、従業員に対して「戦う」という言葉をよく使っていた。同時に、トヨタは伝統的に対立軸を作らないというトヨタらしい思想がある。豊田自身も「誰と戦っているんだろう？」と思えたそうだ。

「トヨタらしさを取り戻す戦い」

豊田の答えはここにあった。過去の成長至上主義の中で失われたトヨタらしさを取り戻すために戦ってきたのである。

そこで「トヨタらしさ」とは何かを考えた時に思い出したのが、60年以上前に作られた円錐形哲学であったという。１９５０年代に創業者である豊田の祖父にあたる豊田喜一郎没後に、その後を継いだ経営者らによってまとめられた円錐形哲学である。

その頂上には豊田佐吉が定めた「豊田綱領」があり、提供価値には設備や協力サプライヤーなどのハードウェア、その設備を動かす創意工夫というソフトウェアが語られ、経営理念から企業のミッションを整理している。喜一郎亡き後、道に迷わぬために定めた円錐形哲学である。

豊田の時代が「かつてのトヨタらしさを取り戻す戦い」であったのであれば、今後のリーダーはいったい何と戦っていかねばならないのか。正解が見えないモビリティカンパニーへの道を切り開き、トヨタらしさを求めて戦っていかねばならない。そんなリーダーに対し進む道を迷わないために、自らがどこから来たかを整理して、新トヨタフィロソフィーを制定したのだ。新たなミッションを「幸せの量産」に定め、トヨタがどんなものを作る会社になっても、幸せを量産する会社であり続けることを誓った。

しかし幸せは人によっていろいろな形がある。量産とはいっても、コモディティ化された同じものを大量生産するという意味でもないだろう。多様性のある幸せを量産することがトヨタの未来図である。

ならば、量産するには「型」が必要だ。幸せの象徴である「笑顔」の形をした鋳型が何を意味するのかはまだ誰もわからない。幸せの「定義」、その量産に向けた「鋳型」の答えこそが、トヨタが目指すモビリティビジネスなのである。

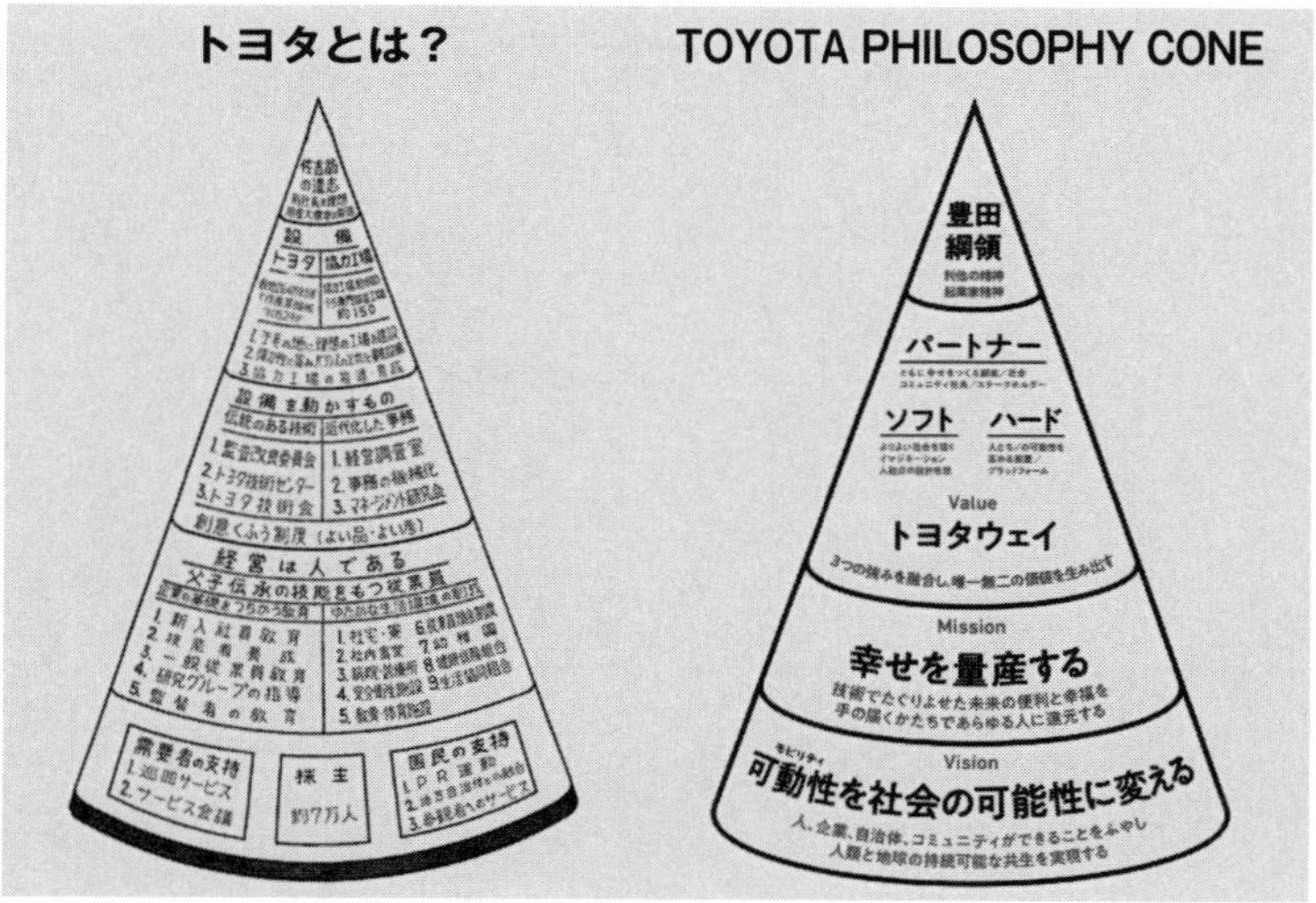

トヨタフィロソフィー

トヨタホームページ
https://global.toyota/jp/company/vision-and-philosophy/philosophy/

トヨタはモビリティカンパニーへ動く

２０１８年1月の米国のコンシューマー・エレクトロニクスショー（テクノロジーの見本市、ＣＥＳ）において、トヨタはクルマを作る会社から、移動（＝モビリティ）に関わるあらゆるサービスを提供するモビリティカンパニーに転換することを宣言した。

同時に、ＭａａＳ（サービスによる移動、マーズ）専用ＥＶ車両であるe-Ｐａｌｌｅｔ（ｅパレット）を発表した。自動運転技術を活用した無人のＭａａＳ専用車としてライドシェア、物流、輸送、小売から、ホテルやパーソナルサービスに至るまで、さまざまなサービスを提供するＭａａＳ車両である。朝は通勤、午前は病院へ向かう自動運転シャトル、ランチタイムはピザの配送車など、時間帯に応じクルマの用途を使い分けられ、サービスを提供するサービサーのニーズに応じた設備がｅパレットに搭載されることを可能としている。

MaaS専用EVのe-Palette

モビリティカンパニーとは何を目指す会社なのか。トヨタは「幸せを量産する会社」を掲げているが、それでは具体的な姿は分かりにくい。モビリティカンパニーを少し分かりやすく説明すれば、クルマを通信でつながるコネクテッドカーに転換して、そこから得たデータを解析し、バリューチェーン（企業活動の価値を連携させること）へのつながりを拡大していく会社といえるだろう。

その中心にあるのが「コネクテッド戦略」である。ビジネスモデルの変革に向けて、トヨタは2つのステージを積み上げてきた。まずは、クルマをコネクテッドカーに転換して、そこから吸い上げられるデータを分析するスマートセンターやビッグデータセンターなどクラウド上のコネクテッド基盤を構築すること。そして、サービスを提供するプラットフォームとして、「モビリティ・サービス・プラットフォーム（ＭＳＰＦ）」を構築して、そこからトヨタが求めるクルマの周辺ビジネス、いわゆるバリューチェーン事業をつなぎ、その収益を拡大していくことである。

そのためにトヨタは世界でもいち早く、２０１６年にコネクテッド戦略を外に向けて明確に発表している。そして、２０１９年にはトヨタが作るスマートシティの「ウーブンシティ計画」を立ち上げ、街全体で暮らしの新たなバリューチェーンを創造することを目指すこととした。

仲間づくりとスピンオフ戦略

ＣＡＳＥ革命を迎え、クルマが１００年に一度という大変革期を迎えた。その時、トヨタが単独で、クルマが単体で生きていく時代は終焉する。その時に提供されるクルマの価値とは、多くの企業がそれぞれの強みを持ち寄り、共に競争力を高め合いながら協調・共創できる「仲間」が必要となる。

２０２２年までの5年間に怒涛の仲間づくりを推進した。その間の出資額は累計1兆円に達している。自動車メーカーではスバル、マツダ、スズキ、いすゞと資本提携を強化し、強力なトヨタの仲間を作り上げた。トヨタの仲間の世界自動車販売の合計は１４５０万台にも達し、世界シェアは18％と2位のＶＷ（フォルクスワーゲン）の８２０万台を大きく突き放す。

モビリティサービスとしては、マレーシアのグラブ（＝配車アプリ会社）、中国の滴滴出行（ディディチューシン）、米国ウーバーに、自動運転技術開発では米国ウーバーＡＴＧ（現在のオーロラ）、中国のポニーに、そして空飛ぶクルマのジョビーらに合計で実に４０００億円を出資した。

スマートシティ関連では、ＯＳ（基本ソフトウェア）開発でＮＴＴと２０００億円の相互出資を実施、ＫＤＤＩとは車両通信領域の強化で５２２億円を追加出資、そして有名なモネ・テクノロジーズをソフトバンクと共同で設立している。

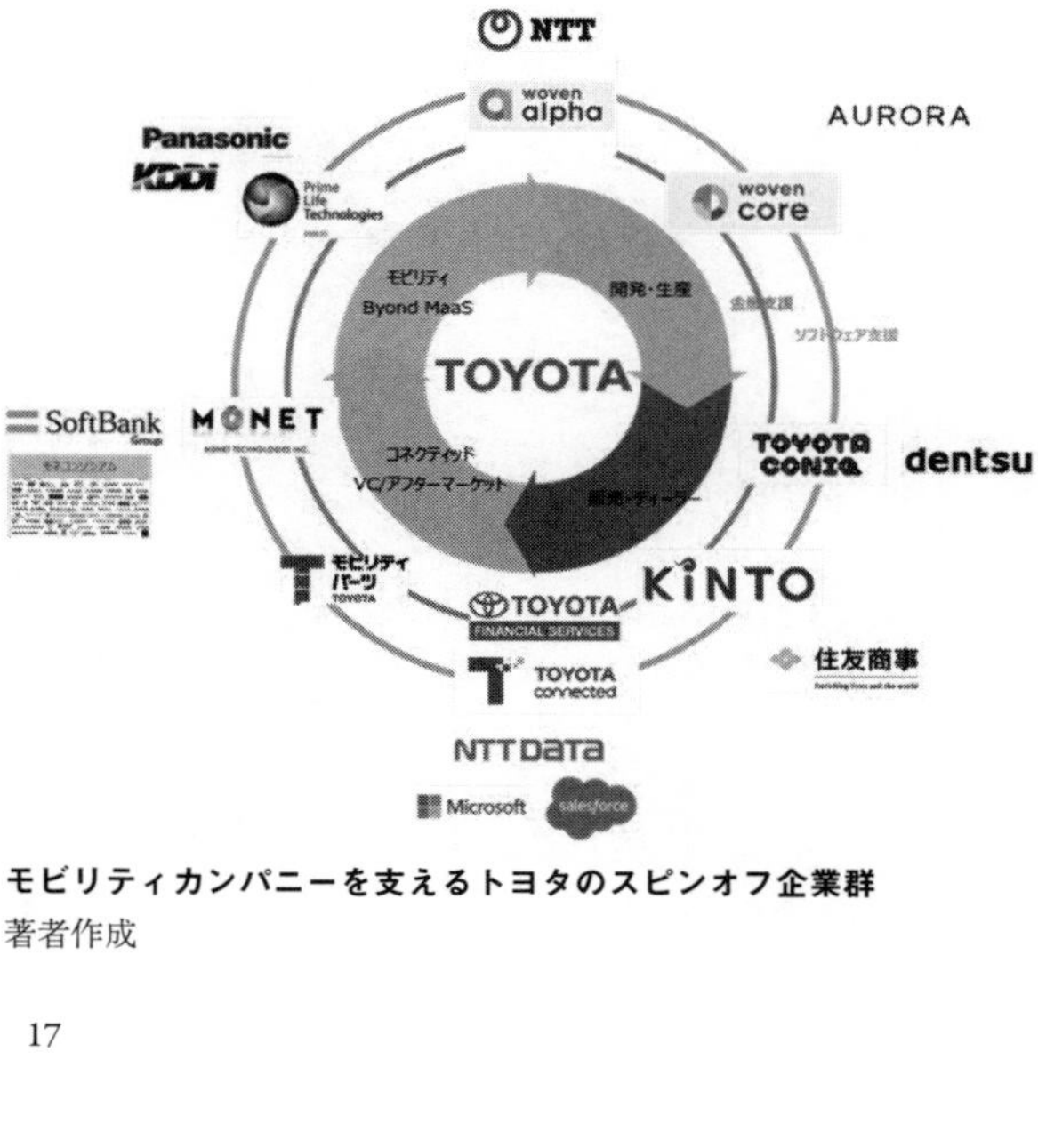

モビリティカンパニーを支えるトヨタのスピンオフ企業群
著者作成

見逃してはならないのが、トヨタ本体の外に実行部隊として仲間と組んだスピンオフ企業をどんどん設立していったことだ。この詳細は第4章「トヨタのマルチパスウェイ戦略」で解説を加える。ここではその全体感をつかんで欲しい。

モネ・テクノロジーズ、KINTO、ウーブンプラネット（現ウーブン・バイ・トヨタ）、トヨタコニックなど、モビリティカンパニーへの転身を推進する技術と事業の開発をあえてトヨタ本体から切り離し、仲間のパートナー企業と共に推し進めた。これが「スピンオフ戦略」である。

EVの領域では、2019年に電池の製造を担うプライム・プラネット・エナジー&ソリューションズ（PPES）をパナソニックとの合弁で立ち上げた。パナソニックが買収していた旧サンヨーの角形リチウム電池の人員、工場とトヨタが有する角形リチウム電池事業を統合した。

2017年にトヨタ・マツダ・デンソーのEV共同開発会社「EV-CAS」を設立した。この会社の目的は、シミュレーション開発の基盤技術となるモデル（仕様書）を協調領域として仲間と共に開発し、物理的な衝突実験のデータをまとめていくことだ。開発手法の見つけ方、考え方などのモデルはEV-CASで協調して開発し、モデルを用いて各社が行う実際のクルマ開発は競争領域として「よーいどん」でそれぞれが開発することになる。

その成果としてトヨタが開発したのがe-TNGAと呼ばれるEV専用プラットフォームとなり、それをベースに2022年春に投入されたのがbZ4Xであったのだ。しかし、bZ4Xは結果としてトヨタのEV事業における多くの経営課題や実現課題を炙り出すこととなった。CASE革命への対応は着々と進んでいたのだが、何がトヨタのEVをつまずかせたのだろうか。

2021年のバッテリーEV戦略説明会とは何だったのか

バッテリーEV戦略は驚きの内容だった

「EVに消極的ではないか」と懸念されてきたトヨタ自動車が、ついに本気でアップデートしたEV戦略を見せる発表会があったのは2021年末だ。

満を持して発表された「バッテリーEV戦略説明会」は、環境保護団体グリーンピースからの気候対策ランキングで世界最下位に評価されるなど、トヨタのEV消極論に対する誤解を解きたいという想いのこもった渾身のイベントとなった。

その中で、2030年までに30車種のEVを投入し、2030年におけるEV目標販売台数を200万台から350万台に大幅に上方修正した。レクサスをEVブランドへ転換し、2030年までに欧州・中国・北米におけるレクサス新車販売の100%、2035年までにグローバル販売でも100%のEV化を目指す。

乗用・商用を含めてEVフルラインメーカーとなる未来図を語り、5つのbZシリーズ、4つのレクサスEVを含めた16ものEVモデルをステージに並べた。グローバル・フルラインでマルチパスウェイ（全方位）を推し進める基本戦略に変化はないが、世界のEV競争でもトップを目指す強い意気込みを示す内容だった。

　注目されたのはこれから市場に導入されるｂＺシリーズが初めて公開されたことだ。当時の社長の豊田はそのひとつひとつの魅力を高揚しながら紹介していった。下の写真の最前列に置かれた５台がｂＺシリーズだ。左から、２０２２年に発売されたｂＺ４Ｘ。スリークなデザインとトヨタ渾身のＥＶ第１弾として、これはいいクルマではないかと胸が躍った。

　その隣がＢＹＤと共同開発した２０２３年に中国で上市されるｂＺ３Ｘ、真ん中のクルマはスズキと共同開発してきたｂＺ１Ｘ、その隣はＢＹＤと共同開発し、２０２２年に中国で発売が開始されたｂＺ３、右端は３列シートスポーツユーティリティのｂＺ５Ｘである。ｂＺ５Ｘは２０２５年を目途に米国ケンタッキー工場で生産が始まる公算である。

バッテリー EV 戦略説明会で新型 EV をお披露目
トヨタホームページ

ＥＶも本気

「ＥＶも本気、燃料電池車も本気、ハイブリッドも本気。全ての選択肢においてトヨタは優先順位を決めるのではなく、全て一生懸命である。私（豊田）が水素エンジン車に乗っているからといって、他のものの優先順位が低いと思っておられる方が一部いらっしゃるが、そんなことは全くない」

足元のｂＺ４Ｘの不振の原因にトヨタの本気度が足りなかったという批判も聞かれるが、この時のイベントを思い起こせば、間違いなくトヨタは本気でＥＶへの取り組みを進める意欲に満ち溢れていた。グローバル・フルラインでやっている会社であるトヨタは選択肢の幅を広げることができても、世界は多様的であり市場が何を選択するのかはトヨタが意思決定するものではない。マルチパスウェイ（全方位）を採りながらも、世界のＥＶ競争においてトップを目指せる構えを作るという意気込みを示したと考えるべきだ。

グリーンピースからランキングで世界最下位に評価されていることへのコメントを求められた時、メルセデスやスズキの世界販売に匹敵する３５０万台ものＥＶ販売規模、30種ものＥＶモデル投入を目指そうとするトヨタの姿勢が評価されないことに、豊田は複雑な表情を浮かべた。

「これでも前向きじゃないと言われるなら、どうすれば前向きな会社と評価してもらえるのか教えていただきたい」

「正解がない世界において、いろんな選択肢を持ちながら解決に臨みたい。どの選択肢に対しても本当に一生懸命やっていることをご理解いただきたい」

この日の豊田の回答の中で、最も気持ちが込められた発言に聞こえた。

誤解が生じた2つの理由

トヨタがＥＶに消極的と考えられてきた原因に、豊田が日本自動車工業会（自工会）会長として、日本への政策提言で示したアンチＥＶに取れる発言が、トヨタの世界に向けた電動化戦略と混同されたことがある。同時に、このイベントの６カ月前となる２０２１年5月に公表した２０３０年のＥＶ目標値が低すぎて、世界から誤解を招いたこともある。

世界がカーボンニュートラルを宣言し、ＮＤＣ（国が定める目標）としての２０３０年炭素削減目標を続々と引き上げていく中で、企業としてどのような責任を果たせるのかを示す必要があった。その中で、トヨタは２０３０年のＺＥＶ（ゼロエミッションビークル、ＥＶと燃料電池車）販売台数の目標を２００万台と示した。これでも従前の１００万台を倍増させた強い数字ではあった。

この時、中国や欧州市場でのＥＶ販売比率（ここには燃料電池車を含む）はそこそこ常識的な数値目標が入っていたのだが、北米のＥＶ比率はわずか15％に置かれ、誰の目からもアウトライヤー（外れ値）な数値に映ったのである。

その頃の米国では、バイデン新政権が米国自動車産業と雇用される労働組合員を防衛する「インフラ計画」を打ち出しており、明らかにＥＶ重視への政策転換が見えていた。

誰もが４～５割はクリーンビークルと呼ばれるＥＶやプラグインハイブリッドの販売を目指さなければダメだと感じる空気の中へ、トヨタは米国大統領の意に沿わない15％という極端に低い数値を示していた。

米国政権が脱炭素政策を本気で進めた時、燃費性能の低い大型車を事業の柱に置く米国自動車メーカーは真っ先に存亡の危機を迎えかねない。巨額な予算と補助金で事業の構造転換に対して政府から支援を獲得できるＧＭやフォードは、もろ手を挙げてＥＶ戦略に打って出てきた。

そんな雰囲気の中へ、敵に塩を送るようなメッセージを自ら発することもないということか、ただ単に数字を十分見直さずに発表してしまったのか？　真相はやぶの中だが、トヨタは控えめすぎる北米ＥＶ販売計画を示し、結果、世界から誤解されたのである。

この２つの背景がつながり、『トヨタはＥＶ抵抗勢力』という位置づけが形づくられていった。２０２１年のＥＶ計画はこの歪みを正したいという意味が大きかった。北米のＥＶ販売比率も適正な40％へ修正したのだ。

bZ4Xが炙り出した課題

凡庸なスペックへの疑問

「0〜100キロ加速性能が低いのはなぜ？　やはり技術力の差なのか？」

2021年10月、トヨタは新型EVであるbZ4Xのスペックの詳細を公表した。真っ先に海外の投資家から筆者が受けた質問は、bZ4Xのスペックの凡庸さへの疑問だった。

加速性能はEVのパフォーマンスのひとつに過ぎないし、150キロワット時のモーターから見て違和感はない。ヒートポンプ式エアコンと輻射ヒーターの採用、デンソー製のトップクラスの電池監視・温度制御システム、リサイクルを考慮した循環型のバッテリー、ステア・バイ・ワイヤ機構（ステアリングとタイヤを電気信号でつなげるシステム）など多くの新技術を盛り込んでいる。実用的なEVとしての提供価値に競争力はあるだろうと考えていた。

しかし、同類のEVと比較して、テスラの強さは歴然としていたが、bZ4X、アリア（日産）、ID.4（フォルクスワーゲン＝VW）などはドングリの背比べ程度の違いにしか見えなかった。ただ、「後出しジャンケンであいこ」はないんじゃないかなとも感じた。

もっとも、EVの競争力はモーターの出力と電池搭載量で決まるものではない。1キロワット

トヨタ初のEV専用量販車、bZ4X

時あたりの電池コスト、電費（1キロワット時の電池で走行できる距離）、車両の残存価値（＝電池の耐久性能）というハードウェアとしての基本性能や素性でＥＶの競争領域が生まれていく。

同時に、自動運転技術、マルチメディアとの連携を含めて、車両データとサイバー空間とで織りなす価値を提供できるビジネスのデザイン能力とソフトウェア開発力が、より重要な競争優位性をもたらすと考えていた。トヨタはモビリティカンパニーへの転身を進め、その領域にいち早く先手を打っている。あまり、心配はしていなかった。

ＥＶ戦略説明会から３カ月が過ぎ、ついにｂＺ４Ｘのコンセプトモデルへの試乗体験の機会が訪れた。コロナ禍の最中での千葉県の袖ケ浦フォレスト・レースウェイには量産段階のモデルがずらりと並んでいた。サーキットを駆った第一印象として、とても上質な走りで、普通のガソリン車から移行してきても全く違和感なく、でもＥＶらしい操作性の高い走りを感じた。

テスラやＶＷのようなリア駆動式のＥＶで感じる加速時のトラクション（駆動力）はそれほど強くなく、それこそがフロント駆動ＥＶの味ととらえ、乗り続けて良さを感じる「じわじわ」くるタイプだなと思った。筆者は一般的なドライバーレベルの運転スキルしかないが、ｂＺ４Ｘの走行性能には全く違和感はなかった。

しらけ切っていた現場

しかし、まさにこの試乗会が行われている時、既にトヨタ内部ではbZ4Xの販売見通しに対して悲観論が蔓延していたのである。

仕上がったクルマを前にして、「突出したパフォーマンスが欠けている」「セールスポイントがない」「デザインやマルチメディアがいまひとつ」「台数を出したいならもっと価格を下げろ」「こんなに儲からないなら価格を上げてもっと費用を絞り込め」「国内がKINTOだけではダメだ」などなど、これらの会話は筆者の空想であるが、恐らく当時のトヨタの販売会議ではこんな意見が飛び交っていただろうと想像する。

結局出てきた企画台数は年間わずかに4万台という、トヨタのEV戦略を支えるクルマとしてはわけが分からない低レベルとなってしまっていた。現場から「これを売らなければまずいことになる、売ろう！」あるいは経営の執行役レベルから「是が非でも売れ！」の大きな声が出てきても不思議ではないが、なぜだかそのような声が出てこなかったのである。

その時、国内はカーボンニュートラルに向けた産業政策の議論のピークにあり、EV推進政策を抑止し、選択肢を広げるという自工会の政策ロビー活動が活発化していた時期だ。社内にそれに配慮する空気があったとしても不思議ではない。

痛恨のリコール

２０２２年6月、国土交通省にｂＺ４Ｘのリコールが届け出された。その理由はタイヤが脱落する恐れがあるというものだ。その背景には、タイヤのホイールとハブ（車輪と車軸とをつなぐ部分）を締結する方式をナット締結方式からボルト締結に変更したことで、ハブボルトが緩み、最悪脱輪を起こすという問題であった。

ナット締結とは、車体側のハブにスタッドボルトが固定されており、そのボルトにホイールの穴を通してからナットで締め付ける方式だ。トヨタは従前から修理しやすいナット締結を選択していた。ハブボルト締結とは、車体側のハブに「めねじ」を切って、ホイールの穴からハブボルトをねじ込んで固定する。修理はしづらくなるが、走行性能の向上につながるという。

ハブボルト締結に変更したのはｂＺ４Ｘに先立った新型レクサスＮＸから始まっており、レクサスＲＸやクラウンなどに展開していく設計であり、ＥＶだから起こったという問題ではなかった。この品質問題が影響してクラウンは生産開始が遅れることになったが、その他のモデルの復旧は早かった。

しかし、ｂＺ４Ｘの生産再開は10月上旬となり、実に5カ月近くにわたって生産停止する事態になってしまった。この背景にはガソリン車よりもＥＶは車重が重く、最大トルク（駆動力を示す物理量）がボルトに負荷を与えるため、より慎重な対策を要した可能性がある。

このリコールは、全社一丸となってbZ4Xを盛り上げるべく、拳を上げようとした瞬間を襲った。先立って販売を開始していた米国ではオーダーキャンセルが続出、購入済みのユーザーへは代車や5000ドルの値引きを提供し、それでも不満な場合は買い戻し措置に応じていった。米国販売は2022年10月から再開されたが、結果は月当たり数100台程度と、ライバルモデルの後塵を拝する状態だ。

bZ4Xで学んだ2つの課題

生産が回復しても、bZ4Xの評判は目立って好転していくことはなかった。webCG取材班の記事（巻末脚注1）においては長距離試乗で電欠恐怖を体験したとか、急速充電で電気が入りにくい、電費性能が見劣りする、エアコン使用時における航続距離の大幅な低下など、数多くの指摘が届けられ始めた。

ユーザーの指摘は大きく3点あり、第1に急速充電性能だ。1日あたりの急速充電回数が2回に制限され、SOC（電池容量に対する充電率）が80％を超えると100％までの充電時間が長くなることだ。これは電池劣化を防ぐために急速充電の回数と速度を制限していたことが背景にある。

第2に、メーター上の航続可能距離が0㎞と表示されるタイミングが早い。これはゼロになってからも一定距離走行できるようにと安全マージンを大きく取っていたことによる。第3はメーターへの表示の仕方である。充電容量が今では当然のパーセンテージ表示ではなくバー表示で分かりづらいというもの。さらに、エアコンをオンにした時、残りの航続距離の表示が大幅に減少することだ。この背景は、実際のエアコン電力消費量より多めに消費する計算で、保守的に残航続距離を表示していたことが要因である。

こういった市場からの指摘に対し、トヨタは２０２３年5月からソフトウェアアップデートで改善を実施することを決定した。１日あたりの急速充電によるフル充電回数を、２回程度から約２倍の４回に変更したり、エアコン使用時の航続可能距離は実態に合わせた表示に変更した。

ＥＶではチャレンジャーに過ぎないトヨタであるのに、ハイブリッドという電動車の成功体験を引きずり、いきなり横綱相撲のような商品開発を目指し大切な出口を見失っていたようだ。保守的過ぎる制御や安全性にこだわり、ユーザーが求める期待を十分に見定め切れていなかったと思われる。

佐藤恒治新社長は新体制の経営方針説明会において、慎重に言葉を選びながら、ｂＺシリーズを開発する中で多くの学びがあり、改善が必要だと感じた2点をこう説明した。

「クルマ単体として性能を高める上での感度が従来の（エンジン）モデルとは違っていた。空力、振動騒音、ドライバビリティ、電池マネジメントに加え電流マネジメントなどを深掘りしていかなければならない」

「ビジネスモデル全体をとらえた構造改革が必要。サプライチェーン、ものづくり、販売も含めた一気通貫するビジネスモデルに対して構造改革が必要だ」

商品を司る中嶋裕樹副社長はさらにこうフォローした。

「失敗は何かをしっかり理解することが大切。お客様のニーズと我々（トヨタ）のニーズがずれた時、それが失敗だ」

誤解を恐れずにいえば、中嶋は失敗から学びながら現在に上り詰めてきた経営者だと思う。

エンジン車の開発というものは、エンジンの熱効率の改善を愚直に続ける連続的な改善の積み上げにあった。しかし、EVには熱効率の改善というものはない。EVに求められる価値とはどこにあるのか、それを学ぶことになったわけだ。高い代償となるが、常勝トヨタに慣らされた今の若い社員には自信過剰を正す良い薬となるはずだ。

なぜ、VWやトヨタらエンジンで成功してきた業界のチャンピオンがEV事業でつまずくのだろうか。かつては、複雑なエンジン車やハイブリッド車の制御技術を蓄積してきた伝統的な自動車メーカーが、EVでも強力に巻き返していくものと考えていたが、どうやらEVでの成功要因は伝統的な自動車ビジネスで培ったところにはなさそうだということがうっすらと見えてきた。テスラにしろBYDにしろ、彼らはもともと自動車メーカーではなく、自動車事業との関わりの歴史もわずかに10年や15年といった期間に過ぎない。

e－TNGA戦略を大解剖

TNGAと密接に連携したEV専用プラットフォーム

e－TNGAはトヨタがEV事業の中核としてスバルと共同開発したEV専用のプラットフォームであり、2017年頃から本格的に開発が始まり、2022年にトヨタは「bZ4X」、スバルは「ソルテラ」として発売が開始された。

このプラットフォームはガソリン車／ハイブリッド車向けの新プラットフォームとして2014年から導入されたトヨタ・ニュー・グローバル・アーキテクチャ（TNGA）とEV専用に設計した車体を合体させた、いいとこ取りのEV専用プラットフォームである。EVプラットフォームを完全にゼロベースで専用として開発するテスラ、VWやGMのアプローチとは大きく違う。

TNGAに関しては第5章で詳細に解説するが、部品の標準化に遅れたトヨタがその挽回を目指して設計した現行のエンジン車のプラットフォームである。エンジンを搭載することを前提として開発されたTNGAのメカニカルを、EVと組み合わせるというのがe－TNGAの大胆な発想であった。

一般的には、日産のリーフやメルセデスのEQCのように、既存のエンジン車のプラットフォームに電池を敷き詰めてEVプラットフォームとするか、電池と駆動ユニットを一体化した、テスラに代表されるようなEV専用プラットフォーム（スケートボード型と呼ばれる）のいずれかを選択するものだ。

トヨタはe-TNGAを1順目→2順目という伝統的なガソリン車のプラットフォームのように、メカニカルの変化に合わせたプラットフォームの進化を採り入れようと考えていた。エンジン車のTNGAは、2017年に1順目が完了し、2022年に向けて2順目の進化を遂げた。そのTNGA2順目とe-TNGA1順目を連携させた。TNGAは2025年頃に3順目への進化が計画されており、それと同調してe-TNGAは2順目のメカニックの進化に対応する計画であった。

もう一度整理すれば、トヨタのEV開発とは、当初から3つのステップを踏んで進めていくと決められていた。ステップ1のe-TNGA1順目はEVをまずは出すことが目的のようなもので、既存の生産工場を活かしながら、少量で生産を立ち上げることにある。それほど生産数量が出ないことを前提に、収益性や工場稼働率を維持するために、エンジン車との混流生産を条件にe-TNGAの開発規格を進めたのである。

ステップ2のe-TNGA2順目では、1順目の改善を行うステージとなり、エンジン車のTNGAの3順目と同期させることを考えていた。そして、2029年頃にはステップ3を迎え、トヨタが目指すべきトヨタらしいEVをスケートボード型のEV専用プラットフォームで頭出しする考えであった。これまでトヨタが成功してきたエンジン車を連続的に改善していくアプローチを、ＥＶの世界に適合させようとしたように見える。

ｅ‐ＴＮＧＡは、①フロント、②センター、③リアの３つのフロアモジュールで形成されている。このうち、①フロントと③リアはＴＮＧＡをほぼ流用しているように見え、電池パックを乗せる②センターを専用開発した。

自動運転技術や衝突安全の要件はフロントに集中しており、この領域の進化をフロントモジュールで受け止める。もうひとつ重要な特徴は、センターとリアのモジュールを完全に独立させていることだ。一般的なＥＶプラットフォームはここが連結されており、そこに電池をいっぱいに敷き詰めるものだ。トヨタはセンターモジュールを完全に電池に従属させている。これは電池の進化をセンターモジュールで受け止めようとする考えにあるのだろう。リアモーターの進化は、リアモジュールで独立して受け止めることも可能となる。エンジン車向けのＴＮＧＡで成功したモジュール開発に強くこだわったことが窺える。モーター、

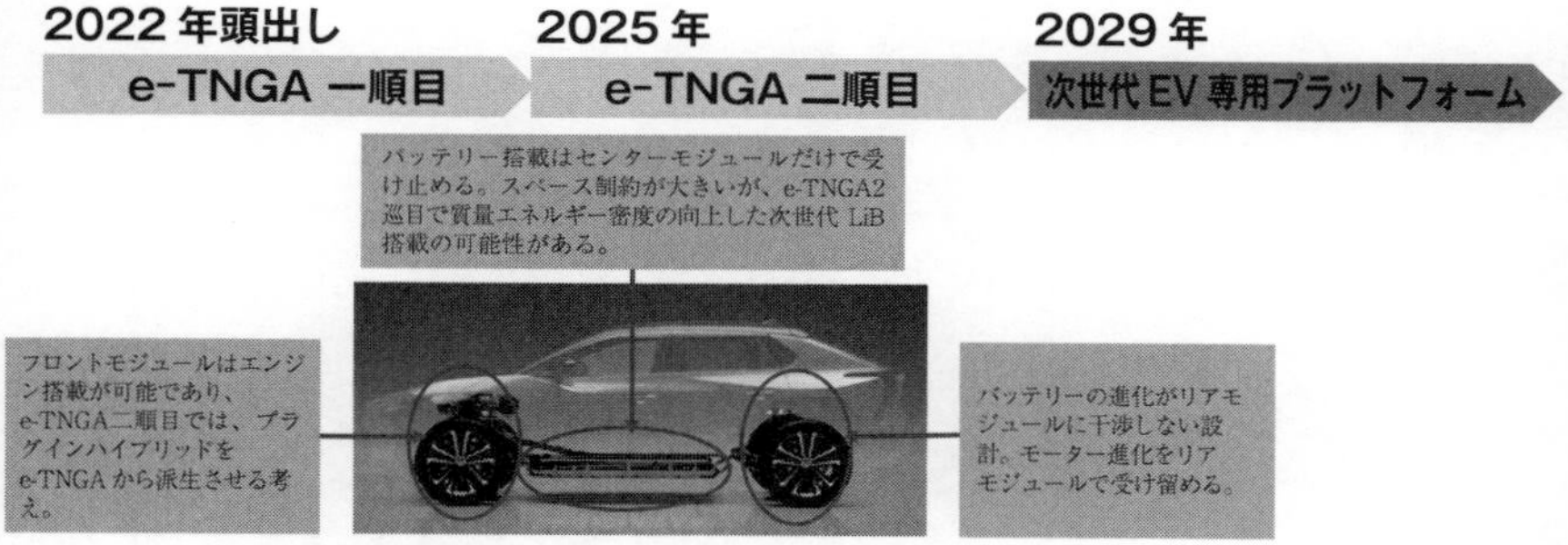
2022年頭出し
e-TNGA 一順目
2025年
e-TNGA 二順目
2029年
次世代EV専用プラットフォーム
バッテリー搭載はセンターモジュールだけで受け止める。スペース制約が大きいが、e-TNGA2巡目で質量エネルギー密度の向上した次世代 LiB 搭載の可能性がある。
フロントモジュールはエンジン搭載が可能であり、e-TNGA二順目では、プラグインハイブリッドをe-TNGAから派生させる考え。
バッテリーの進化がリアモジュールに干渉しない設計。モーター進化をリアモジュールで受け留める。

e-TNGA の開発計画（2019 年の考え）

著者作成、写真はトヨタホームページから著者がスクリーンショット

電池、サスペンションも含めて、多くの技術を段階的に進化させたいという強い想いがあったようだ。

ZEVファクトリー

e-TNGAの企画・開発を担ったのがZEVファクトリーである。ZEVファクトリーは、EVや燃料電池車といった走行中にCO_2や排気ガスを出さないゼロエミッションビークル（ZEV）の開発を強化するために、当時チーフテクノロジーオフィサー（CTO）を担っていた寺師茂樹元副社長（現エグゼクティブフェロー）が主導して2018年10月に立ち上げた組織だ。

50人程度の少人数でEVの開発企画を担当してきた「EV事業企画室」を母体として、分散していた人材をひとつの組織に集め、車両開発から生産ラインの設計までを一手に担当する大規模な機能となった。そこは、アライアンスを組んだスバル、スズキ、ダイハツ工業らのEV開発担当者が集結して一緒に開発をする現場となった。

このZEVファクトリーの副本部長で実質的なリーダー役にいたのが豊島浩二であった。豊島は3代目、4代目プリウス、プリウスPHVのチーフエンジニアを務めたトヨタの電動車開発の華々しいエースであった。

筆者は豊島に2015年のフランクフルトモーターショーにおいて単独取材したことがある。先述のTNGAの頭出しとなった4代目新型プリウスのデビューに際して、EVシフト一色のフランクフルトショーへ乗り込んできたわけだ。当時、ハイブリッドが先行して発表され、プリウス・プラグインハイブリッドは翌年の発表であったため、そこにはまだ登場していなかった。

「本来は、プリウスとプリウス・プラグインをここで並べて発表したかった。欧州でハイブリッドだけじゃ訴求力は弱いよね。今回のプリウスのネーミングをプリウス・ハイブリッドとして、プラグインの方を単にプリウスと名づけたかったくらい」

豊島が、今後飛躍的な進歩が期待できるプラグインハイブリッドを熱く語っていたことが思い出される。

EV専用といいながら全方位を意識

トヨタはEV専用プラットフォームを作るといいながらも、そのe-TNGAはプラグインハイブリッドや燃料電池車のプラットフォームとして活用する可能性を探っていたとも考えられる。EV専用プラットフォームは、フロントに高効率な小型の発電用エンジンを搭載すればプラグインハイブリッドになる。センターに水素タンクとスタックを搭載すれば、燃料電池車にもなる。明らかにマルチパスウェイ（全方位）を意識しながらEV専用プラットフォームを開発したことになる。世界はゼロベースでEV専用プラットフォームに非連続的に飛び出そうと躍起のところ、トヨタの発想は、ガソリン→ハイブリッド→プラグインハイブリッド→EVという連続的な進化へのこだわりが強く、EV専用といってもこの発想から抜け出せていなかったとはいえないだろうか。その意味で、e-TNGAの頭出しとなったbZ4Xは、EVとして思い切った開発ができなかったのである。

e-TNGAの開発投資金額もかなり効率を重視している。収益化が難しいといわれるEV事業に対して、投資回収性を強く意識した開発戦略を持っていた。e-TNGAはBセグメント（スモール）、Cセグメント（コンパクト）、Dセグメント（ミッドサイズ）合わせて3～4つのプラットフォームバリエーションをZEVファクトリーで仲間たちと開発してきた。プリウス1台レベルの開発費用で、数台のEV開発費用を賄うようなとても都合の良い「算段」であったことは否めない。

スバルが自ら開発中であったEVプラットフォームを捨てて、トヨタとのEV専用プラットフォームと車両の共同開発に計画を転じた時の驚きを思い出す。EV開発は最初の1車種目は非常に多額の開発費用が必要だ。トヨタは投資回収性を確実にするために1車種目の開発コストを案分できるパートナーを求めた。そこにスバルが手を挙げたわけだ。スバルは小規模で孤立しかねない自社のEVプラットフォーム「e-SGP」を巨大なトヨタとの標準化に切り替えることで生き残りの道を探ったのだ。

トヨタはプラットフォームを共有するパートナーを増やすことで、電池を共有化し、その標準化を進めたかったと考えられる。こういった標準電池構想、いわば車載電池の乾電池化の考えは非常に先を見た開発思想であり、以前はトヨタのウェブサイトでその提案動画を見ることができたが、なぜかそのURLは現在外されている。

ZEVファクトリーは、なぜ柔軟に対応できなかったのか

トヨタは2017年の電動化戦略説明会でe-TNGAの構想に初めて触れた。それ以来、何度かこの進捗状況を聞いてきた。当時の筆者はEVの普及を正直にいえば懐疑的に考えていたこともあり、e-TNGAの戦略は合理性が高く有効的だと、トヨタの考えに賛同していた。

しかし、2020年以降の世界の環境政策は激変の構図となった。誰もが想定しなかったようなEVシフトが世界の先進国で実際に起こり始めている。この兆しは早い段階でトヨタも認識していたはずだ。しかし、e-TNGAの開発コンセプトに修正は入らず、bZ4Xは社内のいろんな意見に押しつぶされ、結果として妥協の産物となってしまった。

これはトヨタの組織と社員の意識の問題が真因にあると筆者は考えている。本書はトヨタのEVの問題だけを調査のターゲットにはしていない。トヨタが直面する問題はEV事業だけではないのだ。デジタル、ソフトウェア、バリューチェーン事業を含めて、この5年間に一瀉千里《いっしゃせんり》に植え付けた事業の種が順調に育っているとはいえない状況なのである。

さらにいえば、最近の2年間、トヨタは重要な決断を下せていないように見える。それが今のトヨタ全体の危機につながり始めている。本書はこういったトヨタの危機にメスを入れ、それを解剖し、最終的に縫合まで施すことを目指していきたいと考えている。

しかし、トヨタの問題解決に向けた動きは信じられないほど早かった。

EV、ソフトウェア、デジタルの遅れを取り戻せ

「私は古い人間」

2023年1月26日、その知らせは突然やってきた。佐藤執行役員が新社長に指名され、豊田社長は会長となる人事である。

嵐の中の船出の2009年から実に14年が経ち、ついに経営執行体制の若返りが図られる。在任14年は非常に長く、次期社長への交代劇はいつ起こってもおかしくはないとは考えていた。ただ、正直にいってこのタイミングにはサプライズ感があった。トヨタが直面するEVやソフトウェアの開発の課題を解決させる道筋を示したうえで、2024年に交代するタイミングが濃厚かなと筆者は考えていたからだ。

しかし、その会見を聞くにつれ、考えが間違っていたことに気づいた。混迷するトヨタの課題解決を、若くエネルギッシュな新経営陣に本気で託そうとする豊田の大胆な決断であると感じた。花道で飾らず、さわやかな引き際であった。

「デジタル化、電動化、コネクテッドなど、私はもうですね、ちょっと古い人間だと思う」

「クルマ屋を超えられない。それが私の限界でもあると思います」

豊田は何も飾らず、あえて自己否定とも取れることに言及してまで自分自身が経営から一歩引き、トヨタが新しいチャプターに入ることが必要だと強調した。

会長となる豊田の今後の役割は2つしかない。取締役会議長とマスタードライバーを務めるという。日本の競争力のど真ん中であるクルマの応援団を増やすため、しっかり社業とチームをサポートする考えだ。マスタードライバーとして新任の佐藤社長に「千本ノック」を浴びせ続けることは変わらないだろう。

なぜ今なのか

現在のトヨタは過去の成功要因から生まれるディレンマに陥っていることは否定しがたい。EVだけに限らず、ソフトウェア、デジタルへの対応もうまくいっているようには見えない。

2022年春のある商品化会議の席上での出来事だ。議長を務める豊田が声を荒らげる局面があった。Arene（アリーン）と銘打ったビークルOS（クルマの外とのつながりを定義し、クルマのハードウェアとソフトウェアの仲立ちをするソフトウェアである。詳細は第8章において解説する）を開発するウーブンプラネット（現在のウーブン・バイ・トヨタ）のジェームス・カフナーCEOの報告は、2025年に導入予定の次期SUVで、トヨタが目指していたソフトウェアアップデート案件の多くが間に合わないというものであった。

アリーンOSとは、アウトカー（クルマの外部）に向けたサービスプラットフォームとしての役割だけでなく、インカー（クルマの内部）にあるハードウェアとソフトウェアの調停作業を行うクルマのOS的な役割も担う。アップデート案件が間に合わないのは調停作業のすり合わせができていなかったことが原因であるが、この失敗も組織的な運営に原因があった。

アリーンOS開発の遅れはトヨタには大打撃となる。トヨタの戦略車がスマホ的なクルマどころか、「らくらくフォン」的なクルマになりかねない。トヨタ社内では「これではらくらくアリーンだね」という皮肉な声も聞かれた。

EVの競争力というものは単純に専用のプラットフォームを開発して、コストの低い電池を入手するというハードウェアだけで完結するわけではない。ハードウェアとして高い標準性とスケールを確立してコスト競争力を確保するのは単なる入口の話だ。

EVの競争力はハードウェアに加え、アプリケーションなどのソフトウェアがより重要である。IT業界では一般的な「ソフトウェア定義（ソフトウェア・ディファインド）」の技術がクルマを進化させていく。そのような構造を持ったクルマを「ソフトウェア・ディファインド・ビークル、ソフトウェア定義車（SDV）」と呼ぶ。

分かりやすくいえば、クルマはスマートフォンと似た構造に進化するのである。ソフトウェアとハードウェアを切り離して通信で自由にソフトウェアをアップデートでき、新サービスを提供できる構造になる。この概念はトヨタの現在の危機と未来への挑戦を正しく理解する上で極めて重要であり、本書の大きなテーマでもある。第8章で詳細な解説を加える。

ソフトウェア、デジタルを同時に進化させることがEVの競争力となり、トヨタのモビリティカンパニーへの転身をもたらすのである。今回の社長交代の意図は、古い体制よりも全く新しい若さに賭けたといえるのではないだろうか。創業家は常にトヨタと関わり君臨する特別な存在である。EVやSDVの成功なしに、トヨタの持続的成長は望めず創業家の隆盛もない。それを佐藤の可能性に賭けたといえないだろうか。

「新チームには、僕ができなかったモビリティカンパニーへの変革をミッションとしてやってほしい」

豊田のこの発言は素直に受け止めるべきだろう。トヨタのマルチパスウェイ（全方位）戦略とは、EVかエンジンかという二者択一をするものではなく、多くの選択肢を提供することである。まずは先進国で求められるEVの競争力を確立できなければ、全方位も成立が難しいということになる。

新体制の始動

任命からわずか3週間後の2023年2月13日、佐藤は役員人事を発表した。新しい執行役員メンバーも副社長体制も想像をはるかに超えるドラスティックな人事であった。

「この顔ぶれ！　まさに新生トヨタではないか！」これは筆者がSNSに最初に書き込んだコメントである。

技術も含めた商品、作り方、そして売り方の新しいキーメンバーが揃った。新体制出発の第一報は、先ゆきを期待させるものがあったと感じる。「商品」と「地域」のバランスを強化すると佐藤が社長交代の会見でいっていた通り、中嶋副社長が「商品」、宮崎洋一副社長は「地域」＝営業をリードする。さらに、執行役員体制には中国を司る上田達郎、北米を司る小川哲男というこれまで欠けていた地域CEOが加わる。新執行体制はチーフコミュニケーションオフィサー（CCO）の長田准を除いて全員が入れ替わることになる。

取締役を兼ねていた副社長3人は現場に戻り、取締役も降りていく。「肩書」よりも「役割」というトヨタの人事に対する姿勢が出ている。前田昌彦副社長はアジア本部長となり同地域のカーボンニュートラルをけん引、桑田正規副社長はEV100％を目指すレクサス電動化担当、近健太副社長はウーブン・バイ・トヨタの代表取締役とチーフフィナン

トヨタの新執行役員

トヨタホームページ、左から新郷和晃、宮崎洋一、佐藤恒治（中央）、中嶋裕樹、サイモン・ハンフリーズ
https://global.toyota/jp/newsroom/corporate/38774288.html

シャルオフィサー（ＣＦＯ、最高財務責任者）として、ビークルＯＳとクルマづくりのすり合わせを担当する。この３人の役割は、確かに極めて重要なものである。

トヨタの役員人事はまるで「回転ドア」のようだ。入ったと思ってもすぐ出なくちゃだめになる。ただし、再入場が認められており、再び活躍することが可能なのである。筆者はこの３人の内の誰かは、必ず経営の中心に復帰してくるだろうと考えている。

次世代型のＥＶ専用プラットフォームを２０２６年にレクサスから導入する新計画はこの段階で発表された。これはe-ＴＮＧＡの開発計画で示した、２０２９年頃のステップ３で導入を計画していたソフトウェア定義の次世代型ＥＶ専用プラットフォームである。

２０２２年夏頃から、寺師茂樹エグゼクティブ・フェローがリーダーとして進めた社内タスクフォース「寺師研究所」で議論した次世代型である。その時は２０２７年へ２年前倒しすることで議論が進んでいたが、佐藤はさらに１年前倒しを発表した。このアナウンスに最も驚いたのはトヨタの社員であったに違いない。

第2章

CASE2・0と国内自動車産業の六重苦

ＣＡＳＥ２・０の世界観とは

ＣＡＳＥ１・０：モビリティトランスフォーメーション（ＭＸ）

第１章で触れたとおり、ＣＡＳＥとはクルマがネットワークに常時接続されたＩｏＴ端末となることで起こる自動車産業のデジタル革命である。自家用車の保有を前提とした売り切り型の産業から、サービス車両を共有し、利活用するモビリティ産業への転換を促進する。この転換を「モビリティトランスフォーメーション（ＭＸ）」と呼び、ＣＡＳＥ１・０とはＭＸを中心とするモビリティ革命の世界観を意味する。

ＣＡＳＥ１・０においては、自動車の販売と保有構造に多大な変革を生み出すものと考えられる。その結果、バリューチェーン（企業活動の価値連鎖）の中央にある製造・販売の収益性が悪化し、川上にある半導体やソフトウェア、下流のサービスを提供するサービサーや、その事業基盤を提供するグーグル、ウーバーなどのサービスデータを支配するプロバイダーに収益が移行することが予想される。

いわゆる、電機業界が陥った「スマイルカーブ」現象が自動車産業を襲うことになる。グーグル、アマゾン、アップル、百度（バイドゥ）というITやエレクトロニクス企業などのさまざまなプレーヤーが新規参入し、自動車メーカーを頂点とする垂直統合型の産業構造は終わりを迎え水平分業型に移行する。競争力の源泉は「台数」という規模から「データ」の支配力に取って代わる。

しかしながら、変革は携帯電話がスマートフォンに置き換わるような瞬く間に起こるものではないことを筆者はこれまで主張してきた。クルマはレガシィ（古い構造）を蓄積しながら、CASEが求める新しい構造に徐々に段階的に置き換わっていくことが予想され、スナップショットでの変革を想定することは適切ではないのだ。

グーグルが自動運転実証実験車を走らせ始めた２０１５年当時、多くの技術者、投資家は２０２２年頃にはドライバーのいないロボタクシーが走り回る世界が来るだろうと予想していた。しかし、現実的にロボタクシーはほとんど普及などしていない。この新技術はハイプサイクル（新技術が生み出す過剰な誇張）を形成しており、２０１８年頃の過剰期待の頂《いただき》から現在は幻滅の底に落ち込んでいる。

進化のプロセスを整理し、その変革が自家用車で起こっていくのか、モビリティサービスで用いるサービスカーで起こっていくのか、切り分けた議論が大切だと考えてきた。移行期においては、自家用車の構造変化は穏やかに進み、一方、サービスカーはユースケース（活用事例）が増大し、早期に飛躍的な変革が起こる。２０３５年あたりを変曲点として、自家用車からサービスカーへの交換（MX＝モビリティトランスフォーメーション）が始まると筆者は仮説を立てていた。

崩壊した米国のトランプダム〜CASE2・0へのステージアップ

しかし、現在はこの保守的な考え方を改めなければならない。2020年以降のCASE革命は、CASE1・0からCASE2・0へステージをアップグレードしたと考えているからだ。CASE2・0とは、CASE1・0の「MX（モビリティトランスフォーメーション）」の進展に加え、「GX（グリーントランスフォーメーション）」と「DX（デジタルトランスフォーメーション）」という2つのメガトレンドが同時に進行し、モビリティ産業への進化が加速度的に進むステージを意味する。

GXはカーボンニュートラルなどの持続可能な社会の実現を目指す取り組みであり、DXはデジタル技術を社会に浸透させて人々の生活をより良いものへと変革することを目指すものだ。

CASE2・0とは、「MX」「GX」「DX」が同時進行する世界である。その発端は、新型コロナウイルス感染症（以下、コロナ）の長期的な蔓延から始まり、米国トランプ政権の崩壊を誘発させたことによる地政学的変化と、移動のニューノーマル（行動変容や移動要件の変化）の掛け算が引き起こしたものだ。

「温暖化1・5度シナリオ」はパリ協定で掲げられた合意であるが、正直、それほどの現実感が

２０２０年まではなかった。確かに、そのシナリオに向かう必要性を強く感じてはいたものの、現実的だとは思っていなかった。それは世界最大の権力を有した米国のトランプ前大統領が堰《せき》を作り、カーボンニュートラルへの流れを止めていたからだ。堰は巨大なダムとなり、カーボンニュートラルへの流れという膨大な水量が貯えられていった。しかし、トランプダムは決壊し、カーボンニュートラルの激流に襲われた。

カーボンニュートラルへのメガトランスファー

ＣＯＰ26の意味すること

２０２１年11月の国連気候変動枠組み条約第26回締約国会議（ＣＯＰ26）で、パリ協定において目標とされた、産業革命以前と比べ気温を１・５度上昇に抑えることに世界が協力していくと正式に合意した。２０２２年のＣＯＰ27においては、１・５度目標を実現するためのパリ協定第６条（市場メカニズム）に関する運用細則やルール策定も進んだ。「ＧＸ（グリーントランスフォーメーション）」は不可逆的なメガトランスファーとなったのである。

インド、ロシア、サウジアラビアもカーボンニュートラル宣言に加わり、カーボンニュートラル宣言国が世界の新車生産台数に占める構成比は実に89％に達している。自動車産業とカーボンニュートラルは宿命的な結びつきを強めていることを認識したい。

これを受けて、国が決定する貢献（ＮＤＣ）である２０３０年のＧＨＧ（地球温暖化ガス）中間目標削減率は先進国を中心に大幅に上方修正へ向かった。そして、この中間目標削減率を達成するための産業政策と燃費などの環境規制案が出揃うことになる。米国は２０３０年の削減率を２００５年比50〜52％に設置、ＥＵは１９９０年比で従来の37・５％減を55％減に引き上げた。日本も菅義偉前内閣において２０１３年比で従来の26％減を46％減に目標を引き上げている。

ＮＤＣを実現するため、それに準拠した「ＣＡＦＥ規制」（いわゆる企業平均の燃費規制）や新車販売の一定量をＥＶなどゼロエミッション車にすることを強制的に要求する「ＺＥＶ規制」が実施されていく。その実現には、２０３０

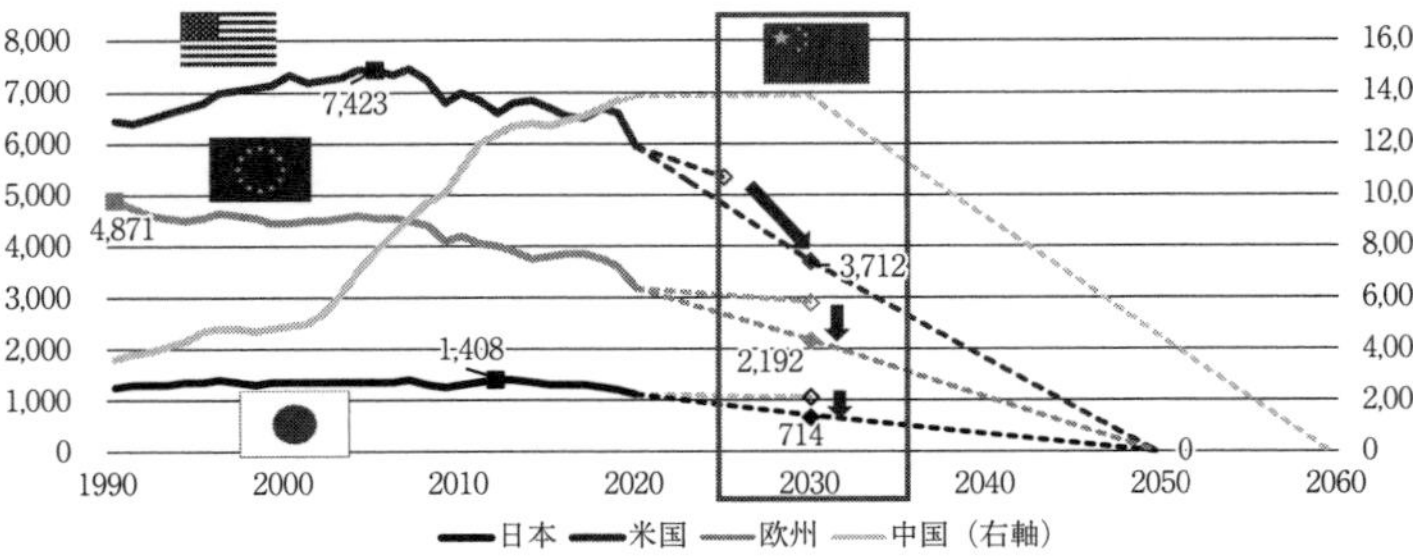

CO_2 排出量の推移と今後の目標（単位：百万トンCO_2）

The World Bank、Potsdam Institute for Climate Impact Research（PIK）、EPA を基に筆者作成

年の新車に占めるＥＶ比率が欧州で50％、中国で50％、米国で40％、日本でも10～20％が必要となることがざっと逆算できる。それを満たせない場合は企業間クレジット（他社の超過達成量＝クレジットを購入することを認める制度）を買うなど対応コストがかかり、充当できなければ多額な罰金を支払っていかなければならない。

出揃ってきた先進国の環境規制と産業強化政策

産業政策として、ＥＵでは欧州グリーンディール及びＦｉｔ ｆｏｒ 55が策定され、２０３５年のＣＡＦＥ（平均燃費規制）を２０２１年比で１００％減（事実上のエンジン車販売禁止）の法案が成立している。米国では、アメリカインフラ計画が発動され、２０２２年にはＩＲＡ（インフレ抑制法）が成立した。日本では、グリーン成長戦略が２０２２年６月に策定され、２０３５年に乗用車を１００％電動化（ハイブリッド車を含む）、商用車はCO_2の排出量が実質ゼロとなるカーボンニュートラル燃料を含めて２０４０年までに１００％電動化することが決定済みだ。

エネルギー政策と自国の経済安全保障強化に向けた戦略の結合が世界の強国を中心に進んでいる。その結果、中国との分断に拍車がかかっている。平たくいえば、経済安全保障としてクリーンエネルギー産業を興し、先進国の中核産業である自国の自動車産業を守り、重要なサプライチェーン（半導体や電池）を支配下に置こうとするものである。その結果、国内の自動車産業は強国のルールメーキングに挟まれ、国際競争力が危ぶまれる事態に陥りつつあるのだ。

後節の「デジュール戦略対デファクト戦略」で詳細に説明を加えるが、日本の産業競争力、特に、自動車産業に重い負担が加わることになるだろう。自国産業と経済安全保障を守ろうとする欧米の国家戦略に対し、日本の自動車産業は厳しい戦いを強いられていく公算が大なのである。

さらに近年は、ＳＤＧｓ（持続可能な開発目標）／ＥＳＧ（環境・社会・ガバナンス）の観点から、企業に資金を提供する投資家や金融機関からのカーボンニュートラルの実現に向けた圧力が顕著に増大している。

ＴＣＦＤ（気候関連財務情報開示タスクフォース）は、Ｇ20の要請に基づき気候変動の情報開示及び金融機関の対応を検討するために設立された。企業がカーボンニュートラルを目指すように、ガバナンス、戦略、リスク管理、目標の４つの主要な項目の開示を促し、金融市場参加者によるカーボンニュートラルを志向する企業の選別を容易にさせて、前向きでないものの淘汰を促進させようとするものだ。

従来のカーボンニュートラルに向けた企業の動機づけは規制・罰金を用いて強制的にその方向に向かわせるものだった。そこに加え、金融資本市場や消費者、取引先らステークホルダーからの圧力が拡大している。自動車メーカーは自らＮＤＣ目標に貢献するＥＶ目標を明確化し、それを実現できる技術・財務の戦略と統治構造を詳細に表明し、市場に納得してもらうことが生き残りの条件にもなっているのである。

LCAベースの燃費規制への動き

さらに大きな難題として浮上しているのが、CAFE（企業平均燃費）規制の基準が大きく変わろうとしていることだ。LCA（ライフサイクル・アセスメント）に基づく燃費規制の議論がEUと中国で始まっている。従来、燃費規制はクルマの排気ガスに含まれるCO_2の総量を算出し、それをメーカーの総販売台数で割ったCAFE（企業別平均燃費）で規制されてきた。燃料タンクから車輪のところしか見ておらず、T2W（タンク・トゥー・ホイール）と呼ばれる。

しかし、火力発電などの燃料製造段階でもCO_2を排出しているわけで、そこの燃料製造、輸送、走行の各工程でCO_2排出量を規制するのが、井戸から車輪までということでW2W（ウェル・トゥー・ホイール）と呼び、日本の２０３０年の長期燃費規制のベースとなっている。

そして、原料採掘、製造・輸送・使用・廃棄のサプライチェーン全体において、それに紐づくエネルギーも含めてCO_2排出量を計測し、規制していこうというのがLCAである。

自動車メーカーがカーボンニュートラルを実現するためには、スコープ１と呼ばれる事業者が直接排出する温暖化ガスの削減と、スコープ２に仕分けられる供給を受けた電気・熱・蒸気などの使用による間接排出の削減が求められる。そこに材料から車両走行、リサイクルまでも含めたスコープ３は、製造工程からサプライチェーン全体で温暖化ガスの排出を削減しなければならない。

ＬＣＡベースの燃費規制とは、スコープ３を含めたカーボンニュートラルを達成することと同じ意味合いとなる。有無をいわさずカーボンニュートラルを目指さなければ規制の準拠はできなくなる。ライフサイクルで脱炭素を目指す国家や企業が国際競争力を獲得できることを意味しており、自動車メーカーはＣＡＦＥからＬＣＡでの脱炭素能力が問われることになる。

ただし、その競争力を支配するのは再生可能エネルギーか原子力という、エネルギーのコストに左右される。再生可能エネルギーへの転換コストの高い日本は非常に不利な戦いとなるわけだ。ＥＵのＦｉｔ Ｆｏｒ 55包括案には、２０３０年を目途にサプライチェーン全体への環境影響を定量的に評価するＬＣＡの評価手法の導入も盛り込まれ、既に法制化が進んでいるのである。

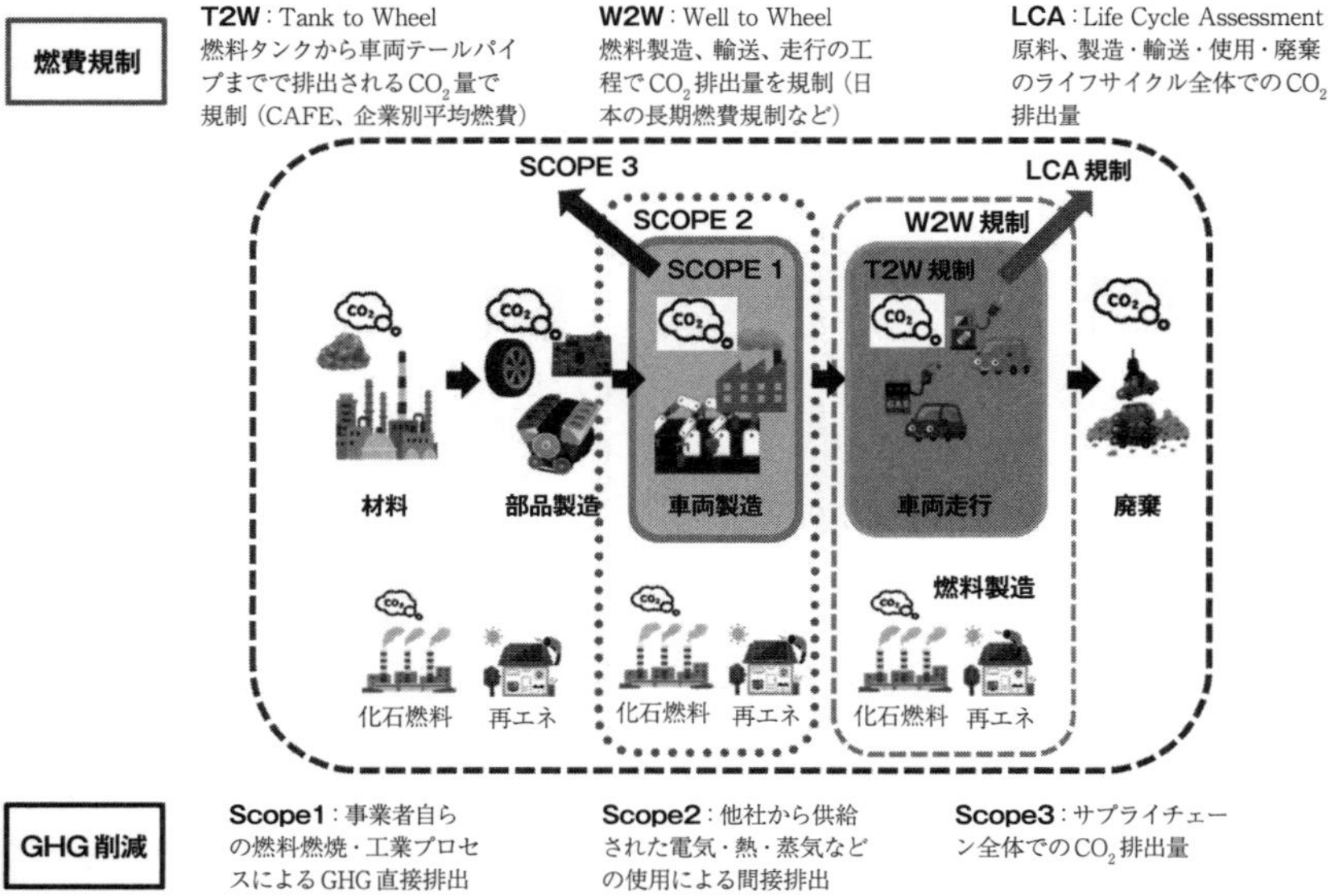

LCAで脱炭素を目指す国家や企業が国際競争力を獲得する
筆者作成

ポストコロナのニューノーマル（新常態）

コロナ危機とは何だったのか

3年間続いたコロナも2023年5月から5類へ変更となり、いよいよ我々の生活はポストコロナの時代を迎えたといえる。自動車産業も平準化に向かっていくことになるのであるが、完全にビフォーコロナの時代に戻るという意味ではないだろう。新車販売台数回復力は鈍く、社会的にGX（グリーントランスフォーメーション）とDX（デジタルトランスフォーメーション）のメガトレンドを一段と加速化させる。ポストコロナにおける自動車産業のニューノーマル（新常態）が訪れると考える。

2000年代末のリーマンショックは「ヒト・モノ・カネ」のうち、金融システム危機を受けた「カネ」の流れが突然止まったことが危機の発端となった。一夜にして、世界の新車需要は3割程度が消滅し、自動車在庫が膨れ上がり、長いリードタイムの中で需要後退→在庫拡大→生産調整が繰り返された。

ところが、中国における100兆円もの財政出動や、古いクルマを新車に買い替えるスクラップ・インセンティブを各国で導入し、「カネ」の流れを復元したら、危機からわずか1年で新車需要は元に戻った。ただし、戻った世界は景色が一変していた。その出口には先進国は凋落し、新興国が世界の新車需要をけん引する構造変化が起こっていたのである。

コロナ危機とは、主要都市のロックダウンが連鎖し、「ヒト」と「モノ」の動きが突然停止したのが始まりだ。行動が制限されたことで新車は買えず、生産もできないことになったのであるが、その特徴は、需要より供給が一段と落ち込み、世界の自動車在庫が消滅したことだ。「ヒト」と「モノ」の動きが復旧すれば、短いリードタイムで生産は回復したが、問題はそこからで、ウイルスの変異株の登場が繰り返され「ヒト・モノ」の動きは何度となく封鎖された。

この中で在宅勤務が定着し、移動要件や移動頻度が大きく変化することになった。オンライン会議、オンライン販売、オンラインデート、サブスクリプションなどのサービスが定着し、クラウドなどのデジタル基盤がすごい勢いで拡張した。ビジネスのデジタル化とユーザーが要求するデジタル体験も高度化が進んだ。

手繰りよせる「GX」と「DX」

このデジタル化への波はクルマにも訪れている。テスラや中国車の成長に勢いがついてきたのは、自動運転、コックピット、マルチメディア、エンターテインメントなどをウリにするスマートフォンのようなクルマ、いわゆるＳＤＶ（ソフトウェア・ディファインド・ビークル＝ソフトウェア定義車）が人気を博しているからだ。

２０２３年４月に開催された上海モーターショーは、久々に世界から多数の自動車メーカーが出展した。日本車メーカーからも多くの関係者が参加し、いくつかの戦略的新モデルやコンセプトカーを並べたが、さほど注目は集めなかった。ゼロコロナ政策で中国への入国は難しかったが、コロナ以降４年目の上海モーターショーは想像を絶するＳＤＶの世界にワープしていたのだ。ユーザーが求めるデジタルにより知能化されたモデルで埋め尽くされていたのである。もはや、単にＥＶだから売れるという世界ではないのだ。

「これまでの我々の価値の届け方では歯が立たないのではないか」

ある国内自動車メーカーの技術企画担当役員はこうつぶやいた。

「コロナ禍の中で中国のＳＤＶがさらに進化しているという報告は受けていた。現実の上海ショーを見て、想定する以上に先に進んでいると認識した。このままでいいのかといえば、いいわけはない」

帰国後、「２０２３ ビジネスアップデート」に立ったホンダの三部敏宏社長は遅れていることを認めながらも必ずひっくり返し、挽回する強い意志を示した。

ＧＸ（グリーントランスフォーメーション）の実現に向けてＥＶシフトを加速化するには、エンジンをモーターに置き換えるハードウェアの進化だけでは力不足。ソフトウェアでＥＶを最適に管理して、サービス指向の顧客体験を提供できるＳＤＶとの掛け算が不可欠となってきているのだ。

「ＧＸ（グリーントランスフォーメーション）」を実現するためにはＥＶシフトが欠かせず、Ｅ

V普及は「DX（デジタルトランスフォーメーション）」を実現する基盤となる。その中で、クルマはメカニカルな工業製品から、ソフトウェアが定義するSDVへ進化する。SDVはクラウドネイティブなサービスやエンターテインメント、自動運転やAIエージェントといった新しいクルマの価値を創造していく。

コロナ危機は「GX」と「DX」を強力に加速化させる構造変化をもたらした。リーマンショックが新興国の時代を手繰りよせたのと同じように。

デジュール戦略対デファクト戦略

エネルギーと経済安全保障に向けた戦略が結合

昔からいわれ続けてきたことだが、欧・米・中の自動車産業と日本の自動車産業との戦いは、デジュール戦略対デファクト戦略の構図となる。デジュール標準とは、標準化機関が正式に制定する公的な標準で、日本工業規格（JIS）などがそれにあたる。自国に有利になるようなルールメーキングを実施して、その産業の国際競争力を育成していくことがデジュール戦略だ。国際政治のパワーポリティックスを振りかざせる欧・米・中がこれに相当する。

一方、デファクト標準とは、市場での企業の競争によって事実上の業界標準として認められるものを指す。日本のような市場もパワーも持たない国家の下の自動車産業は、ユーザーに選ばれてその地位を確立するデファクト戦略しか道がない。トヨタのハイブリッドはその最たる成功例ともいえる。

例えば、バイデン政権がカーボンニュートラルを宣言し、脱炭素政策をやみくもに進めれば、米国の自動車市場で誰から絶滅していくかといえば、いうまでもなく燃費性能の低いピックアップや大型ＳＵＶを事業の柱に置くＧＭのような米国の自動車メーカーである。

その結果、自国の産業が衰退してしまうのは本末転倒な話で、政府は補助金で支援し、自国産業が構造転換しやすいルールを定めていく。欧州のグリーンディール政策、中国のＮＥＶ（新エネルギー車）規制、米国のインフレ抑制法は全てエネルギー戦略と経済安全保障戦略を結合させてデジュール戦略で外国企業を締め出し、自国の自動車メーカーはその加護の下で構造転換を進める形になっている。

デファクト戦略しか選択肢のないトヨタは、トヨタらしいバリュープロポジション（独自の価値）をＥＶやＳＤＶで確立していかなければ、生き残る道が途絶えてしまう。その実現にはソフトウェア、デジタル、ＥＶで競争力を確立しなければだめだ。遅れがあるのであれば早期に挽回し、力強く反撃に打って出て、強いトヨタを取り戻していかなければならないのである。

米国：多大な予算と補助金でＥＶを育成

トランプから政権を奪取したバイデン政権は、環境政策を米国のエネルギーと産業政策の基盤に据えた。２０３０年を目途にクリーンカー（ＥＶ＋プラグインハイブリッド車＋燃料電池車）の新車販売構成比を40～50％にすることを目指すという大統領令に署名もした（拘束力はない）。

政権の目玉として打ち出したインフラ計画には、消費者への補助金／税控除で１０００億ドル、50万基のＥＶ充電器建設用の１５０億ドルを含め、２０２２年から２０２９年の８年間で総額１６００億ドル（約21・３兆円）をＥＶ関連に支出する大計画となった。補助金を受けられるのは米国における労働組合員が組み立てたＥＶに限定するという、やや米国産業保護に偏った内容だった。このインフラ計画は頓挫したが、妥協した「超党派インフラストラクチャーフレームワーク」が２０２１年11月に法案成立、ＥＶや部品の国内製造を促進することで動き出した。

2022年9月13日、IRA（インフレ抑制法）の成立を祝う米国バイデン大統領

写真提供：共同通信社

２０２２年８月に米国で成立したＩＲＡ（インフレ抑制法）については日本でも報道が多く見られるが、その本質は正しく伝わっていない印象だ。見るべき本質は、気候変動対策へ過去最大の３６９０億ドル（約50兆円）を投資して、再エネ、ＥＶ、クリーン水素等への税控除／補助金を投入して世界のクリーンエネルギー産業の米国への投資促進を目指すものであるところだ。

北米で生産し一定の現地調達条件を満たしたEVだけが７５００ドルの税控除（約１００万円で事実上の補助金）を受けられ、米国自動車メーカーを優遇する政策のところだけが強調されている。２０２３年４月に税控除を受けられるモデルが公表され、米国メーカーの22モデルのみが対象で（後に、VWとリビアン＝米国のEVメーカーが加わる）、日・欧・韓のほとんどのメーカーはこの恩恵から漏れた。しかし、フォード、クライスラーなど多くの米国メーカーのEVモデルも対象から落ちているのである。

ＩＲＡには自国ＥＶの優遇という意味もあるのだが、ここで理解すべきより重要なポイントは電池などのクリーンエネルギー産業の自国内での確立と中国調達の排除という経済安全保障の強化である。懸念国リスト、特に中国からの電池、鉱物の調達依存度から脱することが目的にある。北米で生産するクルマであっても、電池部品と電池鉱物の現地調達を決められた比率まで上げることが求められ、①２０２４年から電池部品、②２０２５年から電池鉱物は、懸念国の中国からの調達を完全に排除しないと税控除の対象とならない。これをクリアするのは米国勢でもかなり大変なのである。中でもトヨタはこの要件を満たせる準備を以前から進めてこなかったため、大きな誤算となっている。

現状のままで米国がＥＶ普及を促進しても得するのは中国で、結果、米国の経済安全保障を脅かす。バイデン政権では足元のＥＶ普及が少々遅れてでも、米国に必要なサプライチェーンを自立させることを優先している。この結果、3690億ドルの巨額予算に支えられ、米国、カナダ、メキシコへはクリーンエネルギーや電池などの投資が凄まじい勢いで進み始めているのである。

驚きのGHG（温室効果ガス）削減案

2023年4月にはもうひとつ驚きのニュースが飛び込んできた。2032年までの新型乗用車と小型トラックの米国における排出ガス削減案をEPA（米環境保護局）が公表した。最終年に当たる2032年モデルで、CO_2の排出基準は業界平均1マイル（約1・6キロ）あたり82グラムと設定され、2026年モデルの186グラムから56％の削減が求められる方向だ。実に、年平均13％の削減を義務づけること

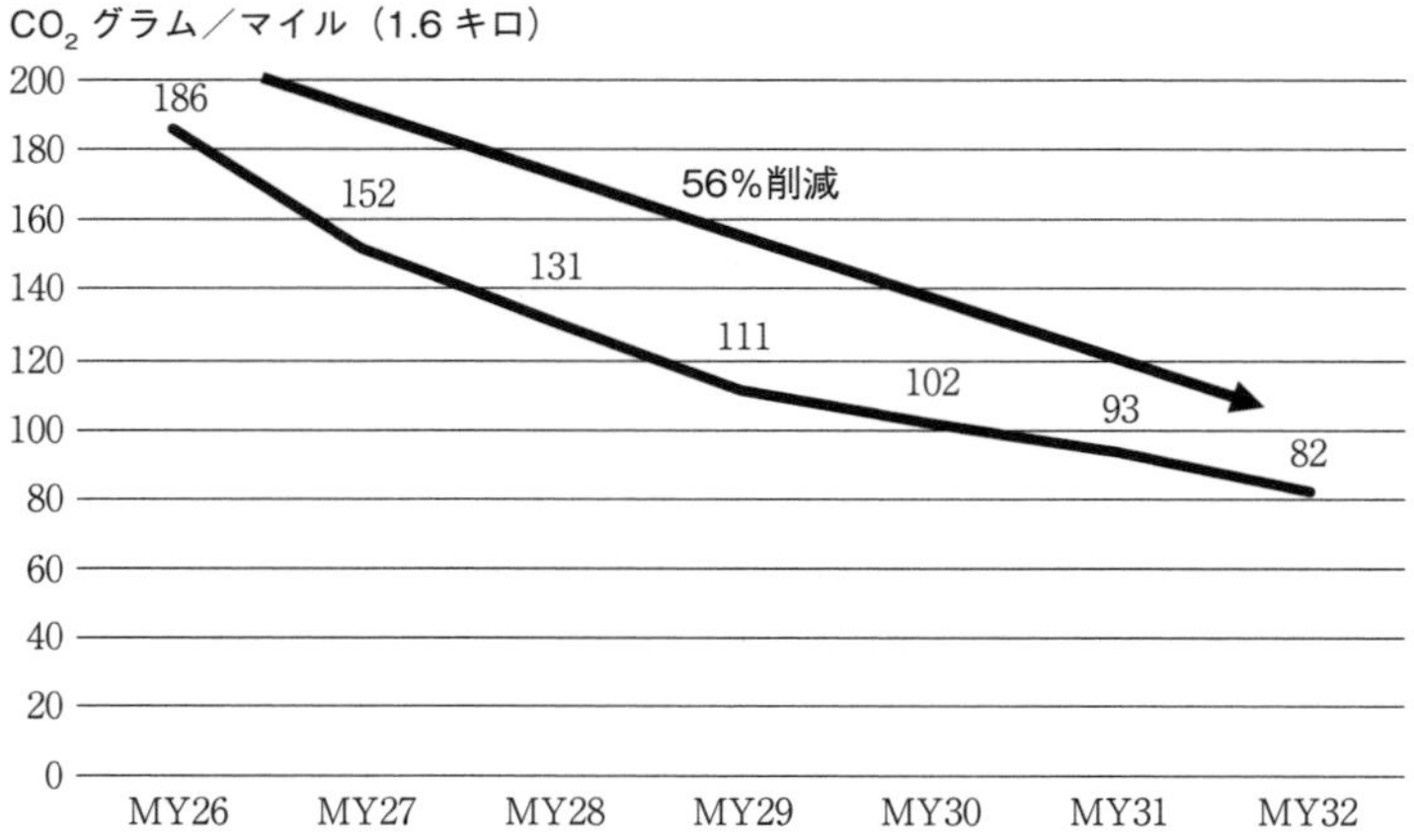

EPA（米国環境保護庁）が示したGHG削減計画（2023年4月発表）

EPA（米国環境保護庁）

になり、ＥＰＡの予測では、自動車メーカーがこの規制を満たすためには、ＥＶを中心とするクリーンカーの新車販売に占める構成比は２０３０年に60％、２０３２年には実に67％に達することが必要だという。

こんな無謀な規制を満たせる可能性がある日本車メーカーは、２０４０年までに１００％のＺＥＶ化を宣言しているホンダのみとなる。このような厳しい前提をトヨタの事業計画には置いてこなかったことは歴然としており、同社にはＩＲＡに加えて２つ目の大打撃となる。

欧州：炭素税と排出枠取引制度でＥＶ産業を囲い込む

デジュール戦略の先手を取ったのは米国ではなくＥＵである。２０１９年末、ＥＵ欧州委員会の委員長に就いたフォン・デア・ライエンは「欧州グリーンディール」を発表し、ＥＵ各国の炭素税とＥＴＳ（排出枠取引制度）を手段とした、ＥＵ主導の強力な気候温暖化ガス排出の削減計画を発表している。これは、環境政策であると同時にＥＵの成長戦略でもあった。エネルギー戦略と産業成長戦略の結合を狙ったと考えるべきだろう。

しかし、２０２０年に欧州がコロナの影響で多大な経済的打撃を受けた。そこからの経済復興を果たすため、「欧州グリーンディール」はどちらかといえば産業成長戦略に比重が移っている印象が強い。２０２１年から２０２７年までに総額１兆８２４２億ユーロ（約２７３兆円）の財政計画を立て、その中に復興計画として７５００億ユーロの補助金・融資を支出するＥＵ基金を設立した。この巨大財政の30％をＧＸ（グリーントランスフォーメーション）とＤＸ（デジタルトランスフォーメーション）の２本柱に投下する。

欧州グリーンディールの実行計画として先述のＦｉｔ Ｆｏｒ 55包括案があり、２０３０年のＣＡＦＥ（企業別平均燃費）を従来の37・5％減から55％削減に強化、２０３５年には事実上のエンジン禁止となる１００％削減を盛り込んでいたわけである。２０３０年を目途に、ＬＣＡ（ライフサイクルアセスメント）評価の導入を検討することも含まれる。

炭素国境調整メカニズム（ＣＢＡＭ）と呼ばれる新手の域内産業を防衛する貿易ルールの導入も提案されている。セメント、電力、肥料、鉄鋼、アルミ、水素等の輸入に対しては２０２３年10月から

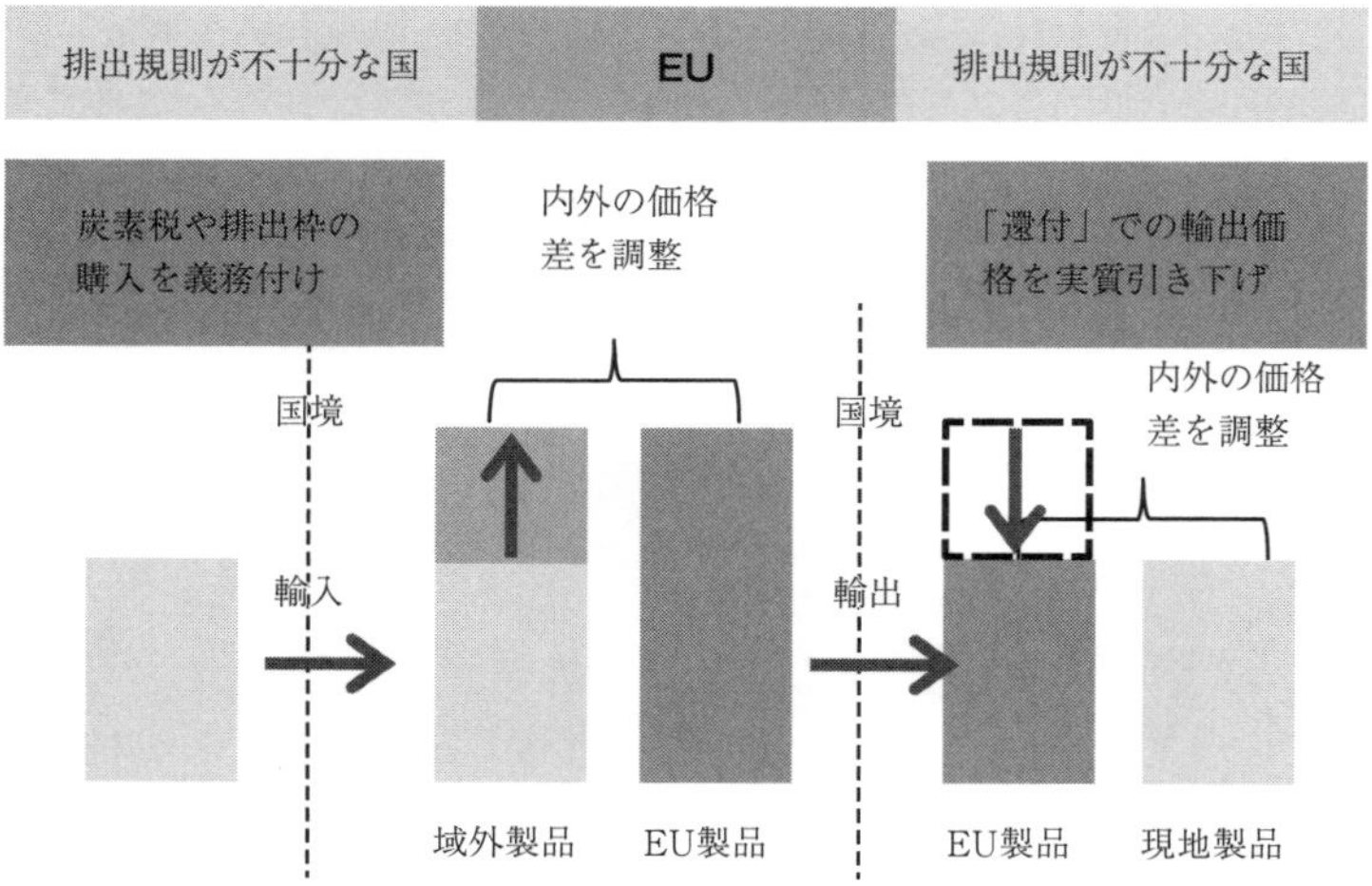

国境炭素調整の仕組み（EUのケース）

日本経済新聞「国境炭素調整で欧米連携か」、2021 年 2 月 17 日を基に、筆者作成
https://www.nikkei.com/article/DGKKZO69172610X10C21A2EA1000/

情報を報告する義務が開始され、２０２６年から２０３４年にかけて段階的に製品当たりの炭素排出量に基づく課金が始まる。

ＣＢＡＭは日本にとって新たな大問題となる。炭素税とＥＴＳ（排出枠取引制度）を導入するＥＵでは製品コストがその分上昇する。排出規制の甘い日本やインドから内外価格差の大きい域外製品が大量に輸入されると自国産業が弱体化する。そこで、内外価格差を是正するために輸入製品に対しＣＢＡＭ証書の購入という輸入課金を賦課するメカニズムである。一方、域内産業が規制の不十分な国へ輸出する時には、内外価格差を埋める還付金が支払われ、輸出競争力をつけるというものだ。

現時点ではクルマは対象外ではあるが、将来的に十分対象に加えられるリスクはあり、欧州地域向け自動車輸出の未来には暗雲が漂う。もっとも、ＥＵではＥＵ域内で販売される全ての電池を対象にカーボンフットプリント（ライフサイクル全体を通してのCO_2排出量を定量的に示す）の申告義務や上限値を導入する規則案が合意に達している。

この結果、欧州で販売するＥＶの電池は欧州域内で生産せざるを得なくなっていく。従って、ＥＶも現地生産が必要となる。もし、その時に欧州の新車販売がほとんどＥＶにシフトしていれば、日本から輸出する自動車はなくなってしまう。

欧州はエンジンを否定する？　肯定する？

２０２３年3月、欧州委員会とドイツ政府は、２０３５年以降も条件付きでガソリン車など内燃機関車の新車販売を認めることで合意したと発表し、大きなサプライズとして報道されている。「手頃な価格のクルマの選択肢を持ち続けることで、気候変動対策への欧州の立場は守られる」（巻末脚注2）。ウィッシング独運輸・デジタル相はこう発信している。

２０３５年のエンジン車禁止は欧州議会で承認も進んでいたが、ドイツが合成燃料を使うエンジン車を認めるよう求め、イタリアや東欧でも賛同の動きがあった。フランスは反対の立場にいた。ドイツの現在の連立政権（ドイツ社会民主党、緑の党、自由民主党の3党連立）は合成燃料を燃料とする車両販売の許可をコミットすることを連立政権の合意に置いてきた。

ここでいう合成燃料とはｅ-Ｆｕｅｌ（イーフューエル）のことを指し、グリーン水素（水を電気分解し、水素と酸素に還元することで生産される水素）とCO_2を合成して作る燃料である。燃焼時にCO_2やＮＯｘなどの排気ガスを生じるが、合成時にCO_2をリサイクルしており実質的にカーボンニュートラルな燃料となる。日本でも合成燃料の導入促進に向けた官民協議会が設置され、大規模な製造プロセスの開発に向けて議論が始まっている。多くの課題はあるが、カーボンニュートラル社会の実現に向けた重要なカーボンリサイクル技術である。

チリの巨大なハルオニ（Ｈａｒｕ Ｏｎｉ）プロジェクト

世界では数多くのｅ-Ｆｕｅｌプロジェクトが進行している。その中でも最も巨大なのがチリの国家プロジェクトである「Ｈａｒｕ Ｏｎｉ（ハルオニ）」である。ドイツ政府、シーメンス、ＶＷグループのポルシェがパートナーとして出資し、風力発電由来のグリーン水素とＤＡＣ（大気中のCO_2を直接回収するダイレクトエアキャプチャー）によるＣＯ２を合成したメタノールをＭＴＧ（メタノール・トウ・ガソリン）プロセスによりガソリンに転換する。

チリのハルオニプロジェクト
写真提供：ゲッティイメージズ

２０２２年末に稼働が開始され、パイロット段階で年間１３０キロリットルのｅ-Ｆｕｅｌ生産が計画されている。２０２６年までに5・5億リットル／年まで増産し、コストは２ユーロ／リットルまで引き下げることが目標である。

5・5億リットルといえば、世界のポルシェやランボルギーニといった高級車の走行をすべてｅ-Ｆｕｅｌで給油し、Ｆ１でがんがんレースをしても2億リットルやそこらは余るという壮大な規模である。ＭＴＧの効率次第でその結果の幅はあるが、どうやら欧州貴族の駆る高級車以外にも、供給は拡大できそうである。

２０２３年2月、フォードは２０２６年からフォーミュラワン（Ｆ１）世界選手権に復帰すると正式に発表した。現在はホンダがエンジンを供給し、２０２２年のコンストラクターズランキングでトップのレッドブルレーシング向けにフォードがエンジンを供給する。

ＦＩＡ（国際自動車連盟）とＦ１はｅ-Ｆｕｅｌといった持続可能な燃料の採用とパワーユニットの電動化を推進することで、モータースポーツの持続可能性を追求している。フォードはこれがＦ１復帰を決断した理由とされるが、長期的な燃焼技術の可能性とｅ-Ｆｕｅｌの実用化を見越した狙いは間違いなくあるだろう。

そして、ホンダも２０２３年5月にＦ１再参戦を発表した。２０２６年からアストンマーティン・アラムコ・コグニザント・フォーミュラワン・チームへパワーユニットを供給する。ホンダは撤退宣言した２０２０年以来、Ｆ１を本気で諦めていたと考えられる。当然、次期型の開発はせず、不退転の覚悟でＥＶシフトと未来型の事業開発に専念してきたと考える。ＥＶシフトの準備を着々と進め、持続可能な将来が見え始めた現在、Ｆ１復帰をホンダは決断したのである。企業ブランドへの貢献度は大きく、カーボンニュートラル燃料を燃焼する次世代のガソリン車ビジネスへの選択肢を長期的に増やすことが可能となっていくからだ。

中国：ハイブリッド育成がいつまで続くかは不透明

２０５０年のカーボンニュートラルをターゲットとする先進国は、２０３０年までに大幅に温暖化ガスを削減しなければならないが、中国は２０６０年と先になるため、２０３０年頃に温暖化ガス排出量をピークアウトさせて、２０６０年でのカーボンニュートラルを目指せる。この差は大きく、エンジン車のカーブアウトは先進国よりも若干ゆとりがあった。

「省エネルギー車と新エネルギー車の技術ロードマップ２・０」は、２０３５年までに新エネルギー車（ＮＥＶ＝ＥＶ＋プラグインハイブリッド車＋燃料電池車）を全体の50％以上、内燃機関車は１００％をハイブリッドとするロードマップを示している。これにより、かつて日本車メーカーは中国でハイブリッド車を成長させる好機があるように思われてきた。

中国のＮＥＶ政策とは、生産量の一定比率をＮＥＶとすることが要求され、満たせないメーカーは余裕のある他社からクレジットを購入して準拠するというものだ。中国はこのＮＥＶ規制に加え、欧州のＣＡＦＥと同じ平均燃費規制（ＣＡＦＣ）がある。この詳細には踏み込まないが、双方のクレジットを統一管理するダブルクレジット規制が特徴である。

習近平国家主席による２０１５年の「中国製造２０２５」において、中国はＮＥＶとスマートカー（＝ＳＤＶ）の２本柱で「自動車強国」となる野望を実現するために鋭い牙をむき出しにしてきた。その結果、ＮＥＶ規制は国家の産業政策に転じ、補助金、減税、そしてＮＥＶへのナンバープレートの優先割り当てを実施することで、国家が必死に育成し続けた戦略産業となったのだ。国家計画台数は、２０２０年に２００万台、２０２５年に７００万台、２０３０年に１９００万台を目指すという、当時はとても実現不可能と思われた凄まじい計画を掲げていたのである。

苦戦に転じた中国における日本車メーカー

もともと２０１９年までは、中国はＮＥＶの販売台数の成長に相当苦労していた。売れるのはタクシーやカーシェアなどのＭａａＳ向けが半分以上を占めていた。そこで、メーカーのＮＥＶ規制負担を軽減しながらもＮＥＶ生産に一段とモチベーションを高める目的で、ハイブリッド車も優遇するダブルクレジット制度を導入してきた。

しかし、コロナ禍以降、ダブルクレジットの意味合いが大きく変化してしまった。２０２１年以降、ＮＥＶ規制による要求クレジット以上に中国市場ではＮＥＶが売れまくっているのである。２０２０年に１３２万台に過ぎなかったＮＥＶ市場は、２０２１年に年に３６９万台、２０２２年に６６０万台

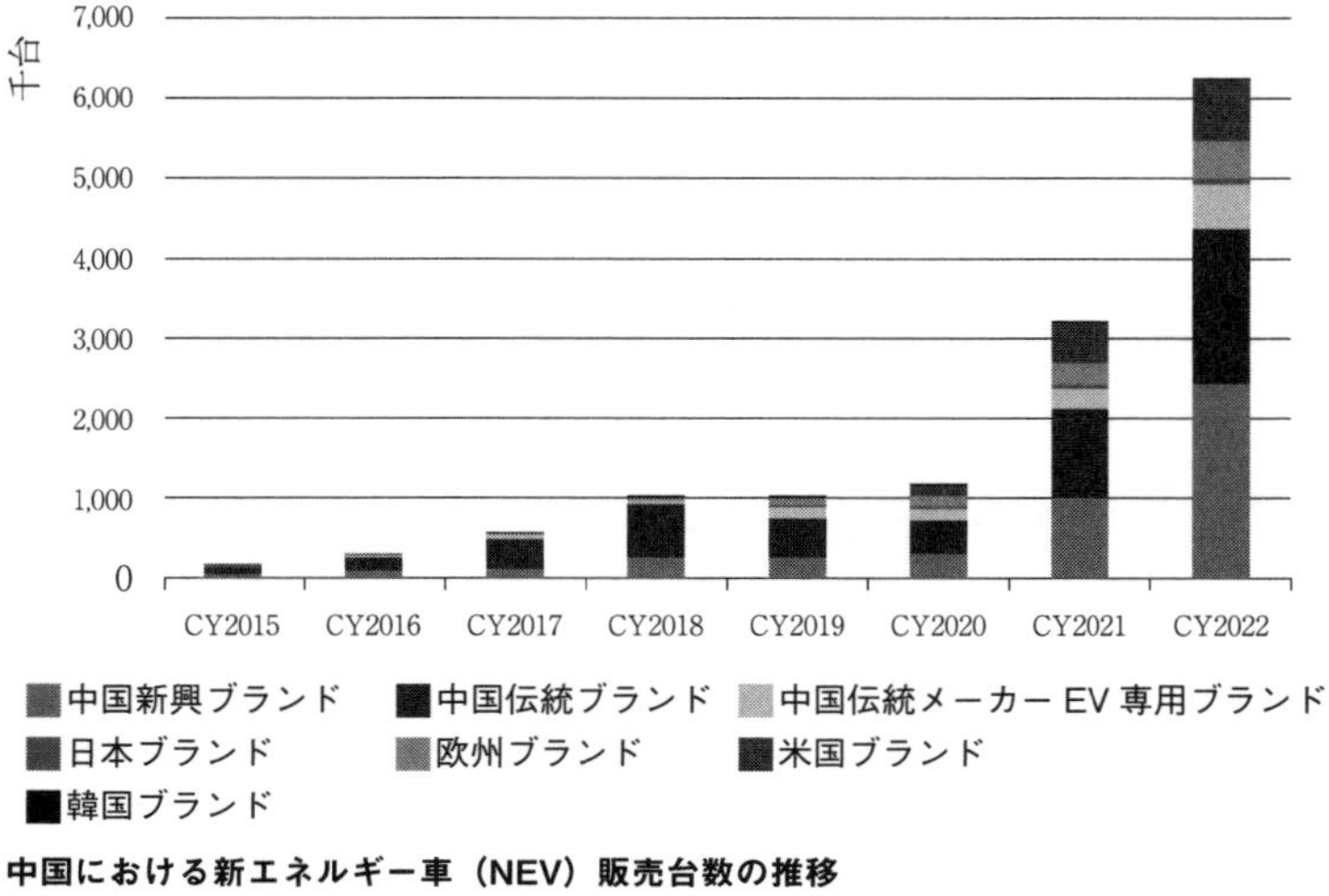

中国における新エネルギー車（NEV）販売台数の推移

各種資料から筆者作成

に達しており、２０２３年は８５０万台に達する公算である。

この発端を作ったのはテスラだ。上海のテスラのギガファクトリー３で生産が始まった「モデル３」が爆発的なヒットとなり、中国の消費者にＥＶベースのＳＤＶ（ソフトウェア定義車）の魅力が伝わった。テスラと同様にＳＤＶを主軸に置くニオ（蔚来汽車）、シャオペン（小鵬汽車）ら新興ブランドのヒットが続き、富裕層向けの販売価格が30万人民元（約６００万円）を超える高級車市場に火がついた。

同時期に、日本でも有名な50万円からでも購入可能な上汽通用五菱汽車の「宏光ＭＩＮＩ（ホンガンミニ）ＥＶ」が２０２０年夏に発売され、爆発的なヒットモデルとなった。ただ、価格が10万人民元（約２００万円）～25万人民元（約５００万円）はＮＥＶが立ち入れるレンジではなかったが、そのガソリン車の牙城を切り崩すメーカーが現れた。それが現在ひとり勝ちしているＢＹＤである。ＢＹＤのプラグインハイブリッド車の「秦プラス」は10万人民元（約２００万円）の価格で、トヨタのガソリン車のカローラよりも安く購入できるのである。

今や、２０３０年までに２０００万台強の中国乗用車市場の85％がＮＥＶに移行するという予測が一般的になってきている。電池材料や鉱物でのＥＶバリューチェーンに関する海外直接投資額は２０１６年から２０２２年までで40倍以上に急増。上流から下流まで全ての工程において、巨額な投資を実施しているという（巻末脚注３）。このＮＥＶ大国が東南アジアに攻め込んできた時、日本車の最後の砦も崩壊するリスクがある。実際、タイではＢＹＤの巨大なＥＶ工場が２０２４年にも稼働を開始する。

既にNEVの成長に圧迫され、日本車の中国市場のシェアは２０２０年の24％から２０２２年に18％へ急降下し、下落に歯止めがかからない。中国市場が全体純利益に占める割合は、トヨタが20％、ホンダが30％、日産が40％の収益を稼ぐ市場である。先立って凋落した韓国車メーカーは既に多額の赤字に転落している。中国市場は日本車メーカーにとって最も厳しい競争を受ける激戦地へ変わろうとしているのだ。

日本：ガラパゴス諸島的な進化

「我が国は２０５０年までに、温室効果ガスの排出を全体としてゼロにする。すなわち２０５０年カーボンニュートラル、脱炭素社会の実現を目指すことをここに宣言いたします」

２０２０年10月26日に行われた菅義偉総理（当時）の所信表明演説でのカーボンニュートラル宣言は、世界の流れから鈍感に取り残されていた国内産業の目を覚まさせる一撃だった。

それ以降、菅義偉前内閣が定めた２０５０年のカーボンニュートラル宣言と経済政策である「グリーン成長戦略」に沿って、日本の電動化戦略は進んでいる。火力発電の比率の高い日本の電源構成ではEVシフトをしても温暖化ガスの削減には寄与できない。ハイブリッドとプラグインハイブリッド技術の存在期間は世界の先進国よりもずいぶんと長くなる。世界の先進国の電化政策に対し、日本は「ガラパゴス諸島」的な進捗となることは避けられないのである。

先述の通り、日本では、乗用車の新車販売は２０３５年までにハイブリッドを含めて１００％

電動化の方針がグリーン成長戦略に織り込まれた。商用車はカーボンニュートラル燃料を含めて2040年を目途に100％電動化する。2040年を目途に新車販売の全てをカーボンニュートラル車にする事を目指す。

ただし、この目標では2050年までに保有車両も含めたカーボンニュートラルの実現が困難であり、カーボンニュートラル燃料の普及、ハイブリッドやプラグインハイブリッドをEVにアップグレードする技術革新を確立させることが課題として残る。

国内自動車産業の隠れた新六重苦「SECRET」

東日本大震災から4カ月が経った2011年7月、自工会は「日本経済再生のための緊急アピール」を発信した。当時の日本の自動車産業は「六重苦」に喘いでいた。（1）円高、（2）高い法人税率、（3）厳しい労働・解雇規制、（4）TPPやEPAなどの経済連携協定の遅れ、（5）厳しい温暖化ガス削減目標、（6）電力不足／電力コストを受けた産業の空洞化や国内雇用喪失を懸念する苦悩があった。国際競争力を後退させた電機産業の後を追い凋落することになるのではないかと極端な悲観論に陥っていた。

現在の国内自動車産業は新たな「六重苦」の時代を迎え始めてはいないだろうか。ここまでのEVシフトやカーボンニュートラルをめぐる外部環境を整理すれば6つのキーワードが浮かびあがる。その6つとは、（1）サプライチェーンの変化にともなう調達コスト増（Supply Ch ａｉｎ＝Ｓ)、(２) 再生可能エネルギー推進によるエネルギー転換コスト (Ｅｎｅｒｇｙ＝Ｅ)、(３) 脱炭素コスト (Ｃａｒｂｏｎ＝Ｃ)、(４) 資源確保の困難さとそのコスト (Ｒｅｓｏｕｒｃｅｓ＝Ｒ)、(５) ＥＳＧ、ＳＤＧｓ実現に向けた資本コスト (ＥＳＧ＝Ｅ)、(６) 炭素国境調整などの新貿易ルール、補助金獲得のローカルコンテンツなどの交易条件の悪化 (Ｔｒａｄｅ＝Ｔ) である。

それぞれキーワードの頭文字を並べて「ＳＥＣＲＥＴ」と呼んでいる。今ははっきりとは見えてはいないが、長期にわたり国内自動車産業の競争力の足かせとなっていくだろう。

トヨタ動く

政策との不協和音

２０２０年末、自工会は「電動化＝ＥＶ」と煽る国内メディアに苦言を呈した。２０２１年３月、再生エネルギーの普及が遅れる場合、自動車業界の国際競争力が衰え、５５０万人の国内自動車関連産業従事者の

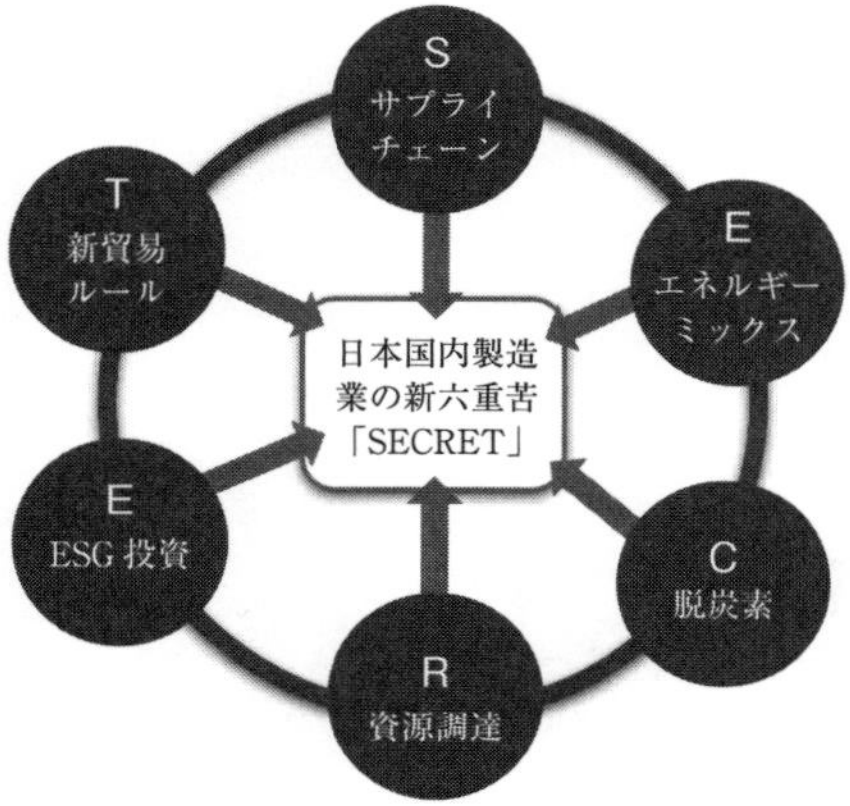

国内自動車産業は新たな「六重苦」
筆者作成

うち、「70万～１００万人の雇用に影響が出る」と危機感を訴えた。

この頃は、２０２０年代後半に向けてカーボンニュートラル実現に近づける産業政策「グリーン成長戦略」の政策論議の中で、ＥＶの普及促進を急ごうとする政策側とトヨタが会長を務める自工会の考えに不協和音があった。当時の政権、環境省や経済産業省では、中国のＮＥＶ政策のようなＥＶを強制的に一定量普及させる政策の議論が、起き始めていた。

自工会は、やみくもにＥＶの普及を国内市場で目指すことは５５０万人の自動車関連産業の雇用に大きな影響が出ると考えていた。２０３０年再エネ電力目標（３５００億キロワット時）を達成するには新規の発電投資で22兆円、送電網の老朽化更新投資２・５兆円を合わせて、２０３０年までに総額25兆円（年間１・４兆円）の投資が必要となると試算していた。

国内の輸送部門は、CO_2排出量を２００１年度の２・３億トンから20年間で１・７億トンまで削減した実績を有する優等生であった。２０３０年のＮＤＣ中間目標の35％減（２０１３年度比）を実現するには、輸送部門はCO_2排出量を１・２億トンへ削減することが求められる。これは過去20年間の成果を10年で実現することと等しい。

この達成のためにＥＶの販売を加速しても、結局、サプライチェーン全体のCO_2削減につながらず、高いエネルギーコストは車両コストに跳ね返り、国内産業の輸出競争力は剥落する。

「この先の数年間は、積み上げてきた技術的アドバンテージを生かし、今ある電動車を使って、早期からCO_2を最大限減らし、『余力』を稼いでいくことが重要」

自工会の豊田章男会長はこう主張していた。

また日本の場合は、全体に占める輸送部門のCO_2排出量は20%未満と、30%強の欧米と比較してその構成比は低めである。その輸送部門のCO_2排出量の約半分は貨物車から発生している。急ぎ注力すべきは物流効率化とその電動化である。輸送業が抱える課題の解決やカーボンニュートラル実現への貢献を目指して設立されたのが、「CJPT（コマーシャル・ジャパン・パートナーシップ・テクノロジーズ）」である。

広い選択肢を残す

豊田は自工会会長の立場から、一貫して日本の電動車規制においてEVに偏重する政策に注意を喚起し、技術の幅広い選択肢を残すことが日本の自動車産業にとって望ましいと主張してきた。この時の映像や発言はメディアに切り取られ、トヨタの社長は「アンチEVである」というイメージが出来上がったような気がする。豊田自工会会長はトヨタ自らの世界に向けた電動化戦略を語っていたのではなく、日本の国内自動車産業の進むべき方向を語っていたと筆者は受け取っている。

「ディーラー従業員の雇用を守るとかいうようじゃ、トヨタも先がないね」と冷ややかに突き放す政治家もいた。

「なんだ、あのテスラかぶれの政治家は！」自工会のある役員も悪口で言い返す。

両者の関係が悪化し、ぎくしゃくした時期があったことは否めない。

しかし、２０２１年6月に発表された日本のグリーン成長戦略は、概ね自工会が期待する方向で定まった。「広い選択肢を残す」という方向で日本はコンセンサスが形成されたのである。

その政策決定へのお礼というわけでもないだろうが、豊田のドライバーズネームである「モリゾウ」のプライベートチームであるルーキーレーシングが日本に奇跡を提供した。２０２１年４月、水素エンジン（水素を燃料とするエンジン車）を搭載したカローラスポーツが、富士スピードウェイのスーパー耐久シリーズ第３戦 富士24時間レースにおいて、参戦初戦で完走するという偉業を成し遂げたのだ。

燃焼技術は未来へつながる

水素エンジンがこれほどの完成度で登場することには爽やかな感動と驚きがあった。

「燃焼技術はまだやれるんじゃないか」という一筋の光が差し込んだ。

かつて、マツダやＢＭＷが研究したことはあるが、実現性は非常に困難だと多くが疑問視してきた幻のエンジンである。

トヨタはそれをこっそりと開発してきたわけだ。燃料電池車ＭＩＲＡＩで培ってきた水素タンクと、デンソーが有する高圧燃料噴射機の蓄積技術があって初めて成し得たことだろう。ＧＡＺＯＯレーシングカンパニーのプレジデントとして、この水素エンジンカローラを担当してきたのが豊田の後任となる佐藤恒治である。

富士スピードウェイの施設の中で、筆者はこのGR水素カローラの体験運転をしたことがある。ガソリン車にはない未体験の水素燃焼の加速感にポテンシャルを感じた。一方、トヨタは「市販を目指す」とか、当時プレジデントであった佐藤も「開発は5～6合目」とコメントしたりで、ややメディア的に期待先行になっている感は否めない。

水素燃焼に関しては、気体から液体水素へのチャレンジをこなしていかなければならないし、それ以上に水素調達、水素インフラを確立する大きな壁がある。日本企業だけが実現可能な技術では孤立するだろう。リアリスティックに考えれば、先行して普及の可能性が高いのは、水素を電気に転換して走るＭＩＲＡＩのような燃料電池車に軍配が上がる。

それでも水素エンジンにこだわる理由は2つある。まずは、液体水素を取り扱う技術を鍛え、それを商用車に不可欠な燃料電池に展開して、この領域のデファクト（業界標準）を取るということだ。そして、水素エンジンへのチャレンジを通して燃焼技術を未来へつなげることである。現在、エンジンに関わる開発エンジニアのモチベーションは著しく落ちている。「エンジンはネアンデルタール人、絶滅種」という冷たい政治家の発言がどれほど現場のモチベーションを低下させていることだろうか。求められないことへ情熱を注ぐことは難しい。諦めれば終わり、一度途絶えれば技術は二度と戻ってくることはないだろう。

カーボンニュートラル燃料にかける執念

注目のカーボンニュートラル燃料とは？

燃料電池車と水素エンジン車の間に普及が期待できるのがカーボンニュートラル燃料を燃焼させるエンジン車である。先述のスーパー耐久シリーズでは水素カローラに加え、マツダは１００％バイオディーゼル、トヨタとスバルは１００％合成燃料を燃焼するマシンで参戦している。

　カーボンニュートラル燃料とは、先述の通りCO_2を回収することで、燃焼させても大気中のCO_2を増やさない燃料の総括となる。大きく２つの種類がある。まずは、光合成ルートの次世代バイオ燃料（バイオディーゼル、持続可能な航空燃

富士登山にたとえた水素エンジンの市販化までのロードマップ
トヨタイムズ
https://toyotatimes.jp/report/hpe_challenge_2022/008.html#index01

料＝ＳＡＦジェット燃料）であり、成長過程で光合成によってCO_2を回収する植物を原料に、バイオマスで生成する光合成ルートのカーボンニュートラル燃料だ。ミドリムシなどの微細藻類を原料にユーグレナが提供するバイオディーゼルがひとつの事例である。

もうひとつは、工業合成ルートで作られる燃料であり、先述のチリのハルオニプロジェクトのような、再エネで作られたグリーン水素とCO_2を合成して作られる合成燃料（ｅ－Ｆｕｅｌ、ＳＡＦジェット燃料）と、バイオマスを用いて生成したバイオエタノールを炭化水素へ合成するバイオ由来の合成燃料がある。

夢の燃料にも思えるが、実際コストが高く、供給量が少なく、エネルギー効率も悪く、有害な排気ガスを出すなど課題は山積している。コストは水素コスト次第なところがあり、経済産業省が掲げる２０５０年にガソリン価格以下の目標は水素コストが高い日本では簡単ではない。結局、多くの要素を日本は輸入に頼ることになり、加工貿易で輸出する事業を維持しなければ持続可能性は低下する。

航空機や船への供給優先度が高く、果たしてどれほどが自動車向けに供給可能となるかも不確定である。自工会資料（巻末脚注４）によれば、フィッシャートロプシュ（ＦＴ）合成で航空機燃料を製造した場合、一定量のガソリン／軽油成分が副産物として取れるとある。エネルギー効率（投入したエネルギーに対して回収できるエネルギーの比率）においては、電気↓水素↓カーボンニュートラル燃料の順で効率が悪化する。効率は悪いが、再生エネルギーが生み出した貴重かつ不安定な電気をカーボンニュートラル燃料として貯蔵できるメリットがあるという。

カーボンニュートラル燃料は基本的に今のガソリンと成分が変わるわけではないため、既存のエンジンの燃料として使用できる。ただ、ＮＯｘなど有害な排気ガスを削減する制御技術や浄化装置を取り付けていく必要がある。

モータースポーツと次世代燃料との関係は世界的につながりが深い。米国のインディは穀物由来のバイオエタノール（エタノール85％、ガソリン15％を混合したいわゆるE85）を用いており、２０２３年から１００％廃棄物由来の第2世代エタノール（エタノールとバイオ燃料の混合）に移行する。

欧州Ｆ１は２０２６年のルール改正で１００％合成燃料の使用に変更され、アウディがいち早く参戦を表明しザウバーチームを買収、そしてフォードの参戦が続いた。ホンダも２０２６年の復帰を発表している。

日本ではスーパー耐久を皮切りに、スーパーフォーミュラ、スーパーGTがカーボンニュートラル燃料を採用していく（スーパーGTは一部導入済み）。持続可能なモータースポーツを目指しつつ、環境技術を磨き込む最前線の現場と化している。

日本固有のカーボンニュートラルへの道

カーボンニュートラルを実現するには、まずは電源部門の脱炭素が大前提となる。しかし排出量の構成比はわずかに35％に過ぎず、大きな部分は、電力外の産業・輸送・家庭部門から排出される。この部分の脱炭素は、①製品そのもののカーボンニュートラル化（＝ＥＶ、燃料電池車）、②製造工程のカーボンニュートラル化、③行動変容や事業構造変革を通じた循環型経済の構築に加え、④カーボンオフセット（森林吸収やJ-クレジットのような炭素削減に応じたクレジット売買）と⑤カーボンリサイクル（炭素を資源と捉えて再利用する技術）を効果的に合わせ込まなければ、まず達成できない。

カーボンニュートラル燃料とは、まさしくカーボンリサイクル技術を具現化したものであり、２０３０年を目途に普及が進むＳＡＦ（持続可能な航空燃料）、廃油や藻類由来のバイオディーゼルが現実的なコストに接近し、合成燃料は２０４０年を目途にガソリン価格に接近できる未来図を描かなければならない。

日本は世界の中でも最もＥＶシフトが遅い国のひとつとなる事実は否定しがたい。２０５０年でも約70％の国内保有車両には何らかの形でエンジンが搭載された姿で残存すると考えられる。製品のカーボンニュートラル化で脱炭素に近づける欧州とは事情が異なる。

日本は固有のカーボンニュートラルへの道筋があり、カーボンリサイクル燃料や水素技術の組み合わせを国際競争力獲得の戦略に置くというのは合理的な考えである。電池は地産地消、ＥＶは適材適所、国内車両生産はマルチパスウェイ（全方位）という姿は日本にとって適切な電動化戦略であるだろう。ただし、国内車両生産が現在のままの形で残ると考えるのは甘いのかもしれない。

第3章

世界のEV市場の現在地と未来図

世界はＥＶ計画をグレートリセット

自動車メーカーは供給サイドの重大な役割

「グレートリセット」とは２０２１年のダボス会議のテーマであった。気候変動や格差等の社会問題に対して真剣に取り組むことが求められる中で、グレートリセットを見出そうという重い問題意識の表れであった。

自動車産業も置かれた立場は同じである。カーボンニュートラルを目指し、それを実現する中で、自らの存在意義を見出そうとするグレートリセットを進めなければ産業も企業もいき詰まってしまうことになりかねない。

できる、できないの神学論争はさておき、既に背景を説明した通りパリ協定の温暖化１・５度目標は世界の約束となった。この結果、自動車の燃費規制は一段と厳しくなり、多くの地域でエンジンからＥＶへの移行を早めようとする政策が生まれてきている。脱炭素の大きな責任を背負う自動車メーカーは、供給サイドとして重大な役割を果たしていかなければならない。

さらに、パリ協定第6条2項の「市場メカニズム」（巻末脚注5）に沿って、企業をカーボンニュートラルへ向かわせるために、気候変動関連の財務開示に強い圧力がかかり、また、サステナブル・ファイナンス（持続可能な社会と地球を実現するための金融）の錦の御旗を掲げる投資家や金融セクターからの圧力も厳しい。平たくいえば、マネーの力で有無をいわさず企業をカーボンニュートラルへ囲い込もうとしている。

こういった背景から、自動車メーカーはカーボンニュートラルを実現させる目標を自ら明確化し、ＥＶ戦略、技術・財務戦略、統治構造を詳細にかつ明確に示していかなければならなくなったのである。このコミュニケーションをひとつ誤れば、ブランド力、企業競争力、企業価値に重大な影響を及ぼす。その意味において、「アンチＥＶ」というレッテルを外部から張られたトヨタの苦悩は大きく、その払拭を狙ったのが２０２１年末のバッテリーＥＶ戦略会見であった。

ＥＶ目標は４つの類型に整理できる

「ボルボが１００％ＥＶにしようとしているのに、トヨタは30％でなぜそんなに消極的なのか」こういった議論が海外メディアには多い。比率を計算する分母が違うわけで、こういった比較は意味がないのだが、米国系の経済メディアにはなかなかその理屈が通用しない。分母に含まれる販売の仕向け地域、製品の構成が違っていれば、比率の意味は大きく変わるはずなのだが。

２０２０年から２０２２年にかけて、世界の自動車メーカー各社が表明してきた新車に占める

ＥＶ販売比率と達成時期の目標を系統立てて、その分類を試みた図が下にある（注：会社別でＥＶ、ＺＥＶの定義が違うが、燃料電池車の寄与台数は小さいことから、各社共にＥＶとして表現している）。

それぞれが目指す方向性は４つの類型に整理できる。２０３０年はＮＤＣ（国が定める温室効果ガス削減目標）の中間目標が明文化されており、その実現に向けた供給責任を満たすためにも、自動車各社が表明する数値目標は戦略的な意味合いが強い。その先の政策は現段階では決まっておらず、２０４０年の目標は、どちらかといえばカーボンニュートラル目標年から逆算したビジョン的な意味合いが強いだろう。

第１の類型は「グローバルニッチ／プレミアム」である。早い段階でＥＶ１００％を打ち出し、ニッチ市場や高収益でＥＶと

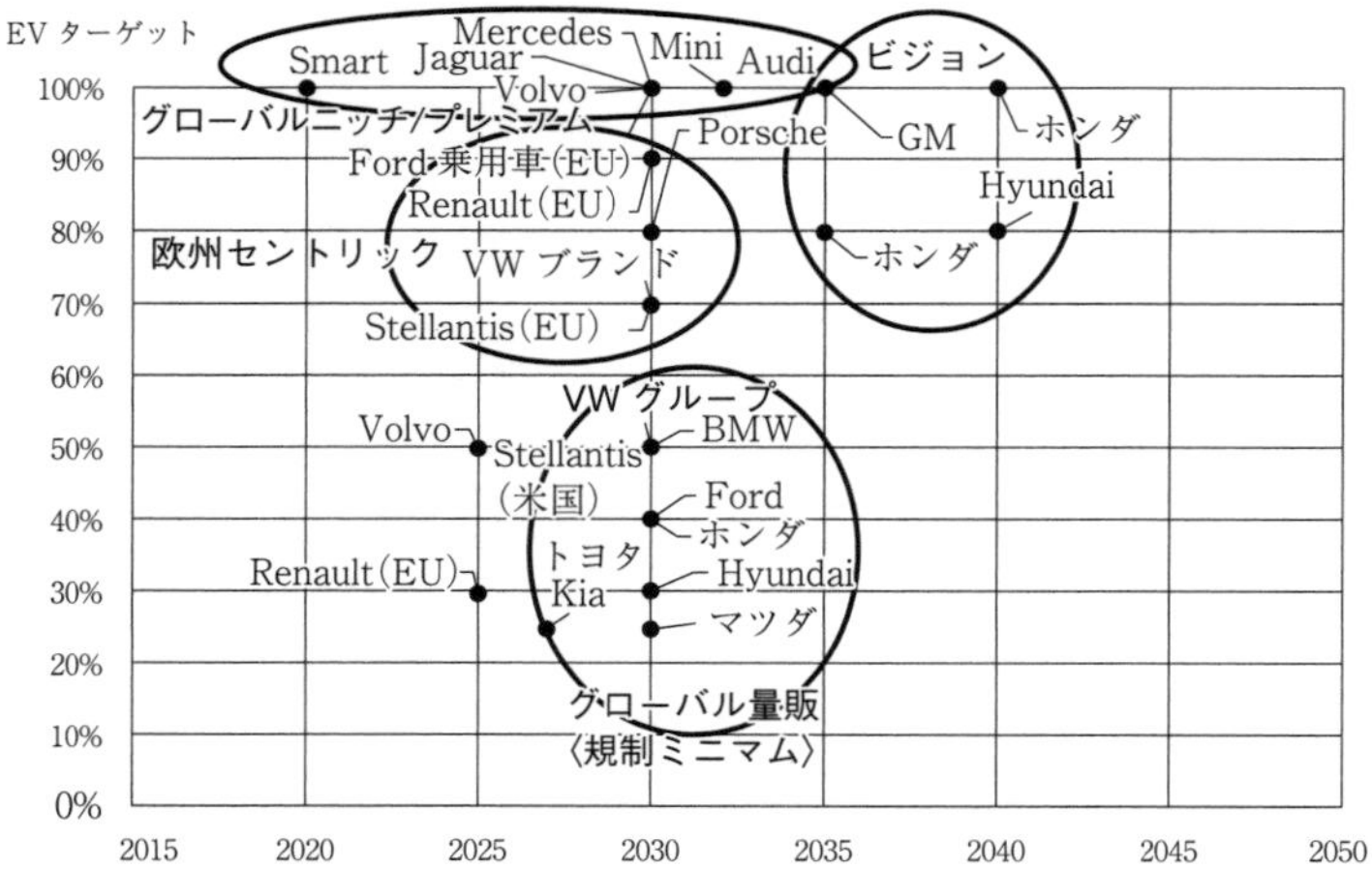

世界の自動車メーカーが示すEV販売比率の目標（2021年末時点）

注記：ポルシェ、Mercedesにはプラグインハイブリッドが含まれる
各社資料を基に筆者作成

の親和性が高いプレミアム価値を追求する企業群である。スマート、ボルボ、ジャガー、ミニ等のニッチ・プレミアムブランドがまずはＥＶ１００％を宣言した。近年は、メルセデスが（市場条件が許す地域においては）２０３０年でのＥＶ１００％を宣言した。日本のレクサスも２０３５年に１００％ＥＶブランドへ転身することを表明済みだ。

第２の類型は「欧州セントリック」であり、世界で最も環境規制が厳しくなる欧州での販売比率が高い自動車メーカーがこの類型に入る。欧州フォード（乗用車部門）、ルノー、ＶＷ乗用車ブランド、ＰＳＡとＦＣＡが統合したステランティス（欧州部門）が、２０３０年の時点でＥＶ比率70％以上の達成を目標に掲げている。欧州地域はクルマから排出されるＣＯ$_2$を、２０３０年で55％削減、２０３５年で１００％削減を目指しており、その実現に向けて、これらは蓋然性の高い目標値なのである。

第３の類型が「グローバル量販ブランド」で、世界の数多くの国、市場セグメントに向けて幅広く販売展開する量販ブランドである。ＥＶ販売比率はマツダの25％（最大40％への上振れシナリオあり）をボトムに、トヨタの約30％（筆者推定値、トヨタは分母を開示しない）が続き、フォード、ステランティス（北米部門）、ホンダらが類型の中央値の40％にある。そして、ＶＷグループが50％とこの上限にいる。この類型の中での目標値の差異は、分母にある地域販売の構成差で概ね説明がつくだろう。ＥＶシフトの遅い日本、東南アジア、インド、南米の販売構成比が高いとＥＶ販売目標の比率は落ちる。

第４の類型が「ビジョン」であり、逆算的にカーボンニュートラルを実現する手段としてＥＶ

比率のあるべき姿を表明している。ＧＭが２０３５年、ホンダは２０４０年でＥＶ１００％を表明している。

ＧＭメアリー・バーラの野望

カーギャルのリーダーシップ

トヨタの競合相手となる世界の自動車メーカーの動きも押さえておく。まずはＧＭである。

ＧＭが経営破綻したのは２００９年の出来事であるが、その後、株主となった政府との強いパイプを生かしながら現在は見事に再生し、米国の環境政策を産業側から支える有力企業に変貌を遂げている。この大変革のリーダーシップを発揮したのがメアリー・バーラＣＥＯである。生粋のＧＭプロパーであるバーラは、実は生まれも育ちもＧＭ企業城下町の一角にあるウォーターフォード・タウンシップ。ゼネラル・モーターズ研究所で学び、ＧＭスタンピング工場でインターンを受け、ＧＭの奨学金を受けてスタンフォード大学でＭＢＡを取得した人物である。

再建に向けて、欧州とインドという巨大市場からの撤退を断行、また好況期の中での大リストラを実施し世間を驚かせた。ＧＭの難関である労働組合との交渉もハードネゴシエーターとして乗り越えてきた力量には高い評価がある。グローバル・フルラインを貫くトヨタとは一線を画し、北米と高価格な大型モデルに絞り込んだ選択と集中で強い収益体質を築いたのだ。

再建が軌道に乗った後、ＣＡＳＥ革命に対応すべく、バーラはモビリティカンパニーへの転身を一気に進めてきた。その成功例のひとつが、自動運転ベンチャーのクルーズを買収し、自動運転のロボタクシー事業開発で先行していたグーグル傘下のウェイモを追撃したことだ。

当初の計画から数年遅れたが、クルーズは２０２２年にサンフランシスコで一般向けの自動運転ロボタクシーサービスを開始した。サービスはフェニックス市、オースチン市にその後拡大している。クルーズは、２０２５年までの売上目標を10億ドル（１３５０億円）に設定し、２０３０年までに５００億ドル（6・7兆円）に拡大させることを目標として掲げている。ライバルであるフォードは自動運転開発ベンチャーのアルゴＡＩを買収し必死にＧＭを追いかけたが、結局、アルゴは２０２２年に清算され、完全自動運転技術の開発停止に追い込まれ明暗を分けている。

GMのメアリー・バーラ CEO
写真提供：共同通信社

GMのEV戦略

ＧＭは２０３５年までに販売する車両の排気ガス量ゼロ（Ｚ

EV100%）を目標とし、2040年に企業としてのカーボンニュートラルを目指すと公表している。その実現に向けた中期の行動計画を3つのステージで説明している。

第1フェーズ：2019〜2022年にかけてEVとSDV（ソフトウェア・ディファインド・ビークル＝ソフトウェア定義車）の技術基盤を築くために、要素技術を獲得し提携関係の構築を進めてきた。電池では韓国のLG化学から電池事業を引き継いだLGエナジーソリューション（LGES）と戦略提携を進め、アルティウム電池の生産基盤を形成。アルティファイと銘打ったSDVを実現するソフトウェア基盤を構築し、スーパークルーズやウルトラクルーズなどSDVで提供する高度運転支援システムの技術基盤も築き上げた。自動運転においては先述のクルーズによるロボタクシー事業の基盤を作り上げていった。

第2フェーズ：2023〜2025年にかけて投資を加速化し、電池、EV、SDVの事業スケールを拡大する段階が来る。2025年までに100万台のEV生産能力の確立を目指し、デトロイトのファクトリーZEROを含め、3つのEV専用工場を立ち上げてきた。この段階では、高収益なガソリン車販売が会社全体の収益を支え、過去最高の収益を維持しながら成長を目指す。

第3フェーズ：2025〜2030年にかけてはEV事業を基盤とした循環型エコシステム（それぞれの企業や事業が相互に補完しあってビジネス環境を作り出す構造。生物の生態系から生まれた経済用語）の発展に向かい、売上高を倍増。営業利益率を12〜14%の高収益企業があるべき姿とする。その収益の柱には、クルーズのロボタクシー、SDVが生み出すバリューチェーン、そしてGMエネルギーで取り組むエネルギーマネージメントの3つがある。

ＧＭはガソリン車を否定しているわけではない。２０３０年に向けてガソリン車からの収益をしゃぶりつくし、ＥＶ、ＳＤＶへの投資に向かわせる考えだ。トヨタと同じくバリューチェーンの重要さを主張しており、サービスポイントのディーラーとの関係性を重視し、保有1台あたりの売上高の最大化を目指す。

「ＧＭのディーラーは、２０２1年中にテスラ車オーナーから1万１１８０件も修理オーダーを受けている。これって新しいビジネスモデルだ」

２０２２年のインベスターデイに登壇したマーク・ロイス社長はこういい放ち、投資家の笑いをとった。

バリューチェーンの収益基盤には、業界で高い競争力を持つオンスターのコネクテッドサービス、スーパークルーズからのＯＴＡ（オーバー・ジ・エア＝通信を用いたソフトウェアのアップデート）収益、販売金融子会社、部品販売、保険収益が含まれる。７５００ドルのＩＲＡ（米国インフレ抑制法）からの税控除はＥＶによる収益性の悪化の半分以上を補える見通しと言明しており、一連のバリューチェーンを合算すれば、ＥＶの収益性を伝統的な自動車事業と同じレベルに持ち上げることが可能だという。

２０２4年半ばまでに累計40万台の北米ＥＶ生産台数を目指し、２０２5年に１００万台の生産能力の確立が現段階での目標である。積極的に北米のＥＶ販売を推進しても、北米営業利益率は8～10％の高レベルを維持することが実現可能だという。

注目のエクイノックスEV

ＧＭは２０２２年の北米国際自動車ショー（通称デトロイトモーターショー）で主要なセグメントに今後投入するプレミアム・大・中・小サイズのＥＶを公約通り並べた。シボレーの「シルバラードＥＶ」「エクイノックスＥＶ」「ブレイザーＥＶ」「ボルトＥＶ」「ボルトＥＵＶ」、ＧＭＣの「シエラＥＶ」「ハマーＥＶ」、キャディラックの「リリック」「セレスティック」などが続々と市場に登場することになる。

GM シボレー・エクイノックスEV
筆者撮影

フルラインで怒涛のＥＶ攻勢をかけ、一気にスケールを拡大することを目指している。フルラインといっても、基本的に北米特化型のＥＶモデル群である。価格の高いＳＵＶ、ピックアップ、キャディラックのような高級車においては、一定の比率のＥＶシフトが期待できるだろう。最大の注目は3万ドル程度（約４００万円）の価格設定を目指すエクイノックスＥＶが、どの程度市場に受け入れられるのかだろう。

エクイノックスＥＶは、航続距離は２５０〜３００マイル（４００〜４８０キロ）、１５０キロワットＤＣ急速充電機能を標準装備する。仮に、７５００ドルのＩＲＡによる税控除をフルに受けた場合、２・５万ドル（約３３０万円）レベルの驚異的な低価格となる公算もあり、日本車の中心モデルで、ハイブリッドを主力とするＲＡＶ４やＣＲ-Ｖと同等価格からそれ以下にまで低下することになる。

苦戦が伝わる電池生産

ＧＭはＬＧＥＳと合弁でオハイオ州（40ギガワット時、２０２２年稼働開始）、テネシー州（40ギガワット時、２０２４年稼働開始予定）、ミシガン州（２０２５年稼働開始予定）に３つの電池生産工場を作り、ＬＧとＧＭが共同開発したラミネート型のリチウムイオン電池「アルティウム」を生産。１３０ギガワット時（ＥＶ車両換算１００万台以上）にも達する生産能力の確立を目指している。

４番目の電池工場においてはＬＧＥＳとの協議が突如中断し、２０２３年４月に同じ韓国のＳＤＩとの合弁工場（30ギガワット時、２０２６年稼働開始予定）の建設で合意していることを発表している。ここでは角型と円筒型セルの生産ラインを立ち上げる予定だ。この４拠点合計で１６０ギガワット時（ＥＶ車両換算１６０万台以上）の電池生産能力を確立する考えである。

ＧＭは２０２４年と２０２５年のＥＶ生産台数を明確には開示していない。これまでは２０２５年には北米のＥＶの生産能力を１００万台に引き上げるとしていたが、実際の生産台数は能力を大幅に下回る公算が高い。その背景にあるのがＬＧＥＳとの合弁会社アルティウム・セルズでの電池増産の遅れにある。

アルティウム・セルズでは電池生産の歩留まりが想定を大幅に下回って推移し、苦戦している様子だ。電池生産の苦戦はＧＭだけでなく、トヨタのＰＰＥＳ（プライム・プラネット・エナジー＝パナソニックとの合弁会社）、ＶＷとノースボルトの合弁工場でも同様な状態が漏れ伝わっている。米国のある調査会社の報告に基づけば、稼働開始の遅れなどで実際に生産できるのは58ギガワット時、ＥＶ55万台分に留まる見通しだ（巻末脚注6）という。また、北米の経済動向にも暗雲が漂い始めており、ＧＭが狙う第2フェーズにおける電池、ＥＶ、ＳＤＶの事業スケールを一気に拡大させようとする野望には多くの課題が見えている。

SDVのリーダーを目指す

確かに足元はいばらの道を歩みそうだが、ＧＭの強みは何といっても事業決定から開始までのスピード感だ。自前主義にこだわらず、使えるものなら何でも前向きに検討するオー

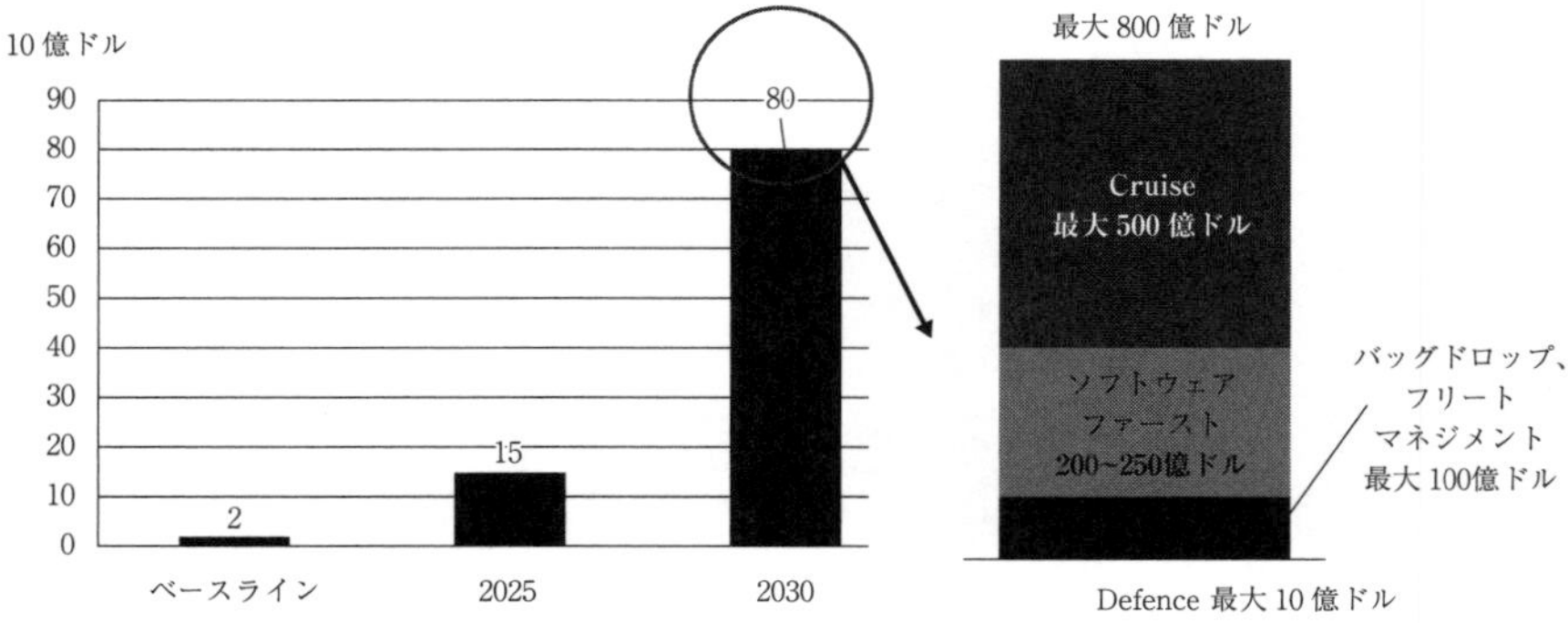

GMのソフトウェアと新規事業規模
会社資料を基に筆者作成

プンイノベーションを積極的に活用してきた。ＳＤＶを実用化するためのソフトウェアや電子プラットフォームにはＩＢＭ傘下のレッドハット、ティア１大手のアプティブを活用することで、早期にＳＤＶの基盤となるソフトウェア基盤の「アルティファイ」を立ち上げた。

ソフトウェア・ディファインド事業のコアな提供価値となる高度運転支援システム「ウルトラクルーズ」は、センサーにセプトン社のライダー（ＬｉＤＡＲ＝光を用いたリモートセンシング技術）、システムオンチップにはクアルコムのスナップドラゴン・ドライブを採用し、廉価で早いサービスインを目指している。いち早くＥＶとＳＤＶのスケールを確立し、２０３０年にはロボタクシー、ソフトウェア・ディファインド、エネルギーマネジメントを中心とする新事業で最大８００億ドル（約10兆円）の成長を目指しているのである。

ディースの失脚と、停滞するＶＷ《フォルクスワーゲン》

ディースの解任劇

伝統的自動車メーカーの中で先駆けてＥＶシフトを打ち出し、ダイナミックに経営改革を進めていたVWグループだが、その後、遅々として進まない構造対応、不安定な経営陣、創業家・労働組合との不協和音の中で大きな苦戦を強いられている。とにかく、混乱に次ぐ混乱なのだ。

2022年7月、VWのEVシフト戦略を強力に推進してきたヘルベルト・ディースCEOは、米国出張から帰国した直後に監査役会から解任を告げられることとなった。後任に選ばれたのがポルシェCEOを務めるオリバー・ブルーメである。解任の理由はディースの肝いりで始めたソフトウェアの自前開発の遅れによる新車投入計画の遅延に対する責任であった。しかし、これまでディースを守ってきたVWの創業家で大株主であるウォルフガング・ポルシェが労働組合との確執が絶えない彼を見限ったということが真相にあるだろう。

VWグループの経営は、かの有名なフェルディナント・ポルシェ博士の末裔たちにあたるポルシェ家とピエヒ家の両創業家が経営に君臨し、統治することが特徴である。もともとVWはヒトラーが設立した公益会社が原点にあり、国家政策や地域社会との関係が密接だ。経営権力は監査役会にあり、労働者代表10名と株主代表10名の総勢20名で監査役会は構成される。株主代表はポルシェ家とピエヒ家が主導権を握っている。要するに、労働組合と創業家が折り合えなかったら、首が飛ぶのがVWのCEOの宿命でもある。

「古い構造を打破して、VWをもっと機敏でモダンな会社に作り変える」（巻末脚注7）

ディースは組織風土の破壊的な改革を志向してきた。こういった過激さが従業員との対立を繰り返してきたわけだ。

ディースは2015年に「コストカッター」の異名と共に、BMWからVW乗用車ブランドの社長に移籍してきた人物である。移籍直後にディーゼルエンジンの排気ガス不正事件「ディーゼルゲート」が発覚した。崩れかかったＶＷ乗用車ブランド事業を、大胆な人員削減やＥＶシフトへの新戦略を断行することで評価を高め、２０１８年にマティアス・ミュラーの後任としてグループＣＥＯに上り詰めた人物だ。

過去に何度も首は飛びそうになり、労組代表のオスターロー・ローとの確執で２０２０年にも解任直前までいった。その時は屈辱の謝罪と、兼務してきたＶＷ乗用車ブランドＣＥＯの退任で乗り切った。そういった火種がくすぶる中で、２０２１年に決定した２０２５年までの任期延長が実現したのは、ポルシェ家とピエヒ家のサポートがあったためだ。

ソフトウェア開発の遅れが命取り

ともかく、ソフトウェア開発を担う自社子会社のカリアッドでの開発が全く進まず、新車開発への悪影響が長期化していた。特に、次期ポルシェ・マカンの開発が大幅に遅れることの責任を厳しく追及されてきた。

２０２２年頃からはもうカリアッド再建担当専属役員の状態であり、結果責任を果たすか解任かの瀬戸際にいたと思われる。もうひとつ、ドイツの新連立政権が推進したいカーボンニュートラル燃料であるｅ-Ｆｕｅｌ（グリーン水素由来の合成燃料）に対する抵抗勢力であったディースは、政治的な支援も失っていたと考えられる。

筆者がディースと初めて会ったのは２０１７年に東京モーターショーで来日した時だ。既に「ＭＥＢ」というＥＶ専用プラットフォームを柱にディーゼルから脱却するＥＶへのトランスフォーメーションを戦略に掲げていた。

「テスラのモデルＳのプラットフォームは衝撃だった。我々はあれに追いつく必要があるんだ」

テスラを絶賛し、テスラ信仰を隠す様子もなく、進む先に何の迷いもないという人物であった。２０１９年のフランクフルトモーターショーでも再会したが、ＶＷグループＣＥＯとして構造改革を断行する意欲を一段とみなぎらせていた。

後任となったオリバー・ブルーメは１９９４年に入社した生え抜きである。アウディ、セアト、ＶＷブランド、ポルシェの各ブランドを歴任し、生産畑が長く組合との付き合い方も心得ているとされる。ディースと同じくＥＶシフトを推進する方向に変化はないが、ポルシェＣＥＯとして先述のチリにおけるハルオニe-Ｆｕｅｌプロジェクトを推進し、２０２６年のポルシェＦ１参戦に情熱を注いできた人物である。

ＶＷ、３つの戦略的取り組み

ＶＷはＥＶシフトの切り札として３つの戦略的取り組みを掲げてきた。ＥＶ専用プラットフォームを進化させて高い標準化とメガスケール化を実現すること。そして、プラットフォームに搭載する電池、半導体、ソフトウェアなどの付加価値の高い領域を垂直統合（自社で手掛ける）

して、内部で開発と製造を手の内化することだ。最後に、EV化とデジタル化をパッケージングして、エネルギーマネジメントなどのソフトウェア・ディファインド事業で新たなバリューチェーンを切り開くことにあった。

VWには量販エンジン車のプラットフォームとしてMQB、スポーツ・プレミアムエンジン車のプラットフォームとしてMLBの2つの大きな体系がある。MQBをEVに置き換えるプラットフォームがMEBであり、既にID．3、ID．4などのEVシリーズが市場に投入済みだ。

MLBは2023年からPPE（プレミアム・プラットフォーム・エレクトリック）を投入し、EVシフトを目指す。そして、従来計画においては2025年のアウディの戦略新型車アルテミスで統合プラットフォームのSSP（グループ・メカトロニクス・プラットフォーム）への移行を開始する予定であった。

SSPはこれまで何度も触れてきたSDVを実現するプラットフォームだ。ビークルOS（クルマの外とのつながりを定義し、クルマのハード・ソフトの仲立ちをするソフトウェア）であるVW・OSをバージョン2・0にアップグレードし、本格的にソフ

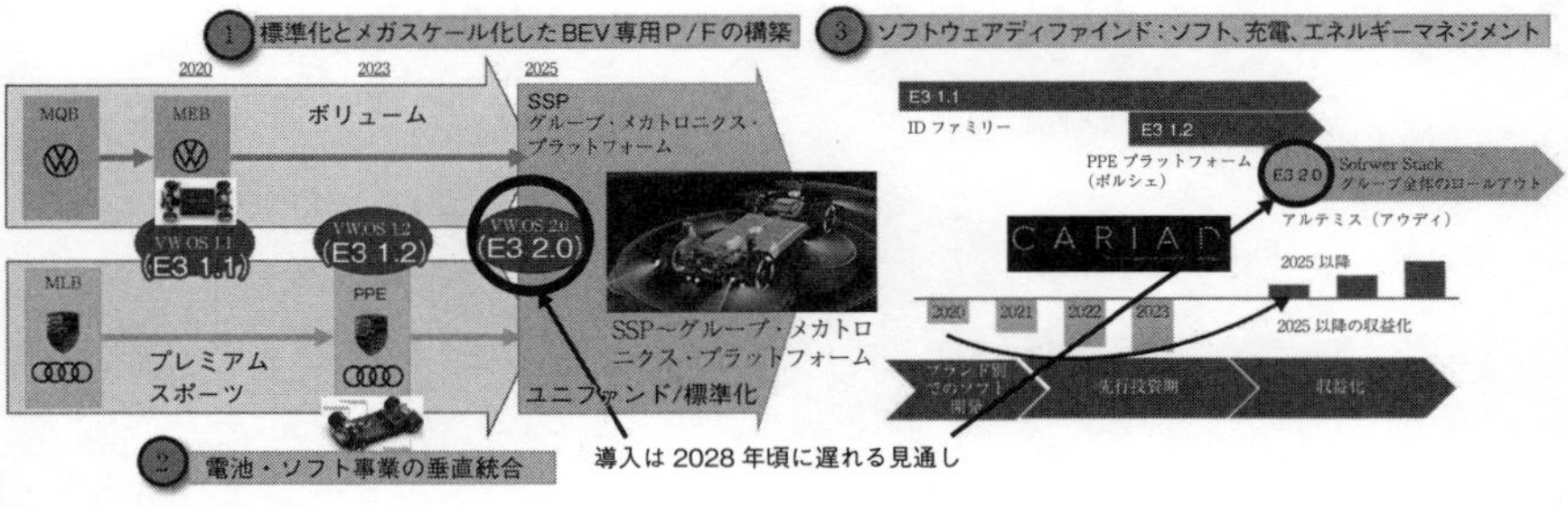

VWの3つの戦略的取り組み

2021年の会社資料を基に筆者作成、写真は VW ホームページ

トウェアとハードウェアを切り離したサービス指向のビジネスを作れるSDVとする計画であった。そのOSを開発する組織が「カリアッド」である。OSだけでなく、クルマに必要なソフトウェア群をコーディングする工場として将来的にソフトウェアの内製率60％を目指していた。

しかし、このソフトウェアの開発遅れはID．3、ID．4の導入時点で既に発覚しており、ハードウェアは搭載されてもソフトウェアは空っぽの状態であった。それはトヨタが進めるウーブン・バイ・トヨタにおけるソフトウェア開発遅れと同質の問題である。自動車メーカーのソフトの内部開発志向では、フォードも同じくつまずいている。

暗礁に乗り上げたソフトウェア開発

ブルーメCEOの最初の仕事とは、暗礁に乗り上げたソフトウェア開発の立て直しだ。ソフトウェアの自前路線を外部との連携を重視する方向に路線変更することが必要と判断し、ブルーメは自前主義の旗を降ろした。ビークルOSは開発ターゲットを2028年頃に大幅に後ろ倒しして、当面、クラウド連携とOTAアップデートの範囲が広がるVW・OSバージョン1・2を強化して乗り切る。カリアッドはグループのソフトウェア人材を集結し、ピーク時には6000人の開発陣容でVW・OSの開発を進めていたが、今、その開発に携わる陣容は1000人に減っているようである。

世界最大級のモバイル展示会「MWC（モバイル・ワールド・コングレス）」が2023年に

３年ぶりにスペインのバルセロナ市でリアル開催された。カリアッドはクルマをアップグレードし、ＶＷのアプリケーションストア（アプリストア）を発表。開発スピードを重視し、既存のアプリエコシステムを取り込む姿勢を示している。

このアプリストアのベースはサムスン電子傘下のハーマンが提供するイグナイトストアであった。このインターフェイスを経由しストアで展開されるアプリを認証することで、幅広く認知されたアプリをＶＷの次世代インフォテインメントで提供できるようにする。そこでは、従来の自前ＯＳに加えて、グーグルのアンドロイドＯＳが加わることになる。広く普及したアンドロイドをインフォテインメントＯＳに採用し、スポティファイ、イェルプ、アレクサ、ティックトックなどの主要なアプリを利用できる環境を整えたわけだ。

VWの新CEOに就任したオリバー・ブルーメ
VW ホームページ

非常に低いＥＶ投資効率

ＶＷが２０２３年3月に発表した投資計画「ラウンド71（ＰＲ71、２０２３～２０２７年）」では、今後5年間に１８００億ユーロ（26兆円）にも及ぶ膨大な設備投資と研究開発費を投資すると表明しており、改めて、ＶＷのＥＶ投資効率の悪さが浮き彫りとなっている。２０２３年は先行投資に従来のエンジン車への投資の最終局面が重なるため、３７０億ユーロのピーク投資を実施することになるが、その先も目立った減少はなさそうなのである。

２０２２年のＶＷのＥＶ販売台数は57万台に達している。同社の世界販売に占めるＥＶ比率は６・９％に拡大しているが、会社計画の７～８％には届いていない。ＶＷは２０２５年で約２００万台のＥＶ販売を実現するガソリン／ディーゼル車からの構造変革を実施してきた。しかし、ＥＶへの投資金額は電池投資を含めて５２０億ユーロ（約７兆５０００億円）にものぼる公算である。

これはテスラが創業以来投資してきた規模を25％も上回り、２０３０年に３５０万台を目指すトヨタの５兆円の投資金額をも大幅に上回る規模である。非常に低いＥＶへの投資効率が今後の事業のコスト競争力の懸念として認識されている。

既にニーダーザクセン州ツヴィッカウ工場

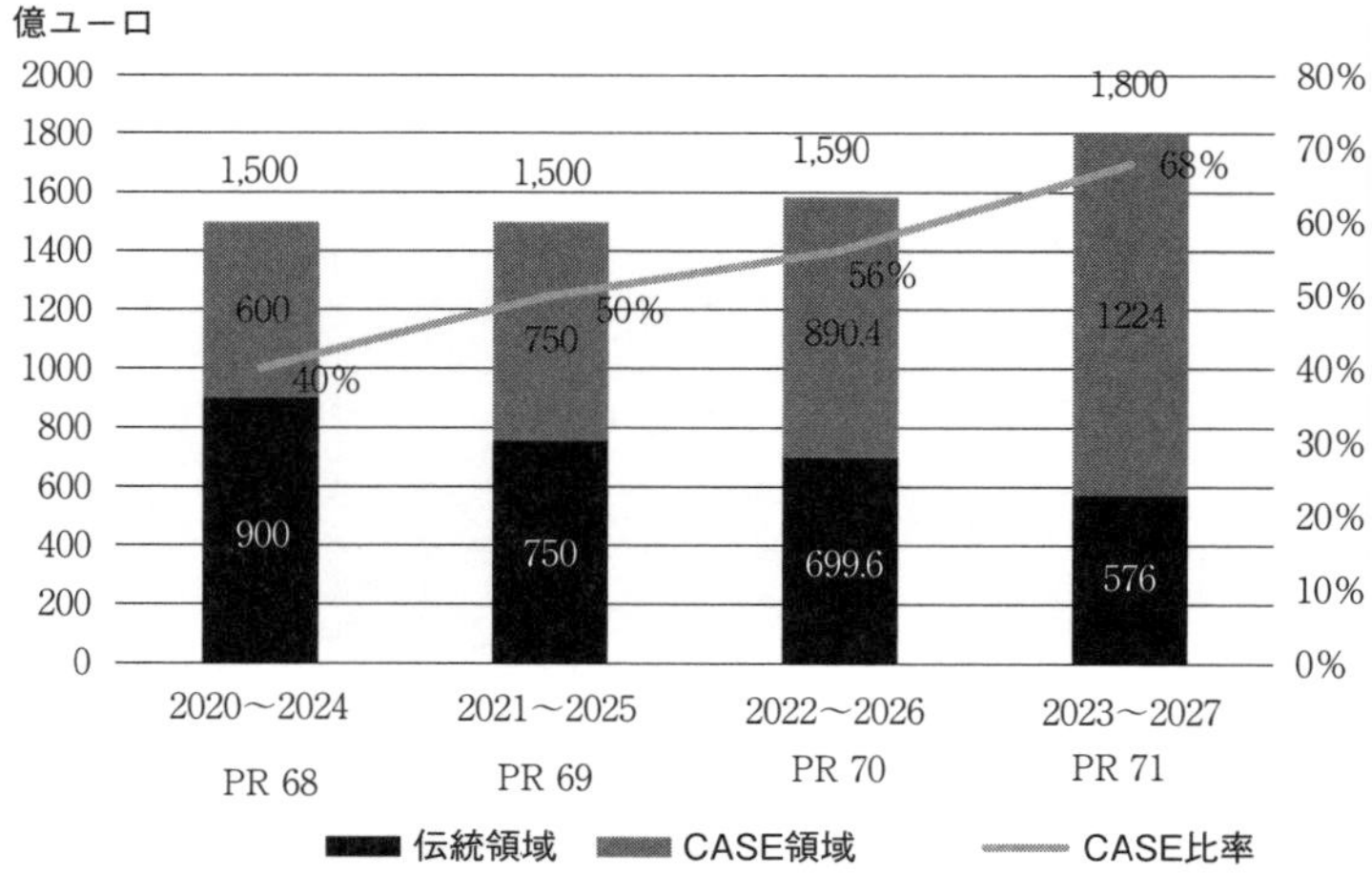

プランニングラウンド別の投資（研究開発費＋設備投資）金額

会社資料を基に筆者作成

をＥＶ専用工場へ転換し、生産能力が30万台の工場に約12億ユーロ（１７４０億円）を投資した。また、ドレスデンの通称「透明な工場」に加え、ニーダーザクセン州エムデン工場などのＥＶ専用工場化を続々と進めていく計画である。

電池調達では、欧州に６カ所の電池工場を立ち上げ、年間の生産能力２４０ギガワット時（トヨタは２０３０年に２８０ギガワット時）を確保する考えである。ドイツのザルツギッター工場はギガファクトリーとして主力の内製バッテリー工場として整備されている。ノースボルトと共同で２０２５年から量販セグメント向け電池生産を開始し、最大生産能力は40ギガワット時（ＥＶ換算約50万台）に達する見通しである。

ノースボルトは、テスラの元幹部ピーター・カールソンが２０１６年に設立したスウェーデンの新興電池メーカーであり、ＶＷが20％を出資する。ノースボルトは２０２１年にスウェーデン北部のシェレフテオに最初の電池工場を稼働させている。しかし、思うほどに生産の歩留まりは上昇しておらず、改めて電池生産の難しさを浮き彫りにしている。

躍進するヒョンデ（現代自動車グループ）

ヒョンデの実力を知らないのは日本だけかもしれない

現代と起亜の2つの自動車会社を傘下に持つヒョンデグループはEVシフトを飛躍のチャンスと捉え、世界トップ3のEVメーカーを目指す積極的な攻めの経営をしてきている。日本では馴染みが薄いが、世界における地位は年々上昇してきている。2022年のグローバル販売台数において万年5位からついに脱し、トヨタ、VWに続く念願の3位のポジションを獲得した。2022年から日本での乗用車販売にも再参入を果たしている。

ヒョンデグループは、1967年に現代グループ創業者の鄭周永《チョン・ジュヨン》が創立した自動車メーカーだ。創業家の一員であった鄭夢九《チョン・モング》は現代グループの後継者をめぐる抗争に敗れ、現代自動車を率いて財閥から独立した。1999年にアジア通貨危機で破綻した起亜自動車を傘下に収め、現在のヒョンデグループの形を構成している。

新しい挑戦主義

ヒョンデグループは日本車の油断をついた格好で、２０００年代初頭に大きく競争力の格差を埋めた時期があった。その時は、起亜のグループと共に進めた24個のプラットフォームを小型、中型、大型、スポーツ、フレーム、商用の６つへ集約するプラットフォーム統合戦略の効果を強く発揮していた。また、現代モビスを中心としたサプライヤーのコスト競争力、長期にわたるウォン安もコスト競争力に寄与していた。

しかし、独自性の高い技術力が十分に内部蓄積できてはいなかった。その後のやみくもな拡大戦略が裏目に出て、品質問題や多発する不祥事で自滅していった。２０００年代半ばに入ると、ヒョンデグループは成長の停滞

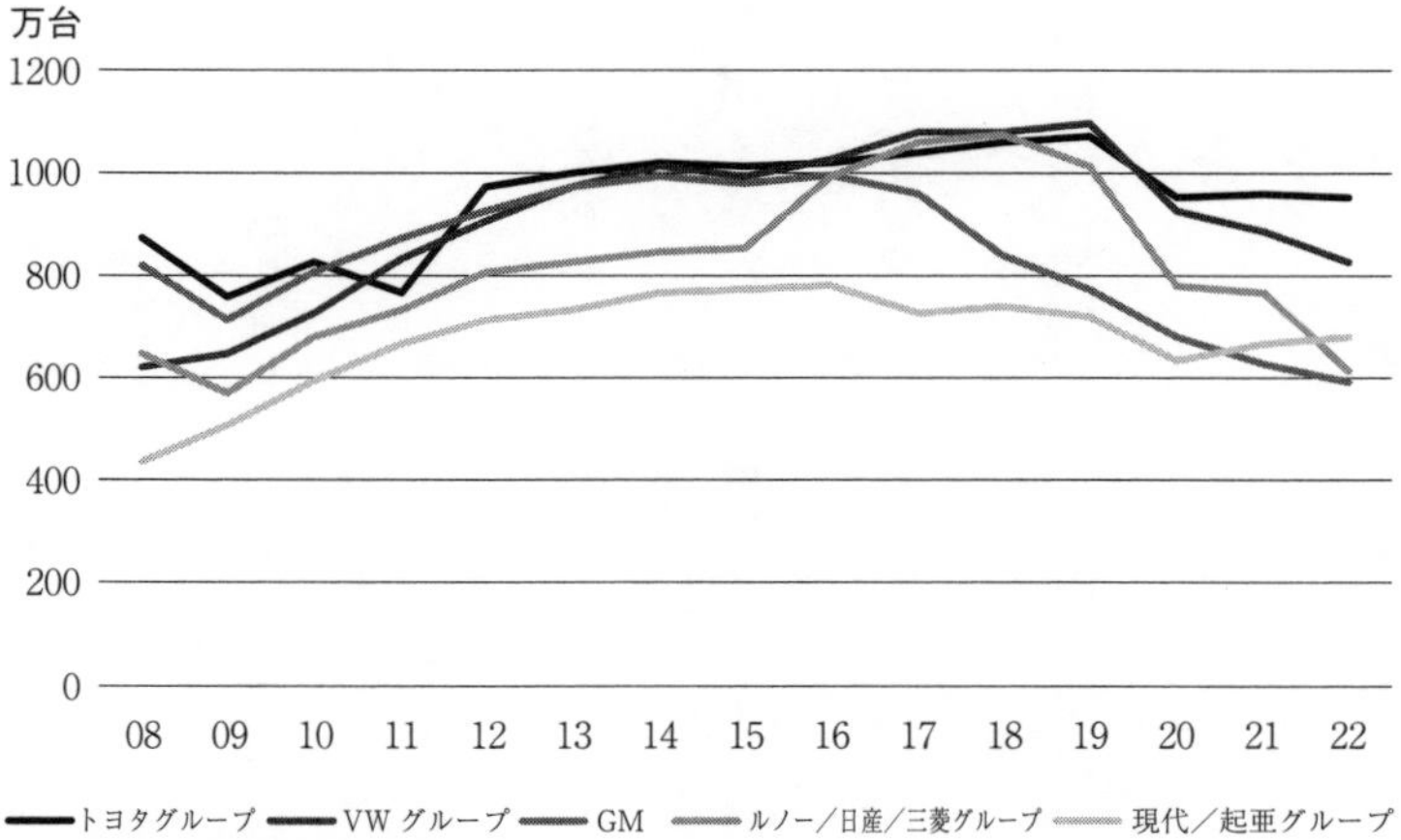

グローバル販売台数の上位５社グループ

各社資料を基に筆者作成

期に入っていた。日本車は再び韓国勢に対する競争力を挽回していたわけであるが、ここ数年間で本物の力と共にヒョンデグループは再び勢いを取り戻し、日本車を脅かす、いや、凌駕できる存在となってきているのだ。

その再生をけん引してきたのが、鄭夢九を継いで２０２０年にグループ会長に就任した嫡男の鄭義宣《チョン・ウィソン》であった。鄭義宣は停滞していた従来路線から舵を切り、ＣＡＳＥに対応する次世代技術を積極的に採り入れた。ＥＶシフトに対する対応も早く、現在のＥＶ市場拡大のモーメンタムに乗って浮上している。

ヒョンデグループの鄭義宣《チョン・ウィソン》会長（左）
写真提供：共同通信社

鄭義宣の現在の年齢は52歳と非常に若い。トヨタの新社長の佐藤が53歳であり、この若いふたりの経営者の舵取りと、トヨタとヒョンデグループの競争の構図に韓国では強い注目が集まっているのである。

アイオニックでトヨタを撃沈

ヒョンデのＥＶ「アイオニック5」が、ニューヨーク国際オートショーで「ワールド・カー・オブ・ザ・イヤー」に選出されたのは２０２２年4月の出来事だ。このクルマはＥＶ専用プラットフォーム「Ｅ-ＧＭＰ（エレクトリック・グローバル・モジュラー・プラットフォーム）」をベースに２０２１年から世界展開しているモデルだ。2022年から日本へも輸入されモータージャーナリストの高い評価を勝ち取っているが、実はトヨタのbZ4X発売よりも1年も前から高い世界的評価を受けている。トヨタは後出しジャンケンで勝てなかったのである。

ヒョンデグループはE-GMPから11のEV専用モデルを市場投入し、EVのグループ販売台数を2025年までに100万台とする計画だ。SiC（シリコンカーバイド）半導体を採用したインバーターを採用し、800ボルトの高電圧アーキテクチャを備えている。充電速度の速さ、電費性能に優れ、一方で、比較的廉価な価格設定を実現している。その後は、次世代のEV専用プラットフォーム「インテグレーテッド・モジュラー・アーキテクチャ（IMA）」方式による車種別専用プラットフォームを開発する。まずは、乗用EVプラットフォームの「eM」が2025年に導入される方向であり注目に値する。

車両性能に加え見逃せない強みが優れたデザインである。デザインをリードしているのはグローバルデザイン部門長のサンヤップ・リーである。リーはGMからVW、ベントレーを渡り歩いた人物だ。

現代自動車は2030年のEV世界販売台数を200万台とする目標を発表している。起亜の最新計画は2030年で160万台となり、合計すればヒョンデグループのEV販売台数はトヨタを上回る360万台となり、世界トップ3のEVメーカーを目指す考えである。ヒョンデから17のEVモデル、起亜からも14モデルが計画されている。

ニューヨーク国際オートショーでEVアワードを総なめ

筆者は２０２３年４月、コロナ禍を挟んで実に４年ぶりにニューヨーク国際オートショーを視察した。欧州勢はＶＷを除いてほぼ参加せず、ショーのフロアはガラガラだ。その分フロアの面積は均等に日・米・韓のメーカーに振り分けられ、ブース面積はそれぞれ存在感を拡大させてはいた。しかし、「日本車は意味なく面積だけ広いなあ」と感じさせ、「韓国車はこれだけの面積があってもまだ足りない」と思わせるほどの勢いがあった。聞こえてくる声は韓国語ばかり。日本の存在感があまりにも低く、落ち込んだ記憶が鮮明に残る。

驚きはワールド・カー・オブ・ザ・イヤーの７部門中５部門で韓国勢が受賞したことだ。ワールド・カー・オブ・ザ・イヤーには前年の「アイオニック５」に続き、当年はポルシェを彷彿とさせるデザインの「アイオニック６」が受賞し、ヒョンデのＥＶが２年連続で栄冠を勝ち取ったのだ。パフォーマンス部門では起亜の「ＥＶ６」、パーソン・オブ・ザ・イヤーには先述のサンヤップ・リーが選出されている。この韓国車の勢いはしばらく収まりそうもないのである。

アイオニック６

テスラを超えた中国ＢＹＤ（比亜迪股份有限公司）

ＮＥＶ特化で飛躍的な急成長を実現

２０２３年に日本市場に参入し、高い認知を獲得し始めているのが中国の独立系自動車メーカーのＢＹＤである。２０２２年のＥＶ販売台数は91万台に達し、テスラの１５４万台を急追する世界第２位のメーカーとなり、プラグインハイブリッドを加えたＮＥＶ（新エネルギー車）の販売台数では１８５万台に達してテスラを上回る世界第１位に立つ。破竹の勢いは２０２３年に入っても全く衰えていない。２０１９年までは２％程度に過ぎなかった中国市場シェアは２０２２年に８％に上昇し、２０２３年１～４月累計では11％に達した。ＶＷに次ぐ中国第２位の自動車メーカーに一気に飛躍したのだ。

ＢＹＤとは「Ｂｕｌｉｄ Ｙｏｕｒ Ｄｒｅａｍｓ（あなたの夢を作ります）」の頭文字をつなげた略語であり、１９９５年に携帯用電池メーカーとして創業者で現在も会社経営トップに君臨する王伝福（ワン・チュアンフー）により設立された。王は貧困に苦しむ安徽省の田舎の家の出身ながら、二十数人程度の零細企業を立ち上げ、現在は従業員57万人を雇用する大企業へ発展させた立志伝中の人物である。

当時の携帯用リチウム電池は三洋電機、ソニー、パナソニックなどの日本の企業が圧倒的な存在であった。ここで王がとった戦略は、高額な自動化されたクリーンルームを用いず、必要な部分だけをクリーンボックス化して人手に依存する、まさに「人海戦術」で廉価な電池を供給することであった。これが次々と大手の携帯電話メーカーに採用され、ＢＹＤは設立後数年間で世界の携帯用リチウム電池市場の40%のシェアを占める企業へ飛躍した。

この成功要因は自前でサプライチェーンを取り込む垂直統合にあり、部材、生産設備含め必要なものは自ら開発・生産することだ。この垂直統合の思想が、ＥＶシフトの成功要因と一致し、現在のＮＥＶ市場での高い成功をもたらしている。

BYDの創業者、王伝福《ワン・チュアンフー》・会長兼CEO
写真提供：共同通信社

２００３年1月、ほぼ無名の秦川自動車有限公司を買収し、自動車産業に参入した。当時は、ＢＹＤの自動車事業における技術力に見るところはなく、エンジンを社外から調達し、カローラのコピー車のようなクルマを製造・販売していた。転機は「Ｆ３ＤＭ」と銘打ったプラグインハイブリッド車を２００８年に投入し、これが著名なウォーレン・バフェットの目に留まったことだ。米国投資会社のバークシャー・ハサウェイがＢＹＤへ18億香港ドルを投資して10%の出資を実施、ＢＹＤの評価は急上昇へ向かう。

Ｆ３ＤＭはカローラ似の「Ｆ３」をベースに開発されたプラグインハイブリッド車である。16キロワット時の電池を搭載し、Ｅ

V走行レンジは100キロ程度だが、価格は15万人民元（補助金後で約9万人民元、約140万円）と競争力が高かった。当時から電池コストは世界標準から半分以下のレベルであった。

BYDの競争力の源泉

近年のNEV市場におけるBYDの成功要因は第2章で触れた通りだが、これまでNEVが攻めきれなかった10万〜25万人民元の大衆車クラスにガソリン車よりも安いEVやプラグインハイブリッドを先行して導入できたことにある。

その原動力となったものは、①EV専用プラットフォーム3・0、②「DM-i」と呼ばれる独自のプラグインハイブリッド技術、③「ブレードバッテリー」電池の3つのコスト競争力にある。ブレードバッテリーは子会社の弗迪電池が開発・生産を一貫して進める正極にコストの低いリン酸鉄を用いたリチウムイオン電池（FLP）である。

ブレードバッテリーは、セルをモジュール化せずにバッテリーセルそのものをバッテリーパックの構造部品とし、薄型ブレード（刃）状のセルをぎっしりとバッテリーパックに装着する。これでバッテリーパックの空間利用率を従来比で約50%高め、エネルギー密度を向上させる。構造の複雑性が下がり、故障率も下がる。

電池だけに留まらず、モーター、インバーター、ECU（電子制御ユニット）、パワー半導体などの開発・製造を手掛け、NEV製造に関する川上から川下まで、垂直統合のサプライチェーンを構築していることで、一段とコスト競争力を引き上げている。

EV専用プラットフォーム3・0は、ソフトウェアとハードウェア共にEVで高い競争力を生み出す最新設計を採用している。ソフトウェアにおいては、SDVとして価値提供を拡大できる次世代型の電子プラットフォームを採用し、多くのECUを統合している。ハードウェアでは、通常のモーターと減速機、インバーターの主要3部品を統合した「3-in-1」を超え、モーターコントローラー、電池管理システム（BMS）、DC-DCコンバーター、車載充電器、電線端子を一体化した「8-in-1」へ統合度を高めたユニットを採用している。

東南アジアに忍び寄る脅威

BYDは海外進出に非常に積極的だ。特に、近年はタイで強力な攻勢をかけている。BYDはタイのEV市場のシェアトップであり、2023年5月のEV市場シェアは38・6%に達した。タイ政府の積極的なEVへの補助金を「てこ」に足場を築き、自動車が左側通行する右ハンドル市場であるタイで足場を築き、インドネシア、マレーシアへの市場侵攻の基地と位置付けているようだ。タイ市場で販売をけん引しているのが2022年10月にタイで発売され、日本市場でも2023年から発売が開始されたSUVの「ATTO3」である。

このモデルは日本のメディアからも強い注目を浴びている。EVとしての性能は高く、アウディで実績が高いカーデザイナーのヴォルフガング・エッガーによるデザインの評価も高い。そして、価格は競合車から2割程度お値打ちとなっている。第2弾の「ドルフィン」（小型ハッチバック）、第3弾は「シール」（セダン）を導入する。BYDは日本に正規ディーラー200店舗の設立を目指し、日本での認知を勝ち取ろうとしている。この日本への挑戦はブランド価値の確立が大きな狙いにあると考えられる。日本で築いたブランド価値は本丸の東南アジアでの事業拡大に寄与すると考えられる。

　BYDは東南アジアの事業拡大のベースとしてタイ

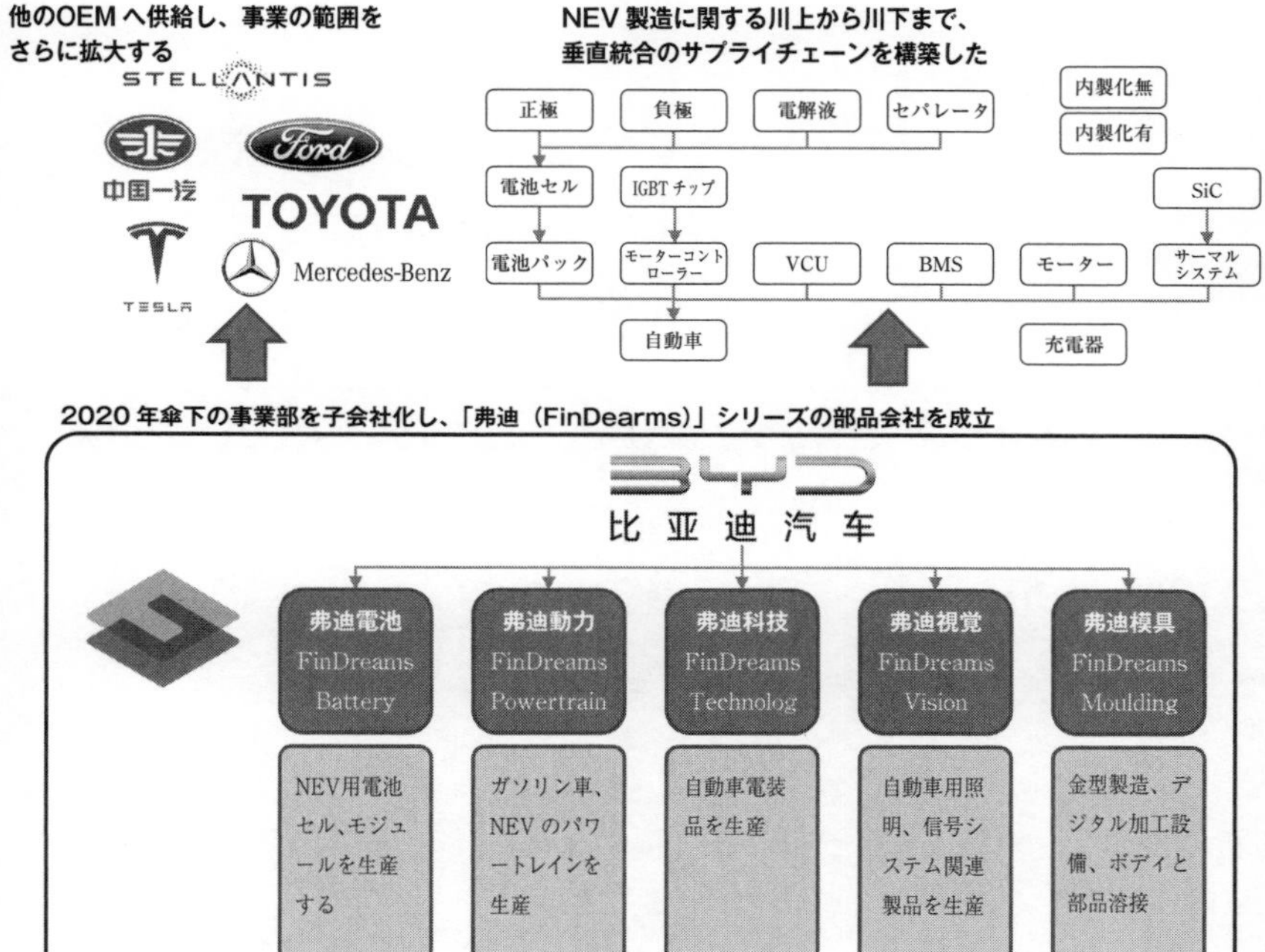

NEV開発・生産におけるBYDの垂直統合

会社資料を基に筆者作成

に同社で海外初となる生産工場を建設中であり、２０２４年に年間約15万台を生産する計画である。２０３０年までにタイ政府はＥＶ比率を30%に引き上げることを目標としており、補助金制度を強化している。ベトナムにおいてもＢＹＤは部品工場を建設する計画があり、さらにフィリピンとインドネシアでの車両生産も検討しているという。

日本車メーカーの中国市場シェアはピークの２０２０年の24%から２０２２年には18%まで落ち込んだ。２０２３年に入りシェアは15%程度に低迷している。そのシェアを奪ったのがＢＹＤである。中国市場での日本車メーカーの敗走を牙城であるタイでも繰り返すことは許されない。先進国のみならず、新興国におけるＥＶ戦争も勃発前夜を迎えている。

ここまで海外の競合メーカーについて解説した。テスラについては、第７章で詳述する。

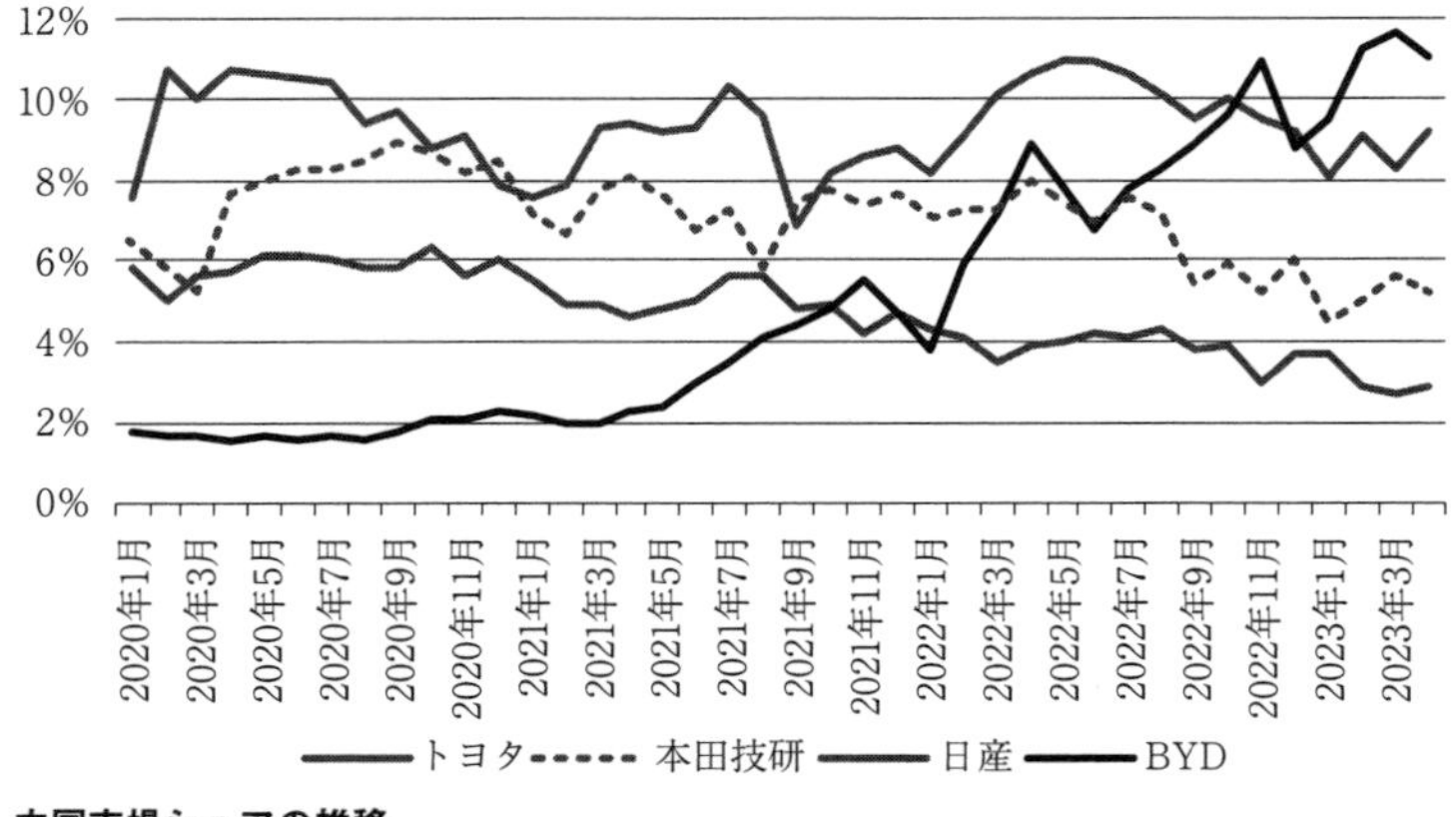

中国市場シェアの推移

CAAMのデータを基に筆者作成

第4章

トヨタのマルチパスウェイ戦略

トヨタが真のグローバルメーカーへ進化した理由

1990年代のワールドカー攻勢と政治的圧力

1990年代の国内自動車産業の国際競争力は弱体化していた。

トヨタですら、月次決算が赤字へ追い込まれていたことを記憶している。当時、バブル経済の下で過剰投資の後遺症に苦しみ、そこを米国の経済安全保障を守る外交圧力と、大規模な標準化を実現した新開発プラットフォームをベースにしたワールドカー構想で国際競争力を立て直した米国メーカーから攻め込まれていた。

当時は日米通商摩擦の真っただ中にあり、米国政府の矛先はコンピュータや半導体から自動車に焦点を当てた「日米自動車問題」へと化していた。長く続いてきた対米輸出の自主規制に代わり、日本の新車市場を外国メーカーに開放し、北米における現地生産の増加を促進するように国内自動車メーカーは強い圧力を受け続けていたのだ。

しかし、日本車は負けなかった。政治的な圧力を契機として日本車メーカーは抜本的な現地化を進める真のグローバル化への道を歩むことになった。それは今日の成功の原動力となり、ピンチはチャンスに変わったのである。

米国ビッグスリー（現在のデトロイトスリー）はリストラを断行し、日本の競争優位と考えられていた「リーン生産システム」（いわゆるトヨタ生産方式）を学び、標準化した大規模スケールのワールドカーで世界に攻め込もうとしていた。

標準化と大量生産を前提に、押し込み型のマーケティングでワールドカーは販売を進めていった。しかし、「日本車キラー」と呼ばれたクライスラーの「ネオン」、フォードの「トーラス」、GMの「キャバリエ」など鳴り物入りのワールドカーはさしたるヒットを生み出せなかった。ビッグスリーは需要変動やバリエーションの変化に対する柔軟な対応力に欠けていた。IT投資には盛り上がっても、クルマの心臓部ともいえるエンジンへの投資は削られ、ユーザーが求める低燃費という価値を生み出せなかったのである。

欧米メーカーは地域特化型のブランドへ退化

国際的政治力を振りかざして、産業の競争優位性を逆転させようとする現在の欧米のEVシフト戦略は、この1990年代の動きを思い出させる。環境規制や国家経済安全保障を高める欧米のルールメーキング、欧州の炭素国境調整や米国の補助金政策による自国の自動車産業の優遇、そして、標準化を高め規模を追求するEVの商品群で攻め込もうとしている。

欧米のデジュール戦略に日本勢は敗北し、国内産業と自動車関連企業が衰退しかねないという悲観論が現在の日本に漂っていることは否定しがたい。しかし、昔から日本車メーカーは大市場を有する欧米の規制やルールメーキングに抑圧されながらも、提供価値がユーザーに認められ、そして結果として選ばれて成長を続けてきたのである。

その中で最も成功してきたのがトヨタである。ユーザーニーズに耳を傾け、地域・地域に適合した丁寧なクルマを作り、地道に燃費や排気ガス性能を向上させ、リーンで高品質な柔軟性の高い生産システムを磨き続け、トヨタは世界で最も成功した自動車メーカーとなった。現在、グローバルの大衆ブランドにおいては、トヨタだけがグローバルでフルラインナップを維持し、高収益をあげるメーカーとして存在感を放っているのである。

一方、欧米メーカーはさまざまな地域における戦いで敗走を繰り返した。気がつけばデトロイトスリーは

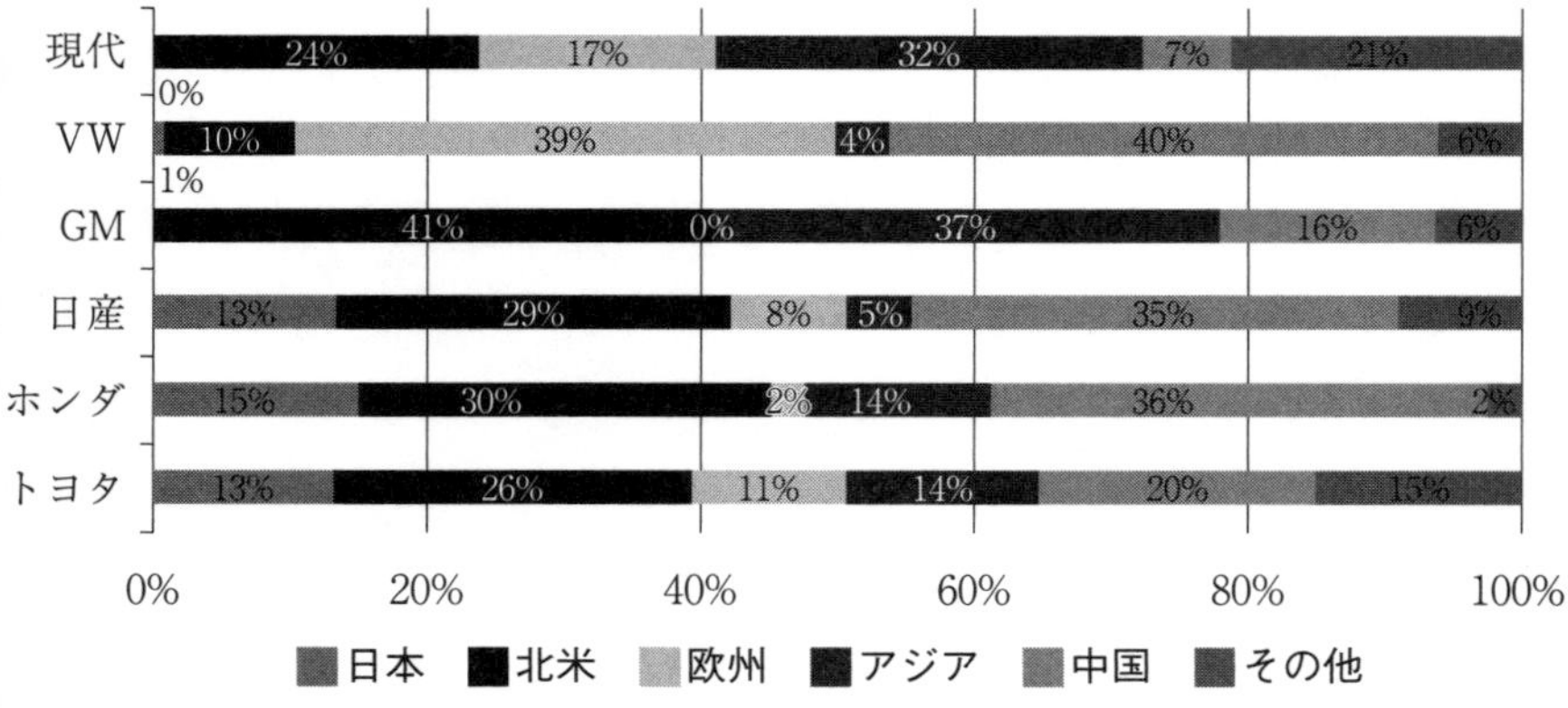

グローバル自動車メーカーの世界小売台数の構成比

注記：GMの開示では、中東とアフリカの販売数量をアジアに含めている
各社資料を基に筆者作成

北米、欧州メーカーは欧州と中国をメインとする地域販売の構成が偏よる存在となった。収益で見れば、その偏りは一段と著しくなる。

1998年に世界販売400万台程度に過ぎなかったトヨタは、現在1000万台の大台を固めている。その間、赤字転落、リコール問題、大震災などさまざまな苦難がトヨタを襲い続けた。その都度、トヨタは自身の強さをもたらした「本質と思想」に立ち戻ることで危機を脱してきた。現在に当てはめれば、その本質と思想とは「地域経営」と「いいクルマづくり」で表現され、同社の2020年までの成功要因の本質であることは間違いないと考える。

「各地域の市場特性とお客様ニーズに対応しながら、TNGAで開発された素性の良いクルマ一台一台を地域CEOの下で丁寧に販売してまいりました。その結果、新興国市場の拡大と合わせ、極めてバランスの取れた地域別販売実績を実現しました」

2023年4月の新体制経営方針の説明会の場において、地域と事業を司る宮崎洋一副社長はその成果に胸を張ったのである。

顧客が求める価値を提供するトヨタ生産方式

トヨタは、大衆ブランドのグローバルメーカーとして、収益性を維持しながら持続可能な成長を遂げてきた。とかくVWブランドと比較されがちであるが、薄利多売の傾向から脱しきれないVWと、一台一台丁寧に販売を積み上げるトヨタとは思想的な違いが歴然とある。

トヨタが高収益なグローバルメーカーとして発展してきたのは、トヨタ生産方式が重要な成功要因にある。トヨタ生産方式は必要なものを必要な量だけ必要な時に供給する「ジャストインタイム」と、「にんべん」が付く「自働化」の2つの柱があると一般的に理解されている。これはもうトヨタ不変の思想であり、企業の哲学ともいえる。

「ジャストインタイム」には幾つかの原則があるが、その中で「後工程引取り」と呼ばれる原則が重要な役割を担う。これは簡単にいえば、シリアル（直線的）に並んだ生産工程の中で、後工程が必要な量を前工程から受け取り、その前工程は後工程に引き取られた分だけを生産するという仕組みである。後工程の最後にいる存在はユーザーである。そのユーザーの需要情報が前工程に、その前の工程へとフィードバックしながら、需要に合わせて自律した生産をムダなく進めることがトヨタ生産方式だ。ユーザーの好み（オプションやボディカラー）はさまざまにあり、その需要に同期する形でトヨタの製造ラインではひとつの生産ラインに複数の品種を混ぜて流す「混流生産」が基本となっている。

今、トヨタの強みであるトヨタ生産方式や、その成り立ちの基本となるシリアルに並ぶ生産工程を破壊しようとするプレーヤーが生まれている。それがEVで大躍進を遂げた米国テスラである。こういった新しい取り組みが可能となるのも、構造がメカニカルではなく電気的に制御されシンプルに変わっていくEVならではのクルマの進化なのである。こういった逆説的なアプローチが強力な成功要因となった時、トヨタはどんな進化を遂げていかなければならないか。この論考は、後章で詳しく説明を加えていこう。

競争力を生み出す三種の神器

環境規制を理由に「ＥＶしか売ってはダメ」とか、「２０３０年までに３５０万台のＥＶ販売を目指す」というのは供給側の論理に過ぎない。需要がＥＶを求め始めれば、そのニーズと同期しながら、柔軟にＥＶへ進んでいくのがトヨタが考えてきた進化である。

トヨタのマルチパスウェイ（全方位）戦略の本質には、ユーザーニーズに耳を傾け、地域・地域に適合した丁寧なクルマづくりをトヨタ生産方式で実現しようとするトヨタの哲学がある。

世界のエネルギーミックスにはさまざまな条件があり、それに適合する電動車は多種多様となる。多様なユーザーニーズが存在しており、求められる1台を丁寧に、そして誰も取り残すことなく届けようとすれば、技術や商品を幅広く揃え、ハイブリッド車からプラグインハイブリッド車、燃料電池車、未来は水素エンジン車やカーボンニュートラル燃料車まで全方位で選択肢を揃えることが帰結となる。マルチパスウェイ（全方位）とは「戦略」というよりは、トヨタ哲学の「結果」という方が適しているかもしれない。

「地域経営」と「いいクルマづくり」そしてトヨタ生産方式が有機的につながったことで、トヨタは真のグローバルメーカーへ進化した。町いちばんのクルマ屋が売るその1台を積み上げた結果がグローバル１０００万台規模、世界で満遍なく売るグローバル・フルラインの事業基盤となったのである。

結果、トヨタだけが、真の量産ブランドのグローバルメーカーとして残ったといって過言ではない。企業買収とかに頼らない有機的に育った台数規模、グローバル・フルライン、そして借入金をネットした後での8兆円の純手元流動性（いわゆる手元現金）の3つは、トヨタが誇る世界に無二の競争力を生み出す三種の神器となっている。

カーボンニュートラルという山の登り方はさまざま

敵は炭素。内燃機関ではない

国際自動車工業連合会（OICA）と呼ばれる、各国の自動車工業会が加盟する国際団体がある。2022年11月にエジプトで開催されたCOP27国連気候変動会議でカーボンニュートラル達成に向けEVシフトで盛り上がる空気に対し、各国の自動車工業会の総意としての政策提言となるポジションペーパー「2050年までのカーボンニュートラル」が発表されている。

その中で、カーボンニュートラルは世界中の自動車メーカーの共通の目標であり、持続可能な道筋を提供するためには、直接CO_2を排出しないゼロエミッション車（EVと燃料電池車）に加え、カーボンニュートラル燃料を燃焼させる内燃機関搭載車など、さまざまな技術を進化させることが重要であると主張した。

「カーボンニュートラルへの山の登り方はひとつではない。多様な選択肢をお客さまにご提供する必要がある」

「敵は炭素。内燃機関ではない」

「CO_2削減は、エネルギーを『作る』『運ぶ』『使う』全ての工程でやるもの」

「技術力を活かすには、規制で選択肢を狭めるべきではない」

これらの主張は、自工会の豊田章男会長が何度も繰り返してきたメッセージだ。

国内製造業は30年戦争の中で負けてはいない

「日本製造業衰退論やＥＶ礼賛論は皮相的」

２０２１年の日本経済新聞の経済教室において、藤本隆宏東京大学教授（当時）は製造業衰退論をばっさりと切って捨てた。

同氏によれば、平成からの失われた30年の間、日本製造業は付加価値総額を減らしていないことを指摘。これこそが、当初約20倍あった中国との賃金差のハンディキャップを国内製造業が生産革新で跳ね返した30年戦争の成果と主張している。（巻末脚注８）

製造業のものづくりの力が衰退していないとすれば、カーボンニュートラルを実現する多様な技術的な選択肢には大きな可能性が見えてくる。日本のものづくりの力とマルチパスウェイ（全方位）戦略の掛け算の先には、加工貿易を発展させながら国内製造業雇用を維持できる明るい将来像が見えてくる可能性があるだろう。この可能性への道を切り開こうとする自工会会長としての豊田の信念には敬服するものがある。

カーボンニュートラルには大きく2つのアプローチがある。新車のテールパイプからCO_2を排出しないゼロエミッション車の普及を中心に進むのが「欧州・中国型」。これらの地域では2050年の時点で保有車両の70％前後がゼロエミッション車に置き換わっている。一方、保有構造に大量の内燃機関が現存するものが「日本・世界平均型」である。2050年段階でも、国内の保有車両のうち約76％にハイブリッドやプラグインハイブリッドなどでエンジンが残っている。「日本・世界平均型」においては、エンジンを搭載する保有車両の燃料をカーボンニュートラル燃料に置き換えるカーボンリサイクル、ハイブリッド等の保有電動車をEVへアップグレードする技術という保有車両のアップデートが重要となる。

日本の自動車産業は、ゼロエミッション車のEVや燃料電池車に加え、省エネを実現するハイブリッド、プラグインハイブリッド、その先の水素エンジンまで実に多様な技術開発の可能性を有している。アジアなどの新興国をはじめ、北米は「欧州・中国型」、「日本・世界平均型」の両方を有するハイブリッド型マーケットとなるため、日本メーカーの技術力を発揮する重要な市場となるだろう。

マルチパスウェイ（全方位）戦略の根本とは、多様な選択肢を同時に追求しながら、地域の現実に寄り添ったソリューションを提供する考えである。お金持ちの先進国はＥＶ推進でカーボンニュートラルへ接近できるとしても、エネルギー制約の強い日本や新興国においては、ハイブリッドは足元から着実にCO_2を減らせる技術であり、非常にプラクティカル（現実的）なソリューションであることは間違いない。

しかし、やみくもにマルチパスウェイ（全方位）を進めても、企業経営の持続可能性やインフラ側の発展を考えた時、技術としてものにするには合理的な順番があることも事実である。エネルギー転換効率の高い順や、インフラ基盤の構築時間を考慮すれば、燃料電池車、カーボンニュートラル燃料車、水素エンジン車よりもいち早くＥＶの時代が訪れることは明白である。先進国で先に訪れるＥＶの手の内化は最優先すべき課題である。

もちろん、既にトヨタが圧倒的な競争力を築いたハイブリッド技術の延命化と、国内自動車産業を保護するために選択肢を広げマルチパスウェイ（全方位）の重要さを説き、その布石を打つことの意義は大きく、メリット

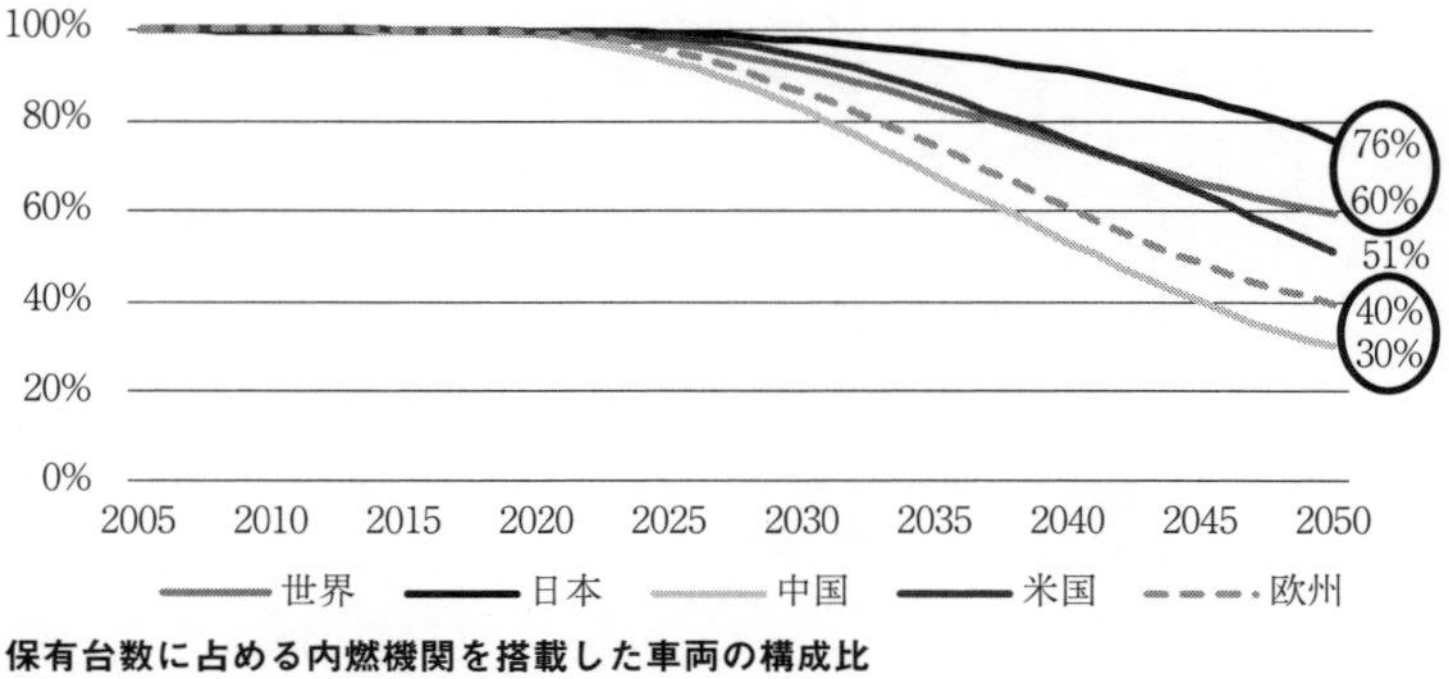

保有台数に占める内燃機関を搭載した車両の構成比

筆者作成

がトヨタにあることは間違いない。ただし、マルチパスウェイ（全方位）の戦略性を崇め奉り、結果として、それが目的化してしまうことは危険である。

レガシィ化する事業基盤をＥＶへ転換するコストや、先進国における環境規制に対応するコストは将来的に膨大なものになりかねない。ハイブリッドを延命し、その最後の最後の1台の利益までを貪りつくした結果に生まれる収益以上に、ハイブリッド事業をＥＶへ転換するコストの方が勝ってしまえば本末転倒な話である。

さらに、マルチパスウェイ（全方位）戦略は企業の経営効率の悪化という、競争力に大きな影響を及ぼす重大な問題が生じる。効率悪化の弱点を補い、持続可能性を高める補完的な事業構造を先立って作る必要性がある。それこそがクルマ保有のバリューチェーン（付加価値連鎖）を延長し、1台あたりの収益を最大化させる「バリューチェーン戦略」である。マルチパスウェイ（全方位）戦略とバリューチェーン戦略が上手にシンクロナイズしなければ、効率悪化が将来のトヨタの全体的な競争力悪化を招きかねないのである。

マルチパスウェイの落とし穴

グローバル自動車メーカーのＥＶ戦略

欧米の自動車戦略を思い起こしてみよう。目的はカーボンニュートラルを目指す環境政策と自国の産業強化政策とを連結し、国家のエネルギー政策と経済安全保障を確立することにあった。欧州は炭素税と炭素国境調整メカニズム（詳細は第２章で解説）を導入し、欧州地域に電池やＥＶ生産の基盤を構築する。米国はＩＲＡ（インフレ抑制法）の中のクリーンカーへの補助金で、北米以外の電池やＥＶの生産への援助を排除して、自国の産業強化と中国リスクを軽減した国家経済安全保障の確立を目指すものである。

欧米の自動車メーカーは、減少に向かうエンジンからＥＶを中心とする事業への構造転換をまずは急ぐ必要がある。ＥＶファーストの戦略を掲げ、実現に向けた企業構造の変革を補助金や自国保護の政策支援を受けながら進めていくことが可能となる。

欧米の自動車メーカーのＥＶ戦略は誰もがいっていることはほぼ同じ。ＥＶの標準化を高め、高効率・高規模のスケートボード型のＥＶ専用プラットフォーム（車台）を導入する。自前の電池工場を垂直統合型で設立し、エンジン車工場をＥＶ専用工場に転換する。フォードやルノーは、ＥＶ事業を本社から切り離したり、独立採算管理で事業を推進する組織改革へも踏み込んでいる。

各社のＥＶ戦略の基本は３つのステップで形成されている。第１に、ＥＶ専用プラットフォームで異次元のメガスケール化を図ることだ。これは、第３章で解説したＶＷの次世代ＥＶ専用プラットフォームのＳＳＰがそれにあたる。第２は電池、電動化の基幹部品、半導体、ソフトウェアの開発・生産を自動車メーカーが自ら手掛け、垂直統合度を一段と深めていくことだ。このアプローチはテスラと中国ＢＹＤが突出して進んでおり、世界の伝統的自動車メーカーはそれに追いつくために対策が必要である。

第３は、第８章で詳細に分析をする、ＯＳ化されたソフトウェアが次世代の車両の根幹となるＳＤＶ（ソフトウェア・ディファインド・ビークル＝ソフトウェア定義車）を基盤としたバリューチェーン事業や、新事業を確立しての新しいビジネスモデルへの転換を促進する。これは、伝統的な売り切り型の製造業としての自動車事業から、スマートフォンのようなアプリケーションのエコシステムで収益をあげるモビリティ産業への転身を意味している。

欧米メーカーのＥＶ戦略は効率の高さが競争力

欧米メーカーのＥＶ戦略はまず第１歩目にＥＶ基盤の構築を優先することにある。ＥＶファーストで会社を再定義して、長く継続されたガソリン事業で根が生えた伝統的な事業基盤の根っこを切るような構造改革を先行させる。必ずしも、エンジン事業を完全に捨てるという意思ではなく、ＥＶ基盤を構築することを最優先させ、必要のあるエンジン事業は残していけばいいという考えである。

ＥＶは部品点数が大幅に削減され、付加価値の多くがソフトウェアに移行する。非常に効率よく開発、生産、販売できると考えられる。ＥＶ専用プラットフォームの標準化を高めてメガスケール化で開発・設備の投資効率が高まる。同時に複雑で効率の悪いエンジンへの投資は絞り込まれ、会社全体の開発・設備を含めた内部投資の効率性は一段と高まることになるのである。

この結果、固定費（生産量に関係なくかかる固定化された費用）水準は低下し、収益の損益分岐点（売上高＝総費用となる収益が均衡化する販売量）が低下する。そこから生み出される収益を、ＳＤＶが広げる新しいビジネスやロボタクシーのような新事業で儲けていく未来志向のバリューチェーンビジネスモデルに投下していく戦略性を持つ。

２０３０年を過ぎれば、エネルギーの供給が多様化されていく。潤沢な水素供給インフラと合成燃料のようなカーボンニュートラル燃料へ手が届くようになったところで、適時にマルチパスウェイ（全方位）への選択肢を広げていけばいいという考えである。

この構造転換を国家が多額の補助金で支援してくれるわけで、確かにけっこうな考えではあるが、２０３０年に向けてＥＶ中心に偏った投資を続けることでのリスクも高い。２０２２年のロシア・ウクライナ戦争で起こったエネルギー危機は最たる例であるし、再生可能エネルギーへの転換の想定外の遅れや中国における地政学的リスクも多大である。

トヨタのＥＶ戦略は柔軟性が強み

一方、我が母国市場である日本は再生可能エネルギーへの転換コストが著しく高く、ＥＶシフトだけではC O^{2}は減らない。さらに、トヨタは新興国も含めて世界でバランスの取れたフルライン展開を築き上げている。従って、トヨタの戦略とはパワートレインの選択の柔軟性にあり、さまざまな地域へ多様性のある商品をユーザーの要求に合わせて提供するマルチパスウェイ（全方位）へと向かっていく。

ユーザーはパワートレインを自由に選択できるし、トヨタは事業のリスクを分散させることも可能だ。日本の国内産業から見れば、さまざまな種類の車両を生産し輸出する加工貿易の恩恵が望め、雇用の維持が図れるというメリットも内包する。

しかし、効率悪化と将来のレガシィコストの問題は無視できない。トヨタはEVとハイブリッドの両方への投資を継続しなければならず、欧米勢とは全く事情が異なる。両方の投資を継続することは二重投資で効率は悪く、財務的な圧迫も重く、将来的にレガシィ化するハイブリッド事業の基盤をEVへ転換していくレガシィコストもかかってくる。

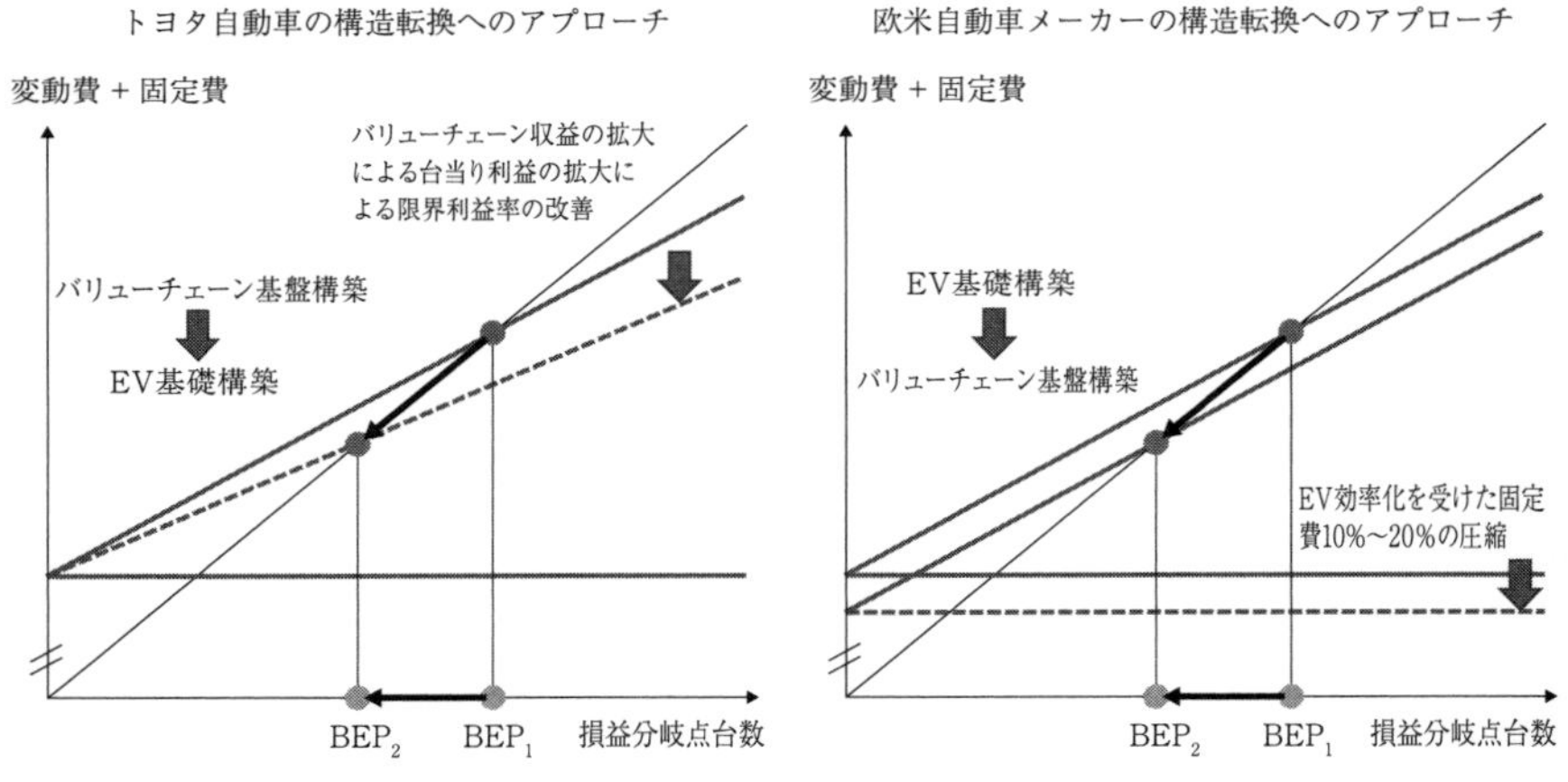

構造転換へのアプローチの戦略的相違
筆者作成

このトヨタのマルチパスウェイ（全方位）戦略の持続可能性とは何であるのか。それは、欧米メーカーとは順序を逆にして、ガソリン車・ハイブリッド車でも実現できるバリューチェーンの基盤を優先的に構築することにある。

先述の会計的な説明でいえばこうだ。効率悪化が起こるトヨタは、欧米メーカーのような固定費の削減は望めない。従って、トヨタは変動費（売上一単位を上げるのに連動する費用）を下げることを目指さなければならない。そこにバリューチェーン戦略が重要な意味を持ってくる。バリューチェーンの基盤から生まれる収益力は変動費率（変動費を売上高で除した比率）を低下させる。変動費率が下がれば、損益分岐点が低下する。それが生み出す収益力を将来のEVシフトの原資に充てることで、収益性の悪化を回避できるのである。

ハイブリッドを活用しながらも、トヨタより早くEVシフトを進めようとする本田技研や日産自動車は、欧米自動車メーカーとトヨタの戦略の間に位置するものだ。トヨタと比較して企業規模や財務力で劣る両社はマルチパスウェイ（全方位）で幅広いパワートレインを開発・投資するだけの体力はなく、より絞り込んだアプローチが不可欠となるし、本田技研は米GM、日産は仏ルノーとアライアンスを組んで、スケール（規模）を補完していくしかない。

要するに、トヨタのマルチパスウェイ（全方位）が異質なのではなく、それぞれ置かれた立場に対して、最も合理性の高い選択を行っていることに等しい。欧米メーカーはEVの基盤構築を優先し、標準化を進めて効率性を享受したうえで、その基盤の上にソフトウェアやモビリティサービスのバリューチェーンによるエコシステムを広げていく。トヨタはバリューチェーンの基盤構築を優先し、バリューチェーンの利益とトヨタ生産システムでパワートレインの分散による効率悪化を吸収し、EVシフトによるさらに先の多様化をも受け止める考えだ。

EVへの集中投資は効率に優れるが、リスクも相応に高い。マルチパスウェイ（全方位）は経営リスクが分散されるが、効率の大幅な犠牲を伴い、まずはバリューチェーン利益の増大が想定通りに進んでいかなければ持続可能性は失われていく。同時に、トヨタ生産システムに基づく原単位の縮小、リードタイムの短縮といった開発・生産の柔軟性が、効率の悪化を挽回し、同社の国際競争力を維持できるか否か、そこが論点にもなっていくのである。

マルチパスウェイを支えるバリューチェーン戦略

モビリティカンパニーとはバリューチェーンの延長

第1章で詳しく解説したが、2018年1月にトヨタは世界の自動車メーカーに先駆けてモビリティカンパニーへのモデルチェンジを宣言した。それでは、そのモビリティカンパニーとは何を目指す会社なのかといえば、「クルマをコネクテッドカーに転換して、そこからつながるバリューチェーンを拡大していくことである」と何度も繰り返してきた。

それから5年が経過し、現在のトヨタのバリューチェーン戦略は大きく膨張している。どの世界的な自動車メーカーと比較しても、トヨタのバリューチェーン戦略は広く展開しており、既に回収期に入る領域も生まれ始めている。むしろ、欧米メーカーはコロナ禍で苦戦したら事業を縮小したり撤退したりと、トヨタのようにじっくりと山を登り続ける会社はない。

現在の伝統的な自動車事業のバリューチェーンとは、新車のローンやリースという販売金融事業（主にトヨタファイナンスが担当）、ディーラーで購入する部品やアクセサリー販売（主にトヨタモビリティパーツが担当）、修理やメンテナンス、保険代理店収益が中心である。

クルマがコネクテッドカーになっていくと、コネクテッドサービスやモビリティサービスでの収益機会が生まれ、場合によっては、ディーラーを介さないでもユーザーのクレジットカードに直接課金できるビジネスも生まれる。コネクテッドカーから生まれるデータの蓄積が新しいサービスやユーザー体験を生み出して、さらに収益機会は拡大する。ＫＩＮＴＯで取り組むサブスクリプション（購入して所有するのではなく、利用に対して料金を支払う課金モデル）やクルマのカスタマイズ、アップデート、レストアなども有望な市場となる。

将来的に、クルマは社会とインフラのデバイスとして活躍することになる。クルマは２０３０年頃に、第8章で解説するＳＤＶに進化する。通信でソフトウェアをアップデートしたり（ＯＴＡ）、アプリストアでのアプリ販売収益、エネルギーを運んだり出し入れをするエネルギーマネジメントや、スマートシティとつながる全く新しい事業が生まれていくことが期待できる。

トヨタが展開するバリューチェーン戦略のいくつか主要な取り組みと成果を以下に解説する。

A：多目的MaaS（モビリティ・アズ・ア・サービス）領域

多目的MaaS（モビリティ・アズ・ア・サービス）領域では、モビリティサービスの「モネ・テクノロジーズ」、交通データを統合するおでかけMaaSアプリの「マイルート」、自動運転MaaS車両「eパレット」の製造販売と、そのメンテナンスが事業領域の中心にある。個々の事業ではソフトバンクと組んだモネ・テクノロジーズのモビリティサービスプラットフォームが中核にある。

2018年に始まったモネは、コンソーシアム（共同体）に完成車8社、企業350社、350の自治体が参画し、社会課題を解決できるモビリティソリューションを目指しており、サービス・車両開発、アプリ、規制緩和に向けたロビー活動を行ってきた。

ここまでは実証実験が中心でそれほど目立ってはいないが、現在は社会実装の準備段階に来ている。2024年から普及期段階に入り、徐々にスケールアップしていくことが期待される。2025年以降、自動運転レベル4（システムが運転し、運転手が不在の自動化レベル）で稼働する自動運転MaaS車両のeパレットを用いたサービスの普及段階に入る。

トヨタには、MaaS車両の製造・販売、メンテナンスの収益に加えて、サービサーと呼ばれるサービスを提供する事業者に対して、アプリストアからのアプリ販売や月ぎめで支払うサブスク収益などが期待できる。人流と物流のデータとサービスや物品販売のデータをかけ合わせれば、データ駆動型の新たなサービス開発、需要予測や行動分散に関するアルゴリズム（手順や計算方法）開発でも先行できる。

日本は少子高齢化の先進国だけに、日本で開発する社会解決型の製品やサービスは将来的に中国やアジアへ輸出できる展開力を持つ。米国で進むロボタクシーや欧州の交通モードの統合ＭａａＳアプリ（フィンランドのＷｈｉｍが代表的なアプリケーション）とモネとの違いとは、ヒト・モノをＡ地点からＢ地点に運ぶだけではなく、ヒト・モノをサービスで連結させてＡ地点とＢ地点を双方向で移動させる概念である。分かりやすい例は、病院にいくのではなく医療サービスが移動してくるような移動診療車で、ＭａａＳを社会課題の解決手段とするところにある。

Ｂ：人流ＭａａＳとロボタクシー領域

２０１８年頃から、トヨタは中国の滴滴出行（ディディチューシン）、マレーシアのグラブ、米国のウーバーら自家用車を用いた配車サービス企業と戦略的な提携を続々と結んだ。欧米自動車メーカーは自前でモビリティサービス事業を立ち上げ、サービサーの立場としてのマネタイズを目指していたが、その後多くは事業撤退を余儀なくされた。一方、トヨタは有力プロバイダーと連携することで、マネタイズポイントをサービサーとするのではなく、車両・保険・金融・メンテナンス・中古車販売などのバリューチェーンとし、その収益を最大化する戦略を採ってきた。

代表例に、米国ゲットアラウンド社向けのスマートキー、東南アジアではグラブ向け「トヨタ・トータルケア」、中国の滴滴出行向けの車両メンテナンスやドライバー安全運転指導などがある。いずれもMSPF（モビリティサービス・プラットフォーム）を基盤としたコネクテッドサービスとして提供され、車両販売→保険・金融販売→車両管理→メンテナンス→中古車販売のバリューチェーンで稼ぐ仕組みを作っている。

ウーバーとはロボタクシーの技術開発が提携の目的にあった。しかし開発を担うウーバーATGが自動運転開発ベンチャーのオーロラ社と事業統合した結果、トヨタのパートナーはオーロラへ変わった。オーロラと開発する車両のルーフに設置される自動運転キットを搭載したトヨタのシエナ（米国専売のミニバン）に加え、米国ロボシャトルベンチャーのメイ・モビリティによっても自動運転シエナの実証実験が始まっている。ここで開発される自動運転キットは、将来は日本におけるタクシーのロボタクシー化にも転用が検討されるだろう。

C：スマートシティ領域

2020年1月、トヨタ子会社のトヨタホーム、ミサワホーム、パナソニック子会社のパナソニックホームズなどが経営統合し、プライムライフテクノロジーズを設立した。スマートシティのような複合開発を担えるデベロッパーを目指す組織だ。ここはスマートシティのハードウェアを担当する。

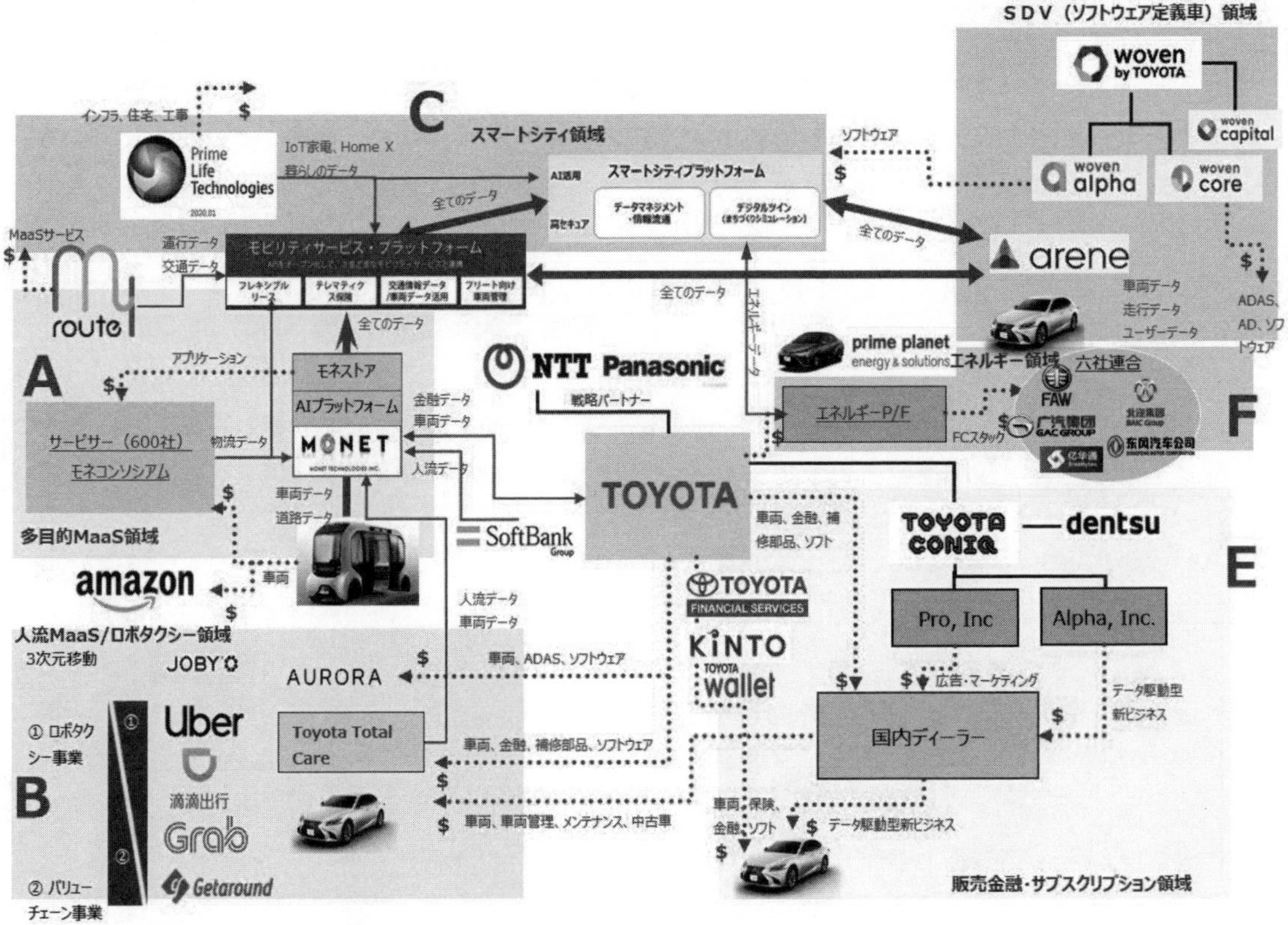

トヨタのバリューチェーン拡大の鳥瞰図
著者作成、写真はトヨタホームページ

同年4月にトヨタとNTTは、スマートシティビジネスの事業化を狙い業務資本提携を結んだ。「スマートシティOSプラットフォーム」を共同で構築し、先行ケースとして、静岡県裾野市のトヨタ東富士工場の跡地に建設中の「ウーブンシティ」へ実装する考えである。裾野市のウーブンシティは東京ディズニーランド約1・5個分（約70万平方メートル）の膨大な敷地面積を有する。私有土地を活用することで、既存の規制にとらわれない先進的な開発、実証を素早いスピードで回すことが狙いである。

フェーズ1は2021年2月23日に竣工式を実施し、現在、建設が進む。設計は高名な建築家ビャルケ・インゲルスが手掛けることで話題性も高い。完成は2025年頃であり、先行して数百名が住み始め、フェーズ2段階では2000人が暮らす計画である。家とソフトウェアの統合、物流とソフトウェアとの連携、ソフトウェアのアップデート手法、自動運転MaaS車両が走行する人流、物流の効率的設計など、実証実験を始めていく考えだ。

D：SDV（ソフトウェア定義車）領域

2021年1月にウーブン・プラネット・ホールディングス（現ウーブン・バイ・トヨタ）をトヨタは立ち上げた。組織は2つに分かれ、ウーブンコアでは自動運転ソフトの開発、ウーブンアルファでは2つの非常に重要な取り組みがあり、ひとつはクルマのOS化を支える「Arene（アリーン）」と銘打ったビークルOSの開発であり、もうひとつは、NTTと共同開発するスマートシティOSと連携するサービス、製品、UX（顧客体験）の開発である。

サービス、製品、UX（顧客体験）開発においてはスマートシティ、スマートモビリティ、スマートホームの「原単位」を定めるところがスタートである。その構図をデジタルツイン（リアルの世界から収集したデータを、コンピュータ上で双子であるかのように再現すること）投射してシミュレーションを繰り返し、トヨタ生産システムの基本である「KAIZEN」を積み上げていくことで、未知の未来生活におけるハードウェアとソフトウェアを設計していくのである。

成果はグリーンフィールドから建設されるスマートシティのみならず、既存の暮らしの改善へつなげていく考えだ。トヨタの事業領域が、スマートカーからスマートホーム、スマートシティにバリューチェーンが延長していくことになる。

さて、ここで出てくるクルマのOSとなるアリーン、それを搭載したSDVに関しては、第8章で詳細に分析し、なぜこの新しい技術、OS化されたクルマが提供する価値が重要であるか理解してもらいたい。これは本書の中でも重要なチャプターだと考えていい。

ここでは基本概念に留める。アリーンは車両に搭載されるビークルOSであることに加え、スマートフォンのアンドロイドOSのように第三者によるソフトウェア開発を可能にする。そのOSを搭載した車両であれば、ハードウェアの仕様に干渉せずに動作することで、車両とアプリケーションのエコシステムを生み出していくことが可能となる。アリーンOSはモビリティと暮らしを結ぶアンドロイドOSのような存在として、データ駆動型のソフトウェアビジネスを拡大させ、トヨタの未来のバリューチェーンの成長をけん引する基盤となる。

E：販売金融・サブスクリプション領域

伝統的な「売り切り」型のビジネスモデルは終了し、車両のライフタイムにわたる顧客接点を活用し、サービス、モビリティ、ビヨンド・モビリティまでに至るバリューチェーンへの延長が進むことになる。その中で、新車や中古車の売り方はオンラインでの直販やサブスクリプションに変化していく。サービスポイントとしてのディーラーの役割は不変でも、その位置づけは再定義が必要だ。自動車メーカーがユーザーに提供した車両を、メーカー自らが保有し続ける資産保有型のビジネスモデルへの転換を急ぐ必要がある。

同時に、アップデート、パーソナライズ、リビルド、リユース、リサイクルなどの循環型ビジネスの確立も急務である。この実現には車両のデジタル化だけではなく、ディーラー、販売システム、顧客管理、修理・整備サービスそのもののデジタル化を実現していかなければならない。

こういった事業を設計し実装する最前線にサブスクリプションのＫＩＮＴＯやキャッシュレス決済のトヨタウォレットを運用するトヨタファイナンシャルサービスがある。ＫＩＮＴＯはサブスクリプションの「ＫＩＮＴＯ ＯＮＥ」、乗り換え型サブスクの「ＫＩＮＴＯ ＦＬＥＸ」、相乗りの「ＫＩＮＴＯ ＪＯＩＮ」、カーシェアの「ＫＩＮＴＯ ＳＨＡＲＥ」、ライドシェアの「ＫＩＮＴＯ ＲＩＤＥ」、ルート検索、決済もできる「ＫＩＮＴＯ ＧＯ」の6つのビジネスに挑戦し、世界30カ国以上に展開する総合モビリティサービス企業を目指している。現在の契約シェアはトヨタの国内販売の１％強に過ぎないが、２０３０年頃までに20％を占める可能性があると筆者は考える。バリューチェーンをサーキュラーエコノミー（循環経済）型のビジネスモデルとして提供することが狙いである。

保険・整備・修理サービス、中古車販売というバリューチェーン延長に加え、車両ライフを通した循環経済型のビジネスモデルの育成も進めている。それが２０２２年から始まった「ＫＩＮＴＯ ＦＡＣＴＯＲＹ」である。また、保有車両そのものが減少に転じていく中で、ディーラーの修理・廃棄事業を創造できるレトロフィット（古くなった商品を修理し、新たな機能を加えること）やリサイクルの事業機会を生み出す重要な取り組みもある。そしてその先には、保有車両の脱炭素を実現するために、プラグインハイブリッドをＥＶへ、ハイブリッドをプラグインハイブリッドへアップグレードする技術は間違いなく将来重要な役割を演じるだろう。

第5章

10年に一度のサイクルで訪れるトヨタの危機

トヨタの歴史は失敗体験の繰り返し

1990年代の国際化・近代化の遅れ

トヨタがこれまで順風満帆に過ごしてきた成功体験だけの企業でないことは誰もが知るところだ。トヨタは10年に一度は重大な経営危機に陥り、それをカイゼンの力で跳ね返し、一段と強くなった歴史がある。

古くは1950年代、戦後デフレ政策で経済は停滞し、激しい労使対立の中で同社は深刻な経営危機に陥った。この中で創業者の豊田喜一郎社長は辞任に追い込まれ、銀行団からの協調融資と、石田退三や三井銀行から派遣された中川不器夫らのファミリー以外の大番頭経営によって再建を果たしている。

1967年、中川不器男の急死を受けて、喜一郎の従弟にあたる豊田英二が新しい社長に就任したことで創業家経営が復活した。モータリゼーションの波にも乗って業績は急回復、1970年以降は豊田家を中心とするファミリー経営が続き、創業者の喜一郎の長男の豊田章一郎へ、そして１９９2年に次男の豊田達郎が社長に就任している。

長期化したファミリー経営の下でトヨタは徐々に活力を失っていく。１９９０年代に入ると商品開発で出遅れ、国内市場シェアは長期にわたり凋落し、有望な中国進出においても致命的に出遅れた。決めるべき決断が遅れに遅れ、深刻な踊り場に差し掛かっていたといえるだろう。

１９９５年、豊田達郎が病に倒れ、後任として社長に大抜擢されたのが、28年ぶりに創業家以外から選ばれた型破りな人物の奥田碩であった。奥田はトヨタの活性化・近代化・グローバル化を推進し、就任した１９９５年度から会長を退く２００６年度の12年間でトヨタの売上高を８兆円から24兆円へ3倍に拡大させ、強いトヨタを見事に復活させた。一方、歯に衣着せない物言いと共に、トヨタの企業統治の近代化に向けて、トヨタと創業家の関わり方という火種を残して一線から去った。

２０００年代のＩＴ化・バリューチェーン延長の遅れ

２０００年代初頭、インターネットバブルの狂宴の中で、自動車産業はインターネットを経由したビジネスのデジタル化に怯えるレガシィ産業に陥り始めていた。その先には、自動車メーカーの付加価値は減少し、ディーラーの多くは死滅し、Ｂ２Ｂ（ネットワークを経由する法人間ビジネス）とＢ２Ｃ（ネットワークを経由する法人対顧客のビジネス）を支配するＩＴ企業（いわゆるドットコム企業）が自動車ビジネスの付加価値を占領するものと考えられていた。

この業界の危機に際し、トヨタはクルマのコネクテッド化と販売金融事業のトヨタカードを基軸においたバリューチェーン戦略で生き残りを図ろうとした。しかし、その取り組みはさっぱりうまくいかなかった。

トヨタは黎明期のコネクテッドカーとして「ウィル サイファ」を発表し、クルマのデジタル化を通してトヨタの事業領域にコネクテッドサービスを広げ、バリューチェーンの延長という試みに挑戦していた。同車の販売は走行距離に応じてリース料金が課金されるという、現在はやりの「サブスクリプション」の先駆者でもあった。ただし、発売直後のブームは長くは続かず、販売低迷によりわずか3年で市場から姿を消した。

この時のトヨタのコネクテッド戦略をけん引したのが豊田章男と部下の友山茂樹（現、エグゼクティブフェロー、国内販売事業本部長）であった。豊田は慶應義塾大学を卒業した後、米国ボストンのバブソン大学でMBAを取得、外資系金融会社で勤めた後、1984年にトヨタに入社している。豊田章一郎は嫡男の豊田を特別扱いしない帝王学を学ばせたといわれている。生産管理から始まり、その後、国内営業に配属された。

「製造工程ではトヨタ生産方式に基づいた1分1秒を削ってムダ取りをしているにもかかわらず、販売店ではクルマが何日間も滞留している」。滞留する商品の多さに愕然としたという。業務改善支援室を1996年に立ち上げ、豊田は課長となり、友山は係長となった。その他数十人のメンバーとともに、トヨタ生産方式を販売店へ拡大させることに奔走した時代であった。

その時に豊田が立ち上げたのが「GAZOO（ガズー）」だ。これはもともとディーラーが下取りした中古車の画像を共有化するシステムとして提供した「中古車画像システム」が始まりにある。豊田のアイデアであったが、当初、システム投資への予算がつかず、豊田はポケットマネーで友山にパソコン２台を買わせ、それをサーバーに仕立て、システムの原形を作り上げたという。その後、インターネット時代を迎え、ＧＡＺＯＯは消費者向けのＥＣサイトへ進化していった。

ドットコム企業は自滅

１９９７年にカーナビと携帯電話を連携させた国内でのコネクテッドサービスの先駆けとなった情報サービス「ＭＯＮＥＴ（モネ）」が開始された。そして、２００２年、モネとＧＡＺＯＯが統合されて「Ｇ–ＢＯＯＫ」というテレマティックスサービス、現在でいうコネクテッドサービスの原点が出来上がり、トヨタの「Ｔ–Ｃｏｎｎｅｃｔ（ティーコネクト）」、レクサスの「Ｇ–Ｌｉｎｋ（ジーリンク）」となる。そして、このモネという名前が、ソフトバンクと立ち上げたＭａａＳプラットフォームである、現在のモネ・テクノロジーズに引き継がれている。

Ｇ–ＢＯＯＫはインターネットに接続したクルマが延長させるバリューチェーンを獲得するのが狙いであったが、目指す事業を成功させるには余りにも携帯通信の速度は遅く、車載半導体も脆弱だった。音声認識も役に立たない代物で、ユーザーの心をつかむことはできなかった。そもそもこういった要素技術が未熟にもかかわらず、トヨタのバリューチェーンの攻め口は際限なく広がっていた。さまざまな取り組みは目立った成果を獲得できず、ドットコム企業に対抗しうる手立てを見出せない状態であった。

しかし、この戦いはIT企業側から自滅し、あえなくインターネットバブルは崩壊した。ほとんどのドットコム企業はグーグルとアマゾンというくつかの生存種を除いて死滅、この危機は去った。同時に、落ち込んだ米国経済を立て直そうと、金利を歴史的な低水準に据え置く政策が米国の住宅バブルを引き起こし、自動車市場は活況に転じたのである。トヨタはその市場で連戦連勝した。

コネクテッドもバリューチェーンも重要な施策が手つかずになっていることを忘れ、世界のトップメーカーを目指して台数を追い求めた。しかし、その瞬間に突然危機が襲うことになる。米国の住宅バブルはサブプライムローン危機を引き起こし、2008年9月に投資銀行のリーマン・ブラザーズが経営破綻し、世界金融危機を引き起こすこととなる。

2010年代のコスト競争力の喪失と失われた品質

リーマンショックの2008年から未曽有の品質問題を起こした2010年にかけては、トヨタにとって会社存亡の最大の危機を迎えた3年間であったといえる。リーマンショックによる先進国の経済危機に起因する巨額赤字への転落、米国に端を発した品質問題、そして新興国への需要構造のメガシフトに対応できないコスト競争力の喪失である。

これらは成功体験に甘えた傲慢、成長至上主義、リスクの放任という2000年代半ばからトヨタ内部に堆積した経営の問題が共通した原因にあった。２００５年に張富士夫から社長を受け継いだ渡辺捷昭は社長として指揮を執る間、トヨタの成長へのアクセルを思いっきり踏み続けた。

「この価格なら何台売れる」

トヨタのグローバル営業会議が「価格と台数」の議論だけに陥り始めたのもその頃からだ。当時、「グローバル・マスタープラン」と呼ばれる１０００万台の大台を目指す成長戦略が渡辺らの経営執行体制で推し進められていた。価格を上げたり下げたりしながら、台数と収益の成長を操作しており、ユーザーニーズに対応しながら良品廉価を提供する本質と思想から大きく逸脱していた。

トヨタの基本的な考え方は「価格−利益＝コスト」という等式にある。価格は市場が決めていくものであるから、必要で適切な利益を定めれば、目標原価低減が自然と決まっていくという、原価低減指向の企業であった。しかし、渡辺の経営では、「コスト＋利益＝価格」に等式は変化し、価格が目的化することとなったのだ。

１０００万台が目前に迫ったその瞬間、世界は未曽有の金融危機に襲われた。いわゆる２００８年のリーマンショックに端を発した金融システム不安が世界の大不況を引き起こし、グローバル新車需要の30％が瞬間的に消滅したのである。

２００８年11月の中間決算で1兆円もの営業利益の下方修正を

2000年代のトヨタ経営を担った３人
左から奥田碩、渡辺捷昭、張富士夫
写真提供：朝日新聞社

発表し、「トヨタショック」と呼ばれた。そこからわずか1カ月後の12月22日には創業以来の営業赤字転落見通しを公表し、トヨタは音を立てて落城していく。

おそらく、トヨタが誇った圧倒的な品質やコスト競争力は２０００年代半ばには蝕まれ始めていたと考えるが、米国での住宅バブルと円安による為替利益で、その悪化が表面化してこなかった。気づきが遅れその傷を深め、リーマンショックが実態を炙り出したというのが適切な表現であるだろう。

リーマンショックは自動車産業に３つの構造変化をもたらし、日本車メーカーの凋落を招き始めていた。トヨタはその筆頭といえる。まずは、新車というものは先進国で消費されるものであったが、その成長力は中国を筆頭とする新興国に完全に変わったのである。需要構造のパラダイムシフトと当時呼ばれた。

クルマの差別化要素が小さくなり、設計の標準化や部品の共通化を高めたコストが企業の競争力を支配し始めた。これで先行した欧州車、韓国車の大躍進が引き起こされた。新興国販売や設計標準化に応じた、グローバルな生産拠点の再配置や調達システム（サプライチェーン）の再構築を進める中で、ボッシュのような欧州メガサプライヤーと呼ばれる自動車メーカーに匹敵する強力なプレーヤーが台頭していくことになったのである。トヨタはこの３つのどれに対しても構造的に出遅れた存在であった。

最大の難所となった品質問題の連鎖

豊田社長が米国議会で証言に立つ

「運転はやめるべき」

2010年2月、米国のラフード運輸長官（当時）は下院歳出委員会の公聴会において、トヨタのリコール（無料の回収・修理）対象の車種について、「所有者は運転するのをやめ、ディーラーに持ち込むべきだ」と発言したのである。当時、筆者は米国資産運用会社に勤めていたが、メディアの一報を目にした時、これはトヨタブランドの終わりの始まりではないかと背筋が凍りついた記憶が鮮明に残る。

発端は2009年8月にカリフォルニア州でレクサス「ES350」が急加速し時速190キロで衝突、乗車していた4人が死亡する事故にあった。この事故の瞬間や原因不明の暴走、車内の状況が同乗していた妻の携帯から生々しく伝えられ全米で報道されたことで、一気に重大な社会問題となった。

この事件によってトヨタの車両品質への嫌疑が広まり、世界的なトヨタバッシングへと発展してしまった。確かに欠陥問題はあったのであるが、多くは風評やねつ造など、事実とはほど遠い

米国議会公聴会で宣誓をする豊田社長（当時）2010年2月24日

写真提供：ゲッティイメージズ

ものも多く、急発進事故のほとんどが運転手のミスであったとの調査結果が後に判明している。

比較的単純な品質問題から始まったのではあるが、ユーザーとの向き合い方、訴訟組織に対する社内対応は完全に出遅れてしまい、著しく事態を悪化させてしまった。トヨタのブランド価値の毀損はいうまでもなく、数千億円もの多額な費用を浪費してしまった。

最大の危機は、社長に昇格したばかりの豊田がヒステリックな世論をバックに政治ショーと化した米国議会の公聴会へ証人として出席せざるを得なくなったことである。

「これは私を辞めさせるゲームなのかな」

議会証言に向けて米国へ飛ぶ中、豊田はふとこう思ったという。社長就任からわずか1年目の出来事であった。

4時間も続いた公聴会が終わった後、豊田は米国のトヨタディーラーの前でスピーチに立った。言葉に詰まりながらも最後までスピーチを終わらせたが、その直後ディーラー関係者からの激励を受けて豊田は男泣きした。これがトヨタをひとつにまとめ、奇跡的な再生への道を進ませる強い原動力となったのである。

一発逆転策か本質・思想に立ち戻る道か

経営学者のジェームズ・コリンズが『ビジョナリーカンパニー3 衰退の五段階』の中で企業衰退の法則を論じ、衰退の5段階として、①成功から生まれる傲慢 ②規律なき拡大路線 ③リスクと問題の否認 ④一発逆転策の追求 ⑤屈服と凡庸な企業への転落か消滅、とまとめた衰退へのステップをそのまま地でいくような話であった。もし、この時トヨタが一発逆転策を追求していたら、現状がどうなっているかを考えると背筋が凍るような思いだ。

豊田は2023年の年頭挨拶において、当時社長の立場から以下のように述べている。

「私たちは、何が正解かわからない時代を生きています。その中では、これまでに経験したことのない危機に直面することがあります。その時、必ず、私たちの前にはふたつの道が現れます。『短期的な成功や一発逆転を狙う道』と『自分たちに強さをもたらした本質・思想に立ち戻る道』です」

今から14年前、どん底の状態で社長に就任した豊田にはふたつの道が見えていたはずだ。そこで豊田は迷わず後者を選んだのである。トヨタに強さをもたらした本質・思想、いわば哲学として、ユーザーと向き合った「もっといいクルマ」を丁寧に作ることを最優先課題に置いたわけである。

意志ある踊り場

「いったん立ち止まろう、1000万台の今のトヨタと600万台の以前のトヨタでは成長の持つ意味が全く異なる」

豊田は社員へこう号令をかけた。

そして、『もっといいクルマをつくろうよ』のスローガンを掲げ、3年の間ゼロ新工場という方針を発表した。もっといいクルマを作るという単純な行動規範の下で世界30万人（当時）の社員のベクトルを一致させ、3年の間に会社が持続的に成長できる真の競争力とは何かを社員に考えさせたということだ。規模や台数を企業成長の「ものさし」から外すという判断は、サラリーマン経営者では下せる決断ではない。これはもう創業家の本能といって過言ではないだろう。

2012年春、滅多に部外者が入ることができない新車開発棟に多くのメディアやアナリストを招き入れ、トヨタは「いいクルマづくり」の進捗説明を実施した。その中の説明をするひとりが豊田であった。開発中のクラウンを前にしていいクルマづくりとは何か、豊田から説明を受けた。同夜、名古屋のホテルで開かれた懇親会にも豊田はサプライズで登場した。

豊田はメディア、特に筆者が生業とする証券アナリストが大嫌いであるという噂が当時あった。こちらも斜に構えた態度や意見を投げかけることもあったが、この時は豊田自身が心を開き話しかけてくれたことに、「この会社は強く生まれ変われるのではないか」と感じ取るものがあった。

当時、豊田に対するメディアの論調は大変に厳しく、トヨタに対する株式市場からの企業評価はもっと厳しかった。今から思えばこの時が潮目の変化であったのだ。

この時の「ゼロ工場宣言」の狙いとは、本来の本質・思想に立ち戻ることと、真の競争力を見極めるためのモラトリアム期間、トヨタが表現する「意志ある踊り場」であった。そして、トヨタが確立していったものとは、「トヨタ・ニュー・グローバル・アーキテクチャ（以下、TNGA）」と銘打った新設計プロセスと基本プラットフォーム、その作り方の新しい概念であった。「いいクルマづくり」に対する手段が鮮明に見えてきたのである。

トヨタ・ニューグローバル・アーキテクチャの成果

持続的成長を支える真の競争力

2012年頃の自動車産業は、2000年代から凋落を始めたGMの後を追い、日本の自動車産業の衰退が危惧され始めていた。その象徴がトヨタの品質問題であった。ホンダ、マツダも例外ではなく、米国における存在感は陰り始め、各社の業績は悪化を辿った。

日の出の勢いにあったのが、ＶＷ、ルノー・日産（当時、日産自動車はルノーグループに取り込まれていた）ら欧州勢、鄭夢九（チョン・モング）というカリスマ創業者が率いる現代・起亜の韓国勢であった。今日のＥＶシフトに出遅れた日本車に対する悲観論と同じムードであったといえる。

しかし、国内自動車産業は負けなかった。２０１５年５月、トヨタは過去最高益を叩き出す好決算を報告し、その自信は完全に復活した。

「意志ある踊り場から、実践する段階に移ってきた」

発表会見の壇上に上がった豊田は会社のステージの進化に言及した。持続的成長を支える真の競争力を獲得しつつある手応えを感じていたといえる。

リーマンショック、品質問題、東日本大震災という３つの危機を乗り越えたトヨタが持続的な成長を遂げた競争力は、「新設計プロセス」と「新製造プロセス」の２つの大変革にあった。クルマの魅力を最大化させながらも良品廉価でユーザーに提供できるプラットフォームやエンジン群を設計する新設計プロセスがＴＮＧＡ（トヨタ・ニューグローバル・アーキテクチャ）である。

ＴＮＧＡに基づいて、トヨタはＧＡ-Ｂ（ヤリスクラス）、ＧＡ-Ｃ（カローラクラス）、ＧＡ-Ｋ（カムリクラス）の３つの主力プラットフォームとエンジンを全て作り変えていった。２０１５年の４代目プリウスから頭出しされ、２０１７年にカムリ、２０１９年にヤリスと展開を続けていった。

欧州の標準化・オープン化戦略

こういった設計プロセスの進化は、実はトヨタは後追いである。先行したのはＶＷ、ルノーの欧州勢であった。本書の後半のＥＶ時代の競争力をより理解するために、ここでは少し専門的な解説を加えたい。

クルマは約３万点にも及ぶ部品を組み上げて作る製品である。エンジンルームを見れば隙間なく部品がぎっしりと積み込まれている。その設計は非常に複雑で、クルマの性能やコスト競争力というものは、設計の段階でほぼ決定されると考えて良い。

３万点もの部品は組み合わせパターンが無限大になってしまうため、複数車種の開発が必要な現代の自動車産業では個別開発は不可能である。そこで、中間的なパレットのような存在を作り、組み合わせパターンを絞り込み、膨大な部品点数を整理しながらクルマを設計する。そのパレットが耳慣れた「プラットフォーム（車台）」である。

プラットフォームを開発する時に、膨大な構成部品に対して「走る（エンジン）」「曲がる（ステアリング）」「止まる（ブレーキ）」という基本的な機能と役割を定義して全体設計する概念を「アーキテクチャ」と呼ぶ。そして、それらの部品と部品のつながりを「インターフェース」と呼んでいる。

すなわち現在の伝統的な自動車会社は、エンジンを中核（コア）に置いたプラットフォームを設計し、インターフェースを定義し、それに従って部品メーカーに必要な部品やシステムを開発・提供してもらうという産業構造となっているのである。インターフェースに従ってサプライヤーと水平分業でクルマを開発している産業と考えて間違いではない。

2010年代の環境や安全性能をめぐる戦いの中で、新たなコスト削減を実現すべく世界の自動車メーカーがしのぎを削ったのがモジュール化であった。VWの「MQB」がその代表例である。プラットフォームを可変部分と固定部分に分けるところが起点にある。可変部分はクルマの個性を生み出す部分となり、車両単位で差別化が行われる。固定部分はプラットフォームに載せる部品内蔵物も含めて大きな塊で切り分け、モジュールをひとつの単位として設計し、それらを組み合わせ、バリエーションを持った車両を設計していく概念である。

2013年から導入が始まったVWの「MQB」は、ヤリスクラスの「ポロ」からカムリクラスの「パサート」までの前輪駆動（FF）乗用車を組み上げる基本アーキテクチャとなり、そのインターフェースを標準化しサプライヤーにオープンに公開した。

M&A（企業買収）を通してVWは世界トップクラスの1000万台の規模を作り上げた。ここに標準化・オープン化を実現したプラットフォームを展開し、サプライヤーを巻き込んで環境や安全性能をフルに盛り込んだクルマで世界シェアを引き上げる考えであった。いわば、モジュールを世界の標準として、いわゆる巨大サプライヤーと共に競争力を高めようという考えであった。

孤独死を迎えつつあったトヨタ標準

一方、トヨタといえばこうした標準化・オープン化の対極に立ち、トヨタと系列の1次サプライヤーが綿密に擦り合わせることで高品質、低コストの部品設計を生み出して、同社の競争力を高めていた。

しかし、2000年代の拡大戦略がこれを狂わせた。世界の標準化から取り残され、新興国で戦えるコスト競争力を失い、お家芸ともいえる品質をも悪化させていた。細かく分類すれば、トヨタの当時のプラットフォームは約100種類、エンジンの基本型式は16種類、バリエーションは約800種類にも及ぶ複雑なハードウェアを有していた。

開発工程はとてつもなく膨大で効率も低く、高コストの体質に陥っていたのである。国内部品産業の競争力も低下し、欧米で台頭した大手サプライヤーやエレクトロニクスに強みを持つ新規参入企業の強みをトヨタの設計に取り入れていくことも困難になっていた。トヨタ標準を崇め奉り、トヨタは孤独死に向かっていたといえる。

豊田が進めたTNGAは、トヨタ標準が世界から孤立し過ぎていたことを反省し、同社のクルマづくりを世界の標準に向き合わせたものとなる。その取り組みは、大・中・小の3つのプラットフォーム全てを10年近くかけて段階的に刷新する「史上最大の作戦」ともいえるものづくり改革への取り組みとなったのである。

欧州標準化戦略は自滅、そしてEV戦略へ向かう

ディーゼルゲートでVWは自滅

欧州メーカーとトヨタの標準化をめぐる戦いは、その勝敗が決する以前に欧州メーカーが自滅して終焉した。2015年9月に燃費性能を不正にコントロールする「ディフィート・デバイス」と呼ばれる不正ソフトウェアがVWのディーゼルエンジンに仕込まれていることが摘発された。いわゆる「ディーゼルゲート」と呼ばれる欧州自動車産業の全体を巻き込む不正問題が世界を震撼させた。VWは存亡の危機に直面し、欧州のディーゼルエンジン戦略は根本的な見直しに迫られた。この事件が現在の欧州発のEVシフトの流れを作っているといっても過言ではない。

一方、トヨタは敵失に甘えることなくTNGAを推進し、ハイブリッドをコアとした非常に強い競争力を確立することになった。TNGA1順目（2012〜2015年）は、トヨタとして車体、サスペンション、エンジン、トランスミッションまで全てを刷新する取り組みとなった。加藤光久チーフエンジニア（元トヨタ副社長）が関わった2003年の12代目「ゼロ・クラウン」以来の全面刷新となった。

2015年には「いいクルマづくり」を支える「もっといい工場づくり」の考えに基づいた工

場改革を打ち出した。「もっといい工場づくり」においては、トヨタ生産方式に基づいた「混流・1個流し（部品の生産から組み立てに至るまでオーダー順に作る生産方式）」にこだわりながら、「シンプル・スリム」、「汎用化」、「工程短縮」を極める取り組みを進めてきた。

ユーザーから選ばれたのはトヨタだった

TNGA1順目では課題も発生した。当時社長だった豊田が社員33万人（当時）に向けて「いいクルマをつくろうよ」と呼びかけ、社員一丸でいいクルマを目指した結果、装備満載で車重が重く、価格も装備相応に高いクルマになってしまったのだ。この「重い」「高い」TNGAからの脱却が2017年以降に始まったTNGA2順目の取り組みであっ

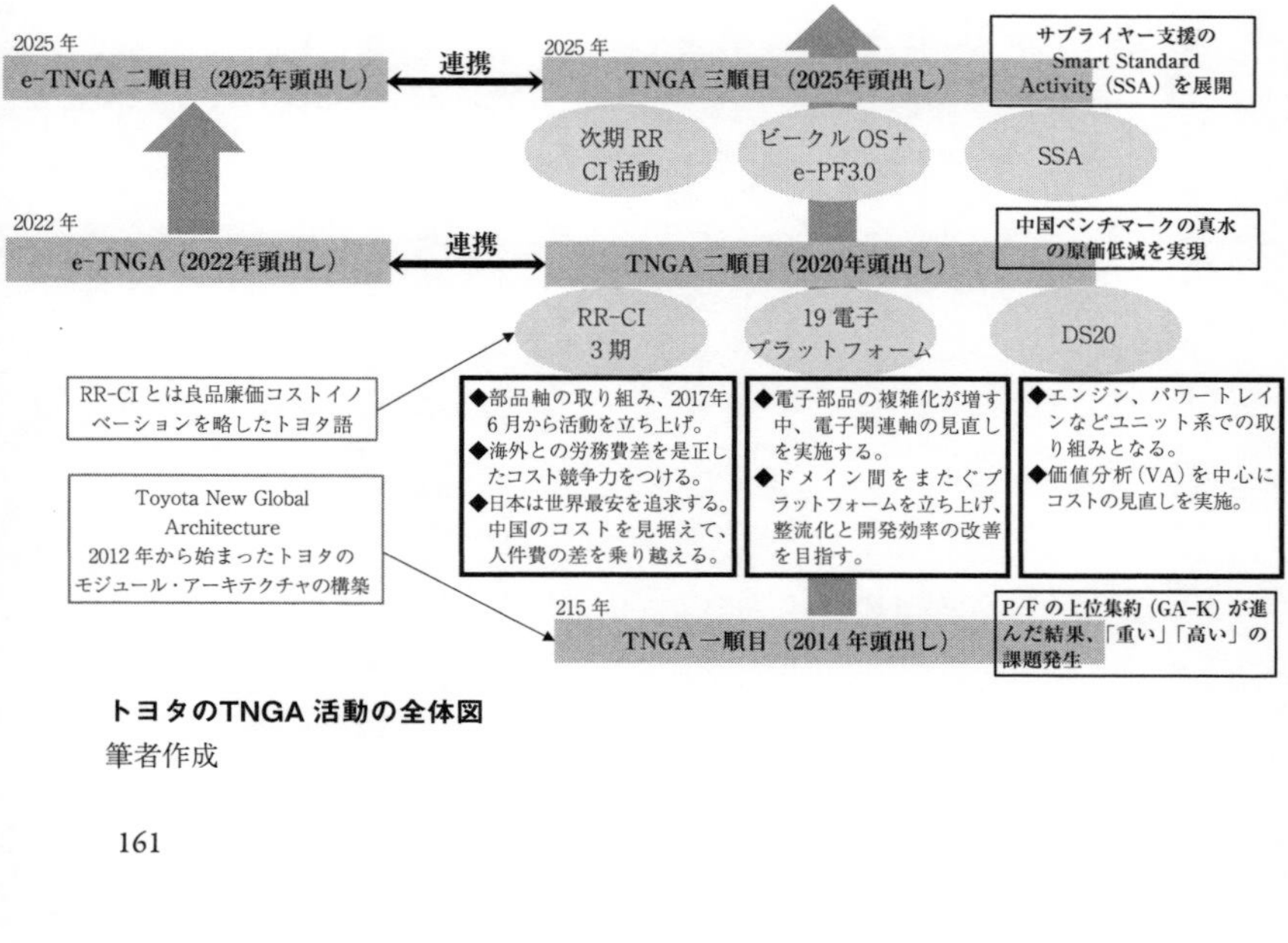

トヨタのTNGA活動の全体図
筆者作成

た。中国の生産コストをベンチマークに置き、それに勝てるものづくりの革新を追求していった。日本のものづくりが中国の自動車産業に対して競争力を発揮できるかどうかの戦いに挑んでいったのだ。

こういった設計革新とは、ソフトウェアも交えて複雑化するクルマを、神経系（ソフトウェア）と肉体系（ハードウェア）を上手に整理して、標準化を進めながら開発効率を高め、コスト削減を推し進めようとするイノベーションであり、欧州メーカーの得意な標準化戦略であった。

しかし、その設計革新をものづくりで実現し、製品がユーザーから選ばれたのはトヨタであった。トヨタの世界生産台数はトップをＶＷと抜きつ抜かれつの展開を繰り返したが、２０１８年以降、トヨタが世界ナンバーワンの地位を維持している。トヨタは台数を経営の物差しから外してきたが、台数を追わずともいいクルマがユーザーに求められ、結果はついてくるのであった。

収益面でもトヨタの圧勝は歴然としていた。ＶＷブランドの４％前後を凌駕し、高収益なポルシェやアウディも含めたＶＷグループの７〜８％をさらに上回る８〜10％の営業利益率をトヨタは誇ったのである。低迷するホンダや日産を尻目に、トヨタは一段と国際競争力を高め、世界の投資家からも高く評価されてきた。

そして、欧州はＥＶシフトへ舵を切る

ＶＷの失敗の原因のひとつには、ものづくりをやや軽視したところにあったと考えられる。Ｍ

QBの初期導入コストは予想以上に膨れ上がった。1台当たりのプラットフォームコストを最大20％削減、立ち上げへの一過性経費を最大20％削減、1台当たりのエンジニアリング時間を最大30％削減できるとしたコスト削減の多くを実現できなかった。設計改革の概念は卓越していたが、ものづくりでつまずいたといえるだろう。

MQBの設計改革でつまずき、ディーゼルゲートで会社存亡の危機に陥ったVWは、VW乗用車ブランドの責任者であったヘルベルト・ディースをVWグループの最高経営責任者に据え、エンジンをバッテリーとモーターに置き換える「MEB（Modularer E-Antriebs-Baukaste）」と銘打ったEVプラットフォームをベースにしたEVシフトへ舵を切ることになったのである。

第6章

2020年に再来した
トヨタ最大の危機

EV、デジタル、ソフトウェアに山積する課題

EVの競争力とは

「逆に教えてほしいです。皆さんがどうしてそんなにEVのことを知りたいのか」（巻末脚注9）

これは2023年4月21日、社長就任直後に日経ビジネスの単独インタビューを受けた時の佐藤恒治の逆質問であった。実は、この質問が同インタビューだけではなく、同時期に受けた多くのメディア取材でも佐藤が投げかけた疑問であった。

メディアの新社長への質問はほとんどがEVの課題や今後の対策に集中したことに対する、佐藤の不満でもあっただろう。筆者もほぼ同じ時期に佐藤と話す機会があったが、その時もEVの競争力として、やや車体に関心が行き過ぎではないのかと述べていた。

先にも指摘したが、EVの競争力とは専用プラットフォームを開発し、コストの低い電池を入手するというハードウェアだけの戦いではない。

既に何度も触れてきている「ソフトウェア・ディファインド・ビークル（ソフトウェア定義車）」、

いわゆるＳＤＶとして、ソフトウェアやデジタル（データ）が競争力上重要な要素となる。繰り返しとなるが、ＳＤＶとは分かりやすくいえば、クルマがスマートフォンと同じようになり、通信で自由にソフトウェアをアップデートでき、新サービスを提供できるクルマである。

モータージャーナリストは車体プラットフォームを刷新すれば競争力のあるＥＶが生まれると考えがちであるが、実際には、ＥＶにおける車体プラットフォームが寄与する競争力への感応度は大きく落ちており、ガソリン車の時代ほどの影響力がない。ＥＶの競争力とは3層構造があり、①車体プラットフォーム、②電子プラットフォーム、③アプリケーションの階層がある。この3つの議論を進めないと、競争力のあるＥＶは作れないのである。

2020年代に迎えた10年目の新たな危機

トヨタが直面する問題はＥＶ事業だけではない。デジタル、ソフトウェア、バリューチェーン事業を含めて、この5年間に植え付けた事業の種が順調に育っているようには見えない。この状態を放置すれば、トヨタの国際的な競争力は大幅に後退することすらあるだろう。その自動車産業に支えられた日本の製造業の未来にも大きな暗雲を漂わせることになる。

欧州のグリーンディール政策、中国のＮＥＶ（新エネルギー車）規制、米国のＩＲＡ（インフレ抑制法）は全てデジュール戦略で外国企業を締め出し、自国の自動車メーカーを保護し、産業競争力を高めようとしている。そういったルールの下でもデファクトを勝ち取るしかないトヨタは、トヨタらしいバリュープロポジション（独自の価値）をＥＶやＳＤＶで確立していかなければ、生き残る道が途絶えてしまうのである。

しかし、トヨタには宿命的な重しがある。グローバルをフルラインで展開することは、トヨタ生産方式を哲学に持つトヨタの宿命である。同時にマルチパスウェイ（全方位）を堅持し、かつＥＶをもフルラインで進めようとしているのは、世界でトヨタだけかもしれない。

これらの重荷を背負いながら、競争力を維持することは相当に至難の業で、効率も低く、財務的な圧迫は相当厳しいものとなる。資本力のあるトヨタだから進める道であっても、その出口に成功が約束されているわけではない。競争力と輝きを失い、産業の停滞や衰退を招くことは絶対に避けなければならない。

思い出して欲しいのは米国ＧＭの凋落だ。創業１００年の祝うべき節目に経営破綻という屈辱を味わったＧＭである。ＧＭの不幸とは、２０００年代の住宅バブルの最中で、本来は伸ばすべきではない古いビジネスモデル（ガソリンがぶ飲みの大型ＳＵＶ）がバブル的に拡大し、構造問題の根を深くしてしまったことだ。オイルショック、住宅バブル崩壊、金融危機という外部環境の変化に突然死したのだ。

トヨタはタイタニック号となるのか

いとも簡単に、企業は崩れ去る

装置産業である自動車産業では、規模は揺るがぬ強みであり成長を循環させる仕組みとなる。すなわち、同一な提供価値とそれを実現する構造（例えば、エンジンやアーキテクチャ）が継続する限り、規模は競争上有利だ。しかし、求められる価値が変化し、その実現要因が変わってしまう時、規模は構造転換に対して弱点となり、変化へのスピードも遅くなる。変化への適合力は落ち込み、恐竜のように絶滅する。

崩れる時にはいとも簡単に、あっという間に企業は崩れ去るということを過去から目の当たりにしてきた。それは、ノキアの携帯電話、日本の総合家電や半導体事業、イーストマン・コダックのカラーフィルムなどで、いとも簡単に消え去ってしまった。

唐突だが、タイタニック号の沈没理由には諸説がある。そのひとつに、氷山が発見され航海士の「ハード・スターボード！（左に舵を切れ）」の叫びを操舵手が勘違いして右に舵を切り、その後に左に切り直したものの、このわずかなタイムロスで船は氷山を避けきれず衝突したという説がある。ただでさえ針路変更への時間が必要な大型船が氷山を目前にして情報が錯綜し、迷走するとは致命的な話ではないか。

この説を現在のトヨタに置き換えれば、タイタニック号がハイブリッド、氷山がEVシフト、ハード・スターボードがマルチパスウェイ（全方位）となり、トヨタの問題の本質が見えてくるではないか。適切に氷山を発見し、素早く針路変更をすれば衝突や沈没は回避できる。氷山警報が出ている中で全速航行することは、ハイブリッドでは乗り越えられない厳しい規制が発動されている中で、ハイブリッドを急成長させることだ。そして航海士のいうマルチパスウェイ（全方位）の意図を勘違いし、水素に舵を切っている操舵手がいたというのがトヨタなのである。

何も決めない、何もしない

２０１０年代初頭の会社存亡の危機からトヨタを立て直した豊田章男の経営哲学は高い評価に値するものであった。トヨタ中興の祖と呼ぶに相応しい結果を生み出した。見える競争力から見えにくい競争力までも含めて、「真の競争力」を追求した。高品質なクルマを丁寧に生産し良品廉価を提供し、そこそこの儲け（そうはいっても結果的に世界最高峰）で満足し、コツコツと実績を積み上げるトヨタ本来の基本に立ち返った経営を貫いた。

また、誰よりも早くコネクテッド戦略を公表し、モビリティカンパニーへの転換を進めた。保守的なトヨタの社内では難しい新たな取り組みは「スピンオフ戦略」を用い、どんどん新会社を外に設立し、ウーブン・バイ・トヨタ、ＫＩＮＴＯ、ＰＰＥＳ（角型電池合弁）、モネ・テクノロジーズなどモビリティに必須な要素技術とオペレーションを誰よりも早く準備していった。この決断力と実行力は豊田のリーダーシップとフラットな組織の賜物であった。

しかし、2020年以降、トヨタの決断のスピードは外の目から見て急速に停滞し始める。過去5年間、水素関連の投資案件は数多く連続的に発表されてきたが、EVやエネルギーマネジメントに関わる決定事項は非常に少ない。

特に、2021年からEVシフトに必要な意思決定が少なすぎると感じてきた。厳しくいえば、大きな構造変化を必要とするEVシフトに向けて、何も決めてこなかった、何もしなかったように見える。550万人という巨大な国内雇用を自動車産業が守っていこうとすれば、おいそれと安易な構造変化を決定することはできないだろう。

誤解と問題からの逃避

2020年以降、米国トランプ政権の崩壊、COP26の決定、日本のカーボンニュートラル宣言も含めて、世界的なカーボンニュートラル実現に向けた環境課題のメガシフトが起こり始めた。その中で日本では「グリーン成長戦略」の政策論議が進み、先述の通りEVを数量規制として普及させようとする中国のNEV（新エネルギー車）規制のようなEV推進政策が検討された時期があった。

「自動車産業はギリギリのところに立たされている」

２０２０年12月に自工会のオンライン記者会見で発した豊田会長の言葉は、自工会の立場から日本の産業政策として発した言葉だ。技術の幅広い選択肢を残すことが日本の産業にとって望ましいと考えていた。これをトヨタの方針と誤解する人は多かった。

この頃からだろうか、産業もメディアもそしてトヨタ社員も、ＥＶシフトに伴う構造変化の議論を避け、マルチパスウェイ（全方位）の戦略的な合理性を唱え、水素を盛り上げようとする空気が生まれてきたと感じる。マルチパスウェイ（全方位）自体が目的化し、ＥＶシフトへの十分な議論は当然進まなかった。筆者が付き合いのあるトヨタ社員の意見を聞くところ、ざっと7割以上の人はＥＶシフトを急ぐ必要性を唱えていた。それにもかかわらず、会社としての決定はそれには向かわなかった。

豊田は本気でＥＶを推進する考えであったし、会社全体でその遅れが何を意味するかを理解していた。しかし、議論は進まず、何も決めない、何もしない組織になっていた。最終的な責任は執行のトップである社長にあるわけだが、トヨタ37万人の社員全員、トヨタグループ全体で反省しなければならない点があると考える。当然、オピニオンを出せる立場にあった筆者にも重い責任がある。

組織の強さが落とし穴となる

超フラットな組織の光と影

トヨタはかつて技術、生産、経理が主導する典型的な機能軸の会社であった。それを豊田は社長を務めた14年間で、地域と商品が主導する会社へ構造変革を続けてきた。トヨタは2016年に製品軸でカンパニーを配置する大規模な組織改革を実施した。製品群ごとに7つのカンパニーを設置し、責任・権限を各プレジデントに集約して、企画から生産まで一貫したオペレーションを実施する体制としている。そのカンパニーを支援するのが戦略、人事、経理、調達、生産などの機能を司るヘッドオフィスであった。

2019年に業界を驚かせる人事も発表している。「幹部職」制度を導入し、常務役員／常務理事／基幹職1級・2級／技範級を統合するという人事制度で、出世が本懐のサラリーマンには目指すところが副社長か社長しかなくなるという、凄まじい組織のフラット化を実行した。肩書よりも役割とトヨタはいうが、サラリーマンにとって肩書は重要だろう。そして、その副社長も2020年に廃止（2022年に制度復活）されたのである。

その目的は意思決定の迅速化であり、経営と現場間の階層を削減して、モビリティカンパニーへの転換を実現できる即断即決のアジャイル（機敏）な組織を作ることにあった。この変革の中で強力に台頭してきたのが現在のエグゼクティブ・フェローで番頭の小林耕士だ。若き日の豊田の「鬼上司」であり、現在でも会長の豊田に自然な感覚でものをいえ、時には厳しく意見する存在だと聞く。トヨタからデンソーに出向し、代表取締役副会長まで出世した。２０１７年にトヨタの相談役を務めていた小林が副社長兼最高財務責任者（ＣＦＯ）に抜擢される人事は世間をあっといわせたものだ。

トヨタ番頭の小林耕士
トヨタホームページ
https://global.toyota/jp/newsroom/corporate/34231111.html

　トヨタほどの大企業ながら、社長＋番頭と十数名程度の執行役員という２階層しかない超フラット組織で動いてきたからこそ、スピーディにモビリティカンパニーへの変革経営を進められた。その成果が、出資額が累計１兆円に達する怒涛の仲間づくり、スピンオフ企業群など、世界の自動車会社の先をゆく要素技術や事業の準備である。

　一方、超フラット組織においては会社全体の課題掌握、風通し、意思決定に向けたミドル層の責任喪失など弊害も生まれていた。こういった弱点を小林の厳しい「番頭の監視」で組織を締め、社長であった豊田に厳しく意見するという構造でコントロールしてきた。しかし、こういった暗黙のルールと理念は時間と共に解釈も変わり、部下の行動も変わっていくものである。強い権力を有する小林番頭に対しても社員やグループ企業の付度が始まり、都合のいい報告やとにかく避けて通ろうとするコトなかれ主義が横行する。結局、番頭ひとりの眼力では足りないということか、経営全般を見る副社長ポストを復活させ、執行役員を増員せざるを得なくなった。小林は代表取締役、リスクオフィサーを退任して、監視と社長に意見を申す番頭の役割に専念することになった。

ゲーム中の司令塔が不在

トヨタ全体の課題掌握や組織連携の弱さは筆者も近年強く感じるところがあった。その背景には、全社の企画・戦略機能をヘッドオフィスからそぎ落としてきたことにあるのではないかと感じる。この狙いは、社長＋番頭と十数名程度の執行役員が即断できるスピードを重視したことにあるだろう。かつては総合企画部、その後のコーポレート戦略部、そして戦略副社長事務会といった機能が全社的な企画・戦略を担当してきた。しかし、近年の組織改編の中で縮小が続き、現時点で企画戦略機能を主導する正式な部署は存在していない。全社的な企画戦略機能があるとすれば、それは社長であった豊田章男の頭の中ということになる。

それだけの独裁的とも思われる経営判断があって、初めて実現できたモビリティカンパニーへの布石であっただろう。地域ＣＥＯやカンパニープレジデントが直接豊田へ提案、そして即断し執行役員とヘッドオフィスに指令が飛ぶ。トップダウンでスピーディに決定することは強みだ。

一方、コーポレートの全体的なプロセスをサポートする仕組みが不在で、各機能でキャッチボールしたり、他人事にしたりと、重要な取り組みの優先順位が狂い、組織の横串を刺すことが難しい。カーボンニュートラルやESG関連の取り組みに時間がかかり、EV事業の優先順位づけを間違えた遠因にもなっている可能性がある。社内・関連会社の連鎖する不祥事の問題とも無縁とはいえないだろう。サッカーに喩えれば、監督とヘッドコーチはいても、ゲーム中のパス回しや陣営の上げ下げを指揮するピッチの中の司令塔がトヨタには不在であったということだ。

度重なる不祥事

グループガバナンスの問題も深刻

２０２０年半ばからトヨタ社内、トヨタグループ、関連企業で起こる不祥事が収まる様子がない。最近では、２０２３年4月に明るみに出た１００％子会社のダイハツ工業で起こった側面衝突試験の認証の不正事件は、クルマの根幹をなす安全に関わる不正として世を驚かせた。ことは、ダイハツが開発を担当しトヨタとダイハツの両ブランドで販売するモデルで起こったダイハツの不正行為である。

「クルマにとって最も大切な安全性に関わる問題であり、お客様の信頼を裏切る、絶対にあってはならない行為だと思っております」

4月から会長となった豊田はこの事態をトヨタグループ全体の問題と認識しており、先頭に立って信頼回復に努めるとし、こうコメントを発表した。

世界で販売する車両は、それぞれの国の法規に沿った安全認証が必要だ。ダイハツはトヨタブランドで販売されるOEM（相手先ブランドによる生産）車両を供給しており、その設計開発は日本のダイハツで行っている。今回、不正対象となった8万8000台のうち、その過半はトヨタのタイ工場で生産し、トヨタブランドで販売する「トヨタ・ヤリスエイティブ」である。マレーシアの「プロドゥア・アジア」、インドネシアの「トヨタ・アギア」、未発売の1モデルを加えて4車種が不正対象車となった。

トヨタ・ヤリスエイティブは多くの仕向け先に輸出され、それぞれの国が定める安全認証を取る必要性がある。その中心は国連法規UN-R95に準拠することで、時速50キロで側面衝突用台車を運転席真横から衝突させ、ダミー人形に対する危害性を評価するものだ。ここで、ダイハツは認証で使う車両のドアトリムの内部にスリットを入れる加工を施したとされ、要するに壊れやすくし、鋭い形状の破片が乗員を傷つけない安全性を確保することが目的であった。

しかし、その後の第三者の調査の結果、対象のクルマは側面衝突試験をクリアしており、品質・安全性に何ら問題はないことが実証されている。ダメなものを不正で隠すのであれば動機がはっきりしているが、安全を担保した開発ができていながら、法規に違反する試験を行って不正を働く真意はもっと根深さを感じざるを得ない。

「衝突試験に関しては一発で合格するための余裕を作りたかったのではないか」

会見に臨んだダイハツの奥平総一郎社長は、その不正への動機の可能性を語った。また、別会見でトヨタの佐藤社長は、設計変更を必要とする正式変更の議論を避ける、いわば、オープンに必要な議論を回避して、社内プロセスを優先的に進めようとする問題にも言及している。

要するに企業風土の問題であり、効率を追求しようとする動機がトヨタからの厳しい企業統治の下で育まれている可能性が高い。不正の真因を突き止めその根を絶たなければ、今後どんな巨大な問題に派生するかの懸念は大きい。

事実、ダイハツの安全試験の不正は広がりを見せている。小型スポーツ用多目的車「ロッキー」と、トヨタにOEM供給している「ライズ」が、電柱を模したポールにぶつける側面衝突試験で必要なデータ提供を意図的に怠っていた。この結果、一時的に出荷停止に追い込まれている。このケースでも、安全性能を確認するための社内試験結果において安全が確認されており、不正の真意に効率を追求しようとする動機が見え隠れしている。

ダイハツはいつから非行に走る「いい子」になったのか

ダイハツ工業という会社は、過去は独立心が非常に強い、いわばトヨタの関連会社でも親会社のいうことをぜんぜん聞かない企業文化を持っていた。技術陣のプライドも高く、トヨタには負けないという気概があった。

ところが、2016年にトヨタの100%子会社となり上場廃止されて以降、どうも企業の勢いが鈍っている。すっかりおとなしくなったという印象だ。トヨタ自動車東日本、トヨタ自動車九州と同じ受託生産を行う車体メーカー（トヨタブランドのクルマを開発し、生産する会社）と同じ位置づけでトヨタはダイハツを扱っていた可能性がある。

ダイハツは独立したブランドであり、軽自動車事業はスズキと双璧である。しかし、受託開発するクルマの大半はトヨタブランドで販売され、ダイハツのバッジが付くのは少数派となる。当然、ダイハツの開発現場ではトヨタ流の締め付けが非常に厳しくなる。トヨタが求める高効率や生産性に邁進する「いい子」になろうと本能が働くのではないだろうか。いつの間にか、独立的な気骨は失われ、効率を重んじて、あってはならない不正にまで手を染める構図があったことは否定できない。教育熱心な親の前ではいい子を演じながら、裏では非行に走る不器用な子供のようなものだ。

このダイハツの不正問題に先立って、2022年3月には日野自動車のトラックとバスに搭載するエンジンの排出ガスと燃費の認証不正の大スキャンダルが起こっている。特別調査委員会は企業風土の問題から不正が潜在化して温存されたという。その後には豊田自動織機でもフォークリフト向けエンジンの不正が発覚している。なぜ、トヨタグループにこれほどまで不正が連鎖するのか、トヨタのグループ統治構造の組織的課題の根深さがうかがい知れる。

デジタル化以前の問題

２０２１年には「45分（ヨンゴー）車検不正」の大問題が起こっていた。愛知トヨタに対する中部運輸局の抜き打ち監査の結果、車検の法令違反が発覚し、その後、数多くの内部告発が続き大きな社会問題としてメディアに取り上げられてきた。トヨタ内部調査の結果、全国販売店15社16店舗で計６６５９台において不正車検が行われていたことが報告されている。

この「ヨンゴー車検」は1泊2日かかる車検をＩＴによる販売カイゼンのシステム開発によって実現したディーラーサービスだ。整備、検査、洗車などの原単位を定め、標準作業の設定、ムダを排除することではじめは数時間、その次は2時間、そして最後は45分まで短縮させた。販売領域にトヨタ生産方式を導入した大きな成功例と考えられてきた。

「ヨンゴー車検」は全国に横展開された。しかし、車両の性能や構造が大きく変化し作業や工程の量が増大していくにもかかわらず、ディーラーのサービスの現場では「45分」にこだわり、工程の原単位の見直しを実施せずに、45分という時間の原単位だけを維持しようとしたのだ。つじつまが合うわけはなく、一部のディーラーが検査を誤魔化す不正に手を染めてきたわけだ。

不正に関わったディーラーは少数ではある。しかし、トヨタが調査した結果、「ヨンゴー車検」を持続可能とする作業や工程の原単位を定期的に見直し、作業の効率改善を継続的に実施しなければならない、根本的なトヨタ生産方式の大切さを理解しているディーラーは必ずしも多くなかったのだ。当時の経営陣は大きなショックを受けたという。結局、トヨタは「ヨンゴー車検」の看板を下ろさざるを得なくなったのである。

この問題を通して、ディーラーを経営する独立資本の会社の経営の質（いわゆる「3代目問題」）や、販売や修理支援システムとなるITツールがいまだにエクセルやUSBで管理されるという旧態依然とした運用で放置され、その活用率も低く、顧客データの扱い方も曖昧に放置されてきていたことが明るみに出る。

トヨタのコネクテッド戦略を豊田と共に推進してきたエグゼクティブ・フェローの友山茂樹が国内営業本部長に驚きの復帰を果たして陣頭指揮を執るのは、こういった一連の古い仕組みを根本的に立て直すことが狙いにある。

ディーラーにおいては、バックヤードのサービス人員が冷遇されてきたという事実も判明した。モビリティカンパニーとは売り切りビジネスから脱却し、保有車両からの収益化を実現するサービスパーツ、中古車などのバリューチェーンのビジネスを確立することが重要な第一歩である。保有車両のユーザーとのコミュニケーションやタッチポイントは、新車営業員よりも実はサービススタッフにある。

社内機能のe-TOYOTAはトヨタのデジタル化の司令塔として、「データだ、コネクテッドだ」と技術的なパーツへの投資を加速度的に進めてきた。しかし、モビリティカンパニーに進化するための大切な基本をトヨタは見失っていたのかもしれない。その過ちと課題を最も強く認識し、危機意識を高めていたのが豊田と番頭の小林であることはうかがい知れる。

未来を支えるバリューチェーン戦略の不安

第1波は順調、第2波は苦戦

第4章で示したことは、コネクテッドやモビリティで広がるバリューチェーン収益が、グローバル・フルラインでマルチパスウェイ（全方位）を推進するトヨタの持続可能性を支える重要な基盤であるということであった。

そのバリューチェーン利益について、トヨタには申し訳ないがその実態をここで暴いてしまおう。アナリストを生業としてきた筆者の推定ベースでは、本業の儲けを表す2022年度の営業利益段階で、バリューチェーン利益は1兆3000億円あると試算している。これは、トヨタ全体の営業利益3兆円の40%に達する規模である。金融事業でざっと6000億円、部品・アクセサリーで7000億円などだ。

モビリティカンパニー宣言を発した2018年からの5年間の仕込みが開花するため、2025年までにバリューチェーンビジネスの営業利益は2兆円近くへ拡大する可能性がある。金融事業は6500億円、補修部品・用品が9500億円、コネクテッドサービス／中古車で3000億円の収益を生み出すだろう。これがバリューチェーン収益拡大の第1波となる。

第１波のバリューチェーン収益が、トヨタの損益分岐点生産台数を現在の６４０万台から５００万台まで引き下げ、この稼ぐ力がマルチパスウェイ（全方位）戦略を遂行する効率の悪化を吸収し、さらにはＥＶ投資を推進する原資となる。

その先には、ＳＤＶ領域でのＯＴＡ（通信を用いたソフトウェアのアップデート）やアプリ販売、エネルギーマネジメント、スマートシティのＯＳとつながる新事業が生まれ、第２波のバリューチェーン収益の飛躍を目指そうとしているのである。アナリスト的に厳しくいえば、トヨタのバリューチェーン戦略はうまくいっているようには思われない。

正しくいえば、伝統的なバリューチェーン事業が成長する２０２５年まで

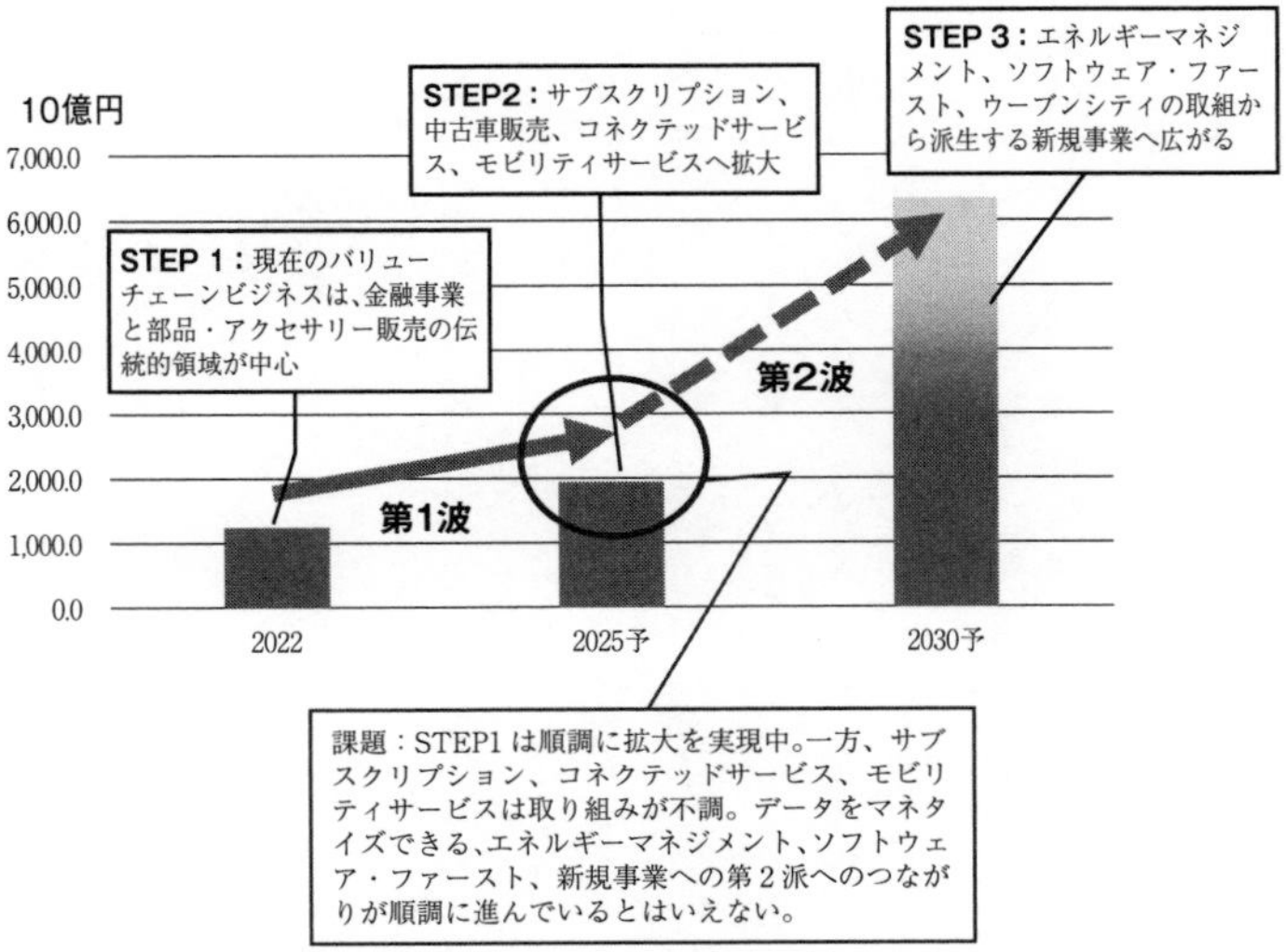
STEP 3：エネルギーマネジメント、ソフトウェア・ファースト、ウーブンシティの取組から派生する新規事業へ広がる
STEP2：サブスクリプション、中古車販売、コネクテッドサービス、モビリティサービスへ拡大
10億円
7,000.0
6,000.0
5,000.0
4,000.0
3,000.0
2,000.0
1,000.0
0.0
STEP 1：現在のバリューチェーンビジネスは、金融事業と部品・アクセサリー販売の伝統的領域が中心
第2波
第1波
2022
2025予
2030予
課題：STEP1は順調に拡大を実現中。一方、サブスクリプション、コネクテッドサービス、モビリティサービスは取り組みが不調。データをマネタイズできる、エネルギーマネジメント、ソフトウェア・ファースト、新規事業への第２派へのつながりが順調に進んでいるとはいえない。

トヨタ自動車の中・長期のバリューチェーン利益

筆者作成

の第1波は順調に成長できるだろう。しかし、その後の2030年に向けた第2波のバリューチェーン収益は苦戦が見え始めている。サブスクリプション、コネクテッドサービス、モビリティサービス、データ駆動型ビジネスへ収益源を変えていく仕掛けは、ことごとく不振なのである。

車両開発とバリューチェーン創造とにつながりが弱い

わずか5年の間に、モビリティカンパニーへの布石を打ち込み続けたトヨタの決断力と実行力は凄まじいパワーがあった。これは組織を可能な限りフラット化して、即断即決を行ってきた豊田の経営力がもたらした功績である。しかし、サブスクリプション、コネクテッドサービスという次世代型のバリューチェーン事業の展開が、なぜ疾風怒濤《しっぷうどとう》のトップダウンで進まないのか、不思議な現象として観察してきた。

その大きな原因は、バリューチェーン事業の展開をもたらす新しいモネ、KINTO、ウーブン・バイ・トヨタのようなスピンオフ会社とトヨタ本流の車両の企画／開発が綺麗に連携できていないという事実にあるようだ。要するに、つながりが弱い。こういった開発機能の光と影を第10章の「トヨタに求められる変革」で詳細に紐解いていく。

バリューチェーン戦略の第1波で順調に利益を刈り取れたとしても、もし、トヨタがその後の第2波でつまずくことになれば、マルチパスウェイ（全方位）戦略の持続可能性を大きく失うことになるのである。

基盤となるコネクテッドサービスも苦戦

モビリティカンパニーへの転身とはコネクテッド基盤の構築から始まる。そのコネクテッド事業が順調に進んでいるように見えない。トヨタは世界のライバルに先駆けて、先進国の新車の全車両コネクテッド化に踏み切った。しかし、サブスク無料期間が明けた後のユーザーのリピート率は30％を割り込み、コネクテッド事業は赤字に苦しむ。

提供価値・意義が曖昧《あいまい》なまま、トヨタはコネクテッド普及を先行させてしまった。その結果、コアバリューを現段階でも見出せていないようで、負のスパイラルに悩む状態だ。宝の山のデータを収集しても、コアバリューへの機能的なつながりもその分析もできない状態にある。

確かにGMのオンスターと、SDVが前提となっている新興EVメーカーを除けば伝統的自動車メーカーのコネクテッド事業は総じて不振で収益的な苦戦を強いられている。これはトヨタだけでの問題ではない。そうはいっても、他社はEVシフトを急ぎ、SDVへの転換に先行することでコネクテッド基盤を構築して、その収益化を目指すソフトウェア戦略を着々と進めている。

マルチパスウェイ（全方位）を掲げ、バリューチェーン戦略をEV普及より先行させようとするトヨタは、ハイブリッド車でバリューチェーンを拡張できるコネクテッドサービス基盤を先行して構築せねばならない。

ビークルOS「アリーン」も開発苦戦

データもただ集めればそれで良いということではない。コネクテッドが吸い上げるデータ転送量は、今後10年で指数関数的な増大が予想される。その通信費用、クラウドでのデータコストは天文学的に跳ね上がることが予想される。そこに、サイバーセキュリティ及びOTAソフトウェアアップデートの国際基準ではますます規制が強化されていく。自動車メーカーは規制対象となるデータをバックエンドサーバーに保存する必要が発生し、データ維持費用は一段の増大が懸念される。

一方、EVの新興勢力であるテスラや中国の蔚来汽車（ニオ）、小鵬汽車（シャオペン）はSDVとしての車両開発で大きく先行し、OTA、スマートフォンとの連携、充電サービスによる収益化とユーザーエクスペリエンス（UX＝顧客体験）の創造で圧倒してきた。

こういったユーザーエクスペリエンスを実現するのが、ビークルOSと論理的なアーキテクチャである電子プラットフォームの進化のスピードである。ビークルOSはVW、トヨタ共に自前主義の下で社内での開発を続けてきたが、とにかく、そのソフトウェア開発がうまくいかない。VWはビークルOSの完成を2028年に遅らせ、トヨタも当初目論んだ2025年が困難となり、2026年の次世代プラットフォームに向けて奮闘している。

マルチパスウェイは目的ではなく結果

カーボンニュートラルを実現するために、マルチパスウェイ（全方位）戦略を堅持することは非常に合理的な考えだ。しかし、マルチパスウェイ（全方位）の要素を確立していく順序を間違えると、重大な落とし穴が生まれる。

残存するハイブリッドからの収益を最大化させて、バリューチェーン収益の拡大と原価低減力を合わせながら、ＥＶやモビリティ事業への構造転換のネガティブ要因を吸収するという考えも合理的だ。さらに、後工程の情報をフィードバックするトヨタ生産方式の哲学から、さまざまな地域のニーズを満たすマルチパスウェイ（全方位）の要件を準備することもトヨタだからできる最上の選択肢である。「マルチパスウェイ戦略は正しい、だから企業の競争力が保てる」。こういった論調は国内のジャーナリストや一般ユーザーからよく聞こえるものだ。しかしながら、この命題は現在の世界的な環境規制、各国の経済安全保障政策とルールメーキング（デジュール戦略）、その結果加速化するＥＶシフトの下では真ではない。

現在のトヨタにとって、好採算なハイブリッド事業が拡大するほど、極めて魅力的な収益をそこから収穫することは可能となるが、一方、その後の規制対応コストとＥＶへの変換コストが増大し、ハイブリッドの収穫をすべて吐き出しても追いつかないことになりかねない情勢なのだ。

もし、２０２６年からの次世代ＥＶ事業に十分な競争力が確立できなかった時は、想定以上に規制対応コストが増大し、トヨタは収益力の崖が迫ってくることになりかねない。マルチパスウェイ（全方位）における、足元のハイブリッドの利益の刈り取り、長期的には水素社会の確立、その先のカーボンニュートラルなエンジン技術とは、ＥＶ事業におけるトヨタの国際的な競争基盤を確立し、その信頼性があって初めて重要な意味を持ってくる。

トヨタはこの順番を間違えてはならない。しかし残念ながら、初動においてＥＶ競争力を実証することはできなかった。ここからの巻き返しは最優先課題であり、ＥＶファーストは現在のトヨタの経営課題となることは当然なのである。

欧州や米国においても、最終的に必ずしもカーボンニュートラルへのソリューションはＥＶだけではないと考えるべきだ。しかし、両地域は国家の経済安全保障を確立する戦略の中で、先にＥＶを持続的に成長させる基盤を構築しようとしている。

エネルギー転換効率（投入したエネルギーに対して回収できるエネルギーの比率）の順番やインフラ基盤構築にかかる時間軸から見ても、まず優先すべきはＥＶである。段階を追って、エネルギーインフラの供給体制に合わせながら、車両のドライブユニットの選択肢を広げればいい。

マルチパスウェイ（全方位）は目的ではなく、結果としてそうなるのである。ＥＶの成功なくして持続可能性を保ったマルチパスウェイ（全方位）戦略はないのだ。順序を間違えると企業の競争力衰退を招きかねない。佐藤体制にとっては、トヨタの固定概念を破壊し、全く新しいトヨタへ進化させることが重要なミッションであると考える。

第7章

テスラの野望

マスタープラン３の世界観

業界を震撼させた2023年3月のインベスターデイ

テスラのイーロン・マスクCEO
写真提供：共同通信社

「本日のキーメッセージは、テスラ株に投資する云々だけではなく、地球に投資するということ。我々が届けたいことは希望と楽観だ。その楽観は科学的に裏付けされ計算されたもの。地球は豊かで持続可能なエネルギー経済を確立できる、それを我々の人生のうちに完結させる」（巻末脚注10）

テスラのＣＥＯを務めるイーロン・マスクは２０２３年のインベスターデイのオープニングのスピーチに立ち、２０５０年までに地球は脱化石燃料を完了し、持続可能なエネルギー社会になれる希望と実現可能性を強調したのである。この時に発表された「マスタープラン３」はこれまでのマスタープランに描かれた抒情的で抽象的な短いフレーズではなく、科学と数字で裏付けした地球を救うホワイトペーパーであった。

この実現に向けて、当日はテスラが達成する必要となる事業が具体的に説明された。マスクのビジョンはもともと地球と人類の未来を守ることにあった。そのため、火星移住を可能とする宇宙船スペースXを商業ベースに乗せようとしている。地球上ではテスラEVに加え、太陽光発電（ソーラーシティ）、家庭用蓄電池（パワーウォール）の事業を手掛ける。ソーラーシティが発電し、パワーウォールで蓄電し、テスラEVが電気を放電し、運ぶというエコシステムを作り上げてきた。

化石燃料から完全に脱しサステナブルな社会への転換を実現するために、テスラは以下の5領域に注力し事業を促進していく考えだ。そこには、EV普及へ7兆ドル（約945兆円）を投資していく覚悟が示されている。ちなみに、括弧のパーセンテージは、現在の化石燃料のエネルギーをそれぞれがどれだけ削減できるかを示している。

1. 太陽光発電など再生可能エネルギーの開発と電気貯蔵（削減効果35％）
2. EVの普及（同21％）
3. 冷暖房器具のヒートポンプ化を家庭や工業に展開（同22％）
4. 電熱炉や水素活用の事業（同17％）
5. 船・飛行機用の燃料を電池に変換（同5％）

4時間に及んだテスラのプレゼンテーションを全て見て理解することはなかなかの勉強家でないと無理な情報量である。重要なポイントを簡単にまとめれば、テスラは電気を蓄えたり放電したりする巨大な電力会社のような存在になろうとしている。
次世代のＥＶプラットフォームは製造コストが50％削減され、次世代モデルは2・5万ドル（約３４０万円）という驚きの価格を目指す公算である。２０２５年までにメキシコ新工場において生産が始まる見通しとなっている。それでもテスラは10％台の営業利益率を生み出せるという、新しいＥＶ事業の競争基準が浮かび上がってくる。伝統的な自動車メーカーがＥＶ事業で新興メーカーと伍していくにはこの基準に負けない競争力を確立していかなければならなくなる。

４６８０と呼ばれる円筒形の大型バッテリーセルのコストは70ドル／キロワット時まで引き下げる。インバーターには新世代ＳｉＣ（シリコンカーバイド）を採用し、ドライブユニットのコストは１０００ドル以下を目指す。48ボルト電源システム（通常は12ボルト）でクルマ全体の電装品を統一するなど、随所に変革への取り組みがあふれ、いかにこの企業が休む間もなく高い熱量で働いているかを改めて感じざるを得ないものだ。

製造工程は１００年続いた伝統的なクルマの生産方法を抜本的に変更し、トヨタがエンジニアリングの芸術と呼ぶ生産システムを、

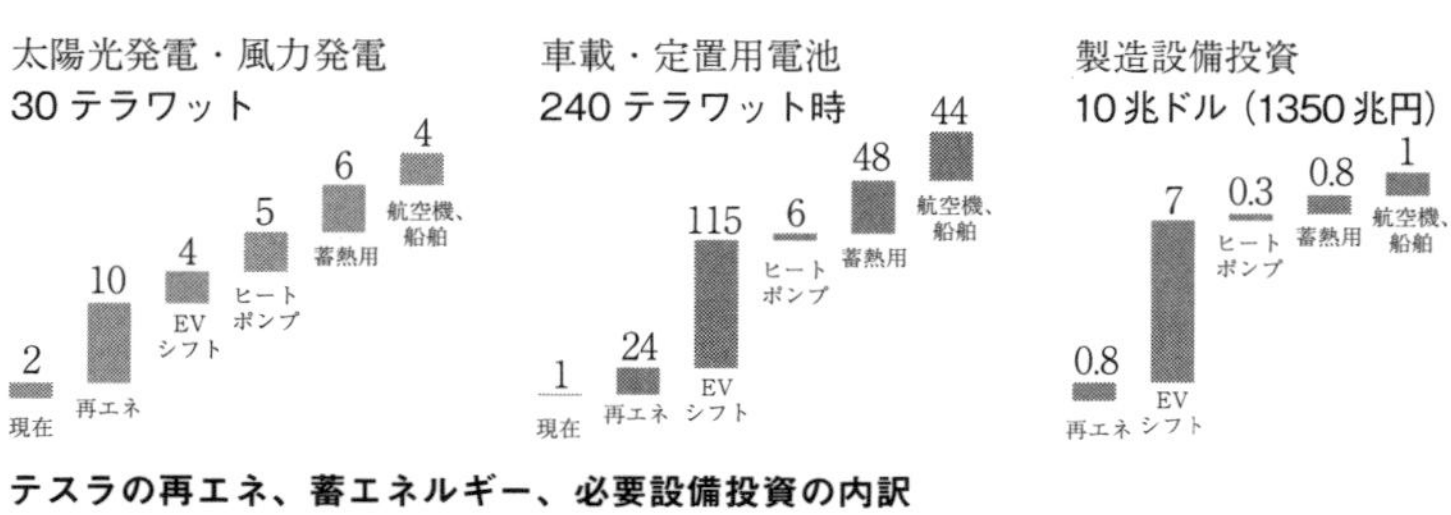

テスラの再エネ、蓄エネルギー、必要設備投資の内訳
会社資料を基に筆者作成

まったく新しい「パラレル・シリアル」方式に変えようとしている。この次世代技術を建設が始まったメキシコ新工場へ展開し、次世代生産技術で生産されるクルマが2024年後半に世に出される2・5万ドルEVである公算が高い。

最終的な成果として、テスラは2000万台のEV販売台数を目標とし、世界シェアの20%を握る最大の自動車メーカーを目指すというものだ。20%といえば、日産、ホンダ、ルノー、フォードが消滅する衝撃度とほぼ同じである。

奇想天外な教祖様

奇想天外な言動が持ち味であり、弱みでもあるイーロン・マスクほど、鬼才な事業家を筆者は知らない。2022年に起こった大手ソーシャルメディアのツイッター社の買収騒動を巡り、その評価は大きく割れている。個人資産6兆円を投じたこの買収劇はまさにマスク劇場だった。突然大株主に登場し、買収撤回や裁判など半年間の紆余曲折を経て、最終的に買収合意に至った。

マスクがソーシャルメディアを民主化してその先に何を見出そうとしているか、筆者は正直よくはわからない。ただ、こういった言動がテスラの企業価値を翻弄しており、多くの株主はコアの事業に集中して欲しいと願っているに違いない。

しかし、多くのテスラユーザーはマスクのビジョンの信仰者である。自らのデータを喜んでテスラに提供し、最新のソフトにも大金を支払い、ある意味、技術の実証に協力を惜しまない人たちだ。まさに、マスクとはテスラ教の教祖のような存在である。石油の世紀に終焉をもたらす神のような存在として、ミレニアル世代（団塊ジュニア世代の子供たち）は強く共感（入信）しているように見える。

マスクはオンライン金融サービス「ペイパル」の成功で財をなし、宇宙輸送ロケットを製造開発するスペース・エクスプロレーション・テクノロジーズ（スペースX）を起業していたが、2003年にEV製造のテスラ・モーターズへ出資・買収、2008年から同社のCEOを務める。ロケット、自動車、電力など、ベンチャーでは到底手には負えないような巨大産業に挑戦している偉大なアントレプレナー（起業家）である。

2023年5月5日現在、ブルームバーグの「億万長者」ランキングに基づけば、マスクの個人資産額は1630億ドル（約22兆円）という世界第2位のビリオネアである。ちなみに、第1位はモエ・ヘネシー・ルイ・ヴィトン会長のベルナール・アルノーの2060億ドルである。

しかし、マスクのような世界一裕福なハードワーカーを見たことがない。

「めちゃくちゃ脅威なことは、テスラは怠け者ではないことだ。利益への執着心はそれほど強くはなく、儲けよりEVを普及させることに情熱があり、進化に向けてとてもハードワーカー。昔の米国ビッグ3のようになまけてくれない、日本車にとって最悪の競争相手ではないか」

米国大手資産運用会社の自動車アナリストはマスクが経営するテスラという会社をこう表現し、日本車の未来を憂い深いため息をついた。

転んでもタダでは起き上がらない

電気の力でスーパーカーの動力性能の価値を作れる。「ペイパル」を売却したわずかな資金でできることはスケールメリットのない高級車の領域だ。マスクは少量生産車の「テスラ・ロードスター」を投入する。その売上げを元手にして少し多めの量産車「モデルS」を作り世に認識される。その売上げでさらに低価格な大量生産車「モデル３」を作る。これがマスタープラン１である。

このマスタープラン１には大きな落とし穴があった。２０１７年末のカリフォルニア州フリーモント工場での「モデル３」の量産立ち上げで大失敗を経験し、生産地獄に落ちたことだ。倒産の悪夢を見た時期である。

カリフォルニア州フリーモントの組み立て工場の自動化ラインがうまく稼働せず、ネバダ州ギガファクトリーの電池パックの組み立て自動化ラインも不調であった。

「キャリア史上、最も困難かつ最も辛い年だ。工場を３～４日離れないこともあった。全く外に出ない日がね」

マスクＣＥＯは２０１８年の夏のニューヨーク・タイムズのインタビューにこう気持ちを吐露している（巻末脚注11）。

当時、テスラの設備投資額は非常に多額で推移していた。２０１７年に34億ドル（当時レート換算で約4250億円）を投資しているが、ネバダのギガファクトリーへ15億ドル投資し、残りはモデル3の量産生産投資に向けられたと考えられる。溶接、組み立て、物流への投資規模が非常に大きく、過剰な自動化投資を築こうとしたことがつまずきの原因のひとつと考えられる。

この混乱は半年以上続いた。その後段階的に落ち着き、目標とする生産台数を獲得し、業績は上向いた。テスラという会社は非常に苦境に強い。この生産地獄を乗り越えた後の生産拡大は驚きのスピードであった。2019年には上海工場をわずか9・5カ月で建設し、その3カ月後には第1号のモデル3を顧客に届けた。続くベルリン・ギガファクトリー、テキサス・ギガファクトリーと連続で大型工場の量産立ち上げをスムーズかつスピーディに成功させた。モデル3での失敗に学び、アップデートした生産システムを素早く世界に転写していったのだ。

EVに生まれる新しい経済的価値

この混乱の1年前、マスタープラン2が2016年に示された。その内容は、バッテリーストレージとシームレスに統合された素晴らしいソーラールーフを作り、人が運転するよりも10倍安全な自動運転機能を開発し、そのクルマでオーナーが収入を得られる新しいオーナーの経済的価値を追求するというビジョンが示された。

「オーナーが収入を得られる新しいクルマの経済的価値」という目標だが、EVと自動運転技術を融合させて、車両のデータをマネタイズするという経済的価値にわくわくしたものだ。「テスラネットワーク」と呼ばれた自動運転タクシー構想もあった。テスラの所有者はテスラ車を時間によってロボタクシーとして供給することで収益を得られるというものだった。同時に、テスラはウーバーのようにロボタクシーが利用される都度、プラットフォーム料金を課金することも可能となる。

従前のオートパイロットの次世代版として２０１９年に導入された自動運転システムが「ＦＳＤ（フルセルフドライビング）」のβ版だ。ドライバーによる常時監視が必要な高度運転支援としては現在最高峰の出来ではあるものの、自動運転には程遠い。もちろん、テスラ自身もこれはβ版の高度運転支援システムと呼んでおり、「ドライバーはいつでも交代できるよう準備しなければならない」と記されている。

β版搭載車36万台のリコールを２０２３年2月に実施し、フルセルフドライビングという誤解を生む名前の使用禁止を政治家から要求されたりと、ここまではＦＳＤは多難な道を歩んでいる。ＦＳＤのオプション価格は発売当初５０００ドルであったが、２０２２年9月の6回目の値上げの結果、１・５万ドル（約２００万円）に跳ね上がっている。現在、ＦＳＤのオプション装着率は大きく落ちている。２０１９年央では世界のテスラモデルでＦＳＤオプションを購入した比率は45％程度と人気を博したものの、最近では7～8％まで低下している。

テスラの自動運転技術開発は、伝統的な自動車メーカーが進めるものとは大きく戦略が異なる。ライダー（Ｌ・ｉＤＡＲ）のように高額ではあるが高精度のデータを収集できるセンサーを活用し、高精度３次元地図データの上に自分の位置を正確に配置する比較的小さなコンピュータと汎用Ａ

Iでデータを解析して、進むべきレールを敷くアルゴリズム（計算手順や処理手順）を作ろうとするのが伝統的なメーカーのアプローチ「ジオメトリー方式」だ。

一方、テスラは基本的に9つの車載カメラからのデータを収集し、大量のデータをニューラルネットワーク（脳の神経回路の一部を模した数理モデル）で教育する「ビジュアル方式」に立つ。このアプローチでは、高精度3次元地図データは不要となるが、コンピュータに必要とされる処理能力は極めて大きくなる。膨大な数のデータでAIを教育して特化型のAIを育成する。FDSのβ版は既に40万人が利用、このテスターを100万人規模に増大させ指数関数的に安全性を確保する考えである。

2021年の「AIデー」において、テスラは機械学習アルゴリズムを訓練するためのカスタムチップ「D1」の詳細に触れていた。マスクはニューラルネットワークの訓練に使われるコンピュータシステムのパフォーマンスを最大化することが、自動運転における進化の鍵になるのだと主張している。そこから得られる大量のデータを解析し、自動運転を実現できるポイントに到達できるという仮説の下で開発を進めている。この仮定は現時点では実証されておらず、実現性への意見は業界内でも大きく割れている。

テスラの成功要因

株式市場は未来の成功者を見抜く

テスラがトヨタの時価総額（企業価値から負債を除いた価値）を追い抜いたのは２０２０年７月１日の出来事であった。当時、年間販売わずか37万台のテスラが１０００万台のトヨタの価値を上回る事態に非常に大きな関心が集まっていた。その後、テスラの時価総額はピークで１・３兆ドル（約１７５兆円）にまで拡大し、トヨタの39兆円とは4倍強の圧倒的な差を広げた。

テスラの時価総額は、２０２２年の中国販売不振、マスクのツイッター買収などを理由に現在は１２３兆円（２０２３年6月14日現在）にまで後退しているが、それでもトヨタ、ホンダ、日産の国内大手3社の合計（43兆円）を遥かに超え、実は、日・欧・米・韓にある先進国の伝統的な自動車メーカーの時価総額合計を凌ぐ存在である。クルマの販売台数規模で企業の競争力と価値を測ることはもはや意味を失い始めている。

これと同じような現象が過去にもあった。アジアの小国のまだ規模の小さい自動車メーカーが世界の自動車会社合計よりも巨大であった時代があった。それこそがトヨタである。２０００年のトヨタの時価総額は20兆円あり、欧・米の主要自動車メーカーの時価総額合計を上回る時代があった。神秘的に見えたトヨタの時価総額は、現在のトヨタの成功・成長から実証されたと考えていいだろう。株式市場はトヨタの未来の成功を見抜いていたのだ。

指数関数的な成長が期待されている

企業が将来にわたり生み出すキャッシュフローを、資本コストで現在価値に割り引いたものが企業価値。そこから負債価値（借入金）を除いたものが株式価値、いわゆる時価総額となる。発行済み株式総数で除した一株当たりの価値が株価である。株価評価の尺度としては、年間の利益に対して何倍まで買われているかを示すＰＥＲ（株価収益率）が最も一般的である。

自動車メーカーは６〜10倍が一般的だが、テスラの２０２３年のコンセンサス一株当たり利益予想は３ドル強に過ぎず、ＰＥＲは80倍を超えることになる。このような高倍率が支持される背景には、伝統的な自動車メーカーはクルマを作って売るという直線的な成長のビジネスに過ぎないが、テスラはＩＴ企業のように指数関数的な成長カーブが期待されているからと考えられる。データを収集するプラットフォームを築き、それから生まれるサービスをマネタイズするＩＴ企業や将来そういう存在になりうるスタートアップ企業の評価は、年間の売上高に対して何倍まで評価されているかを計るＰＳＲ（株価売上高比率）がより実態に合っている。

一般的な製造業のＰＳＲは1倍前後だが、環境規制が激化して厳しい構造変化に向けて収益の悪化が懸念される自動車メーカーでは０・５倍を下回る場合が多い。テスラのＰＳＲは今期コンセンサスに対して約8倍、来期で6倍にも達する。

IT企業と同じ評価を得られる3つの要因

テスラが成長率の高いEVの専業メーカーとはいえ、同じようにクルマを製造・販売しているのに、なぜこれほどまでにIT企業と同じ評価を得られるのか。そこには3つの重要な要因があると考える。

第1に、テスラは伝統的自動車メーカーが抱える3つのレガシィを持っていない。まずは、「エンジンレガシィ」がないことだ。エンジン車から巨大な規模と収益を確立している伝統的な自動車メーカーは、この先収益性の低いEVに事業を転換しなければならない。一方、テスラはEVの台数成長と収益拡大を両立できる数少ない自動車メーカーである。次は、フランチャイジーとしてクルマの販売の独占権を持っている「ディーラーレガシィ（昔ながらの販売網）」を持っていない。

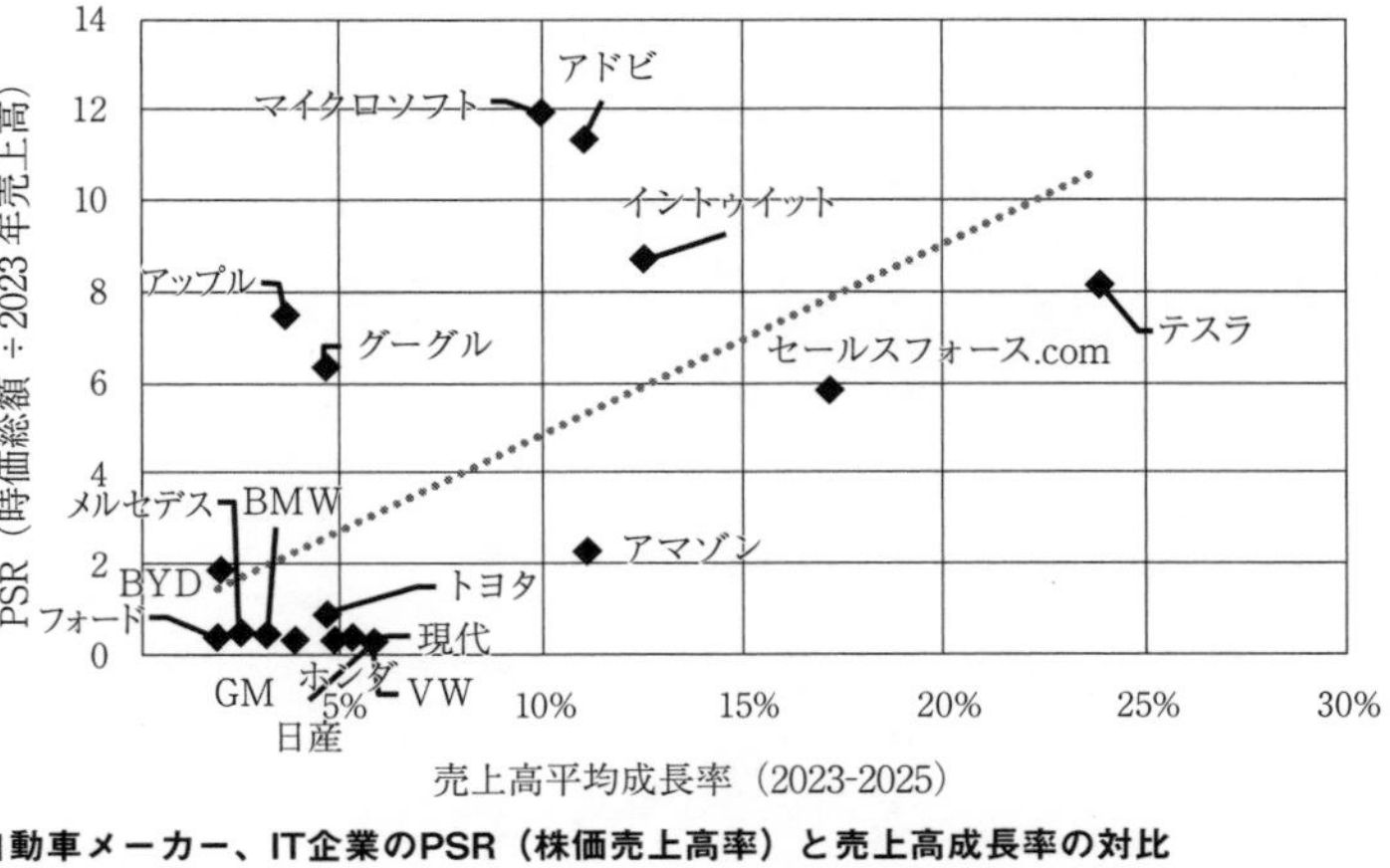

自動車メーカー、IT企業のPSR（株価売上高率）と売上高成長率の対比

筆者作成

テスラはオンライン直販で、メンテナンスは契約業者に委託している。この結果、販売効率は高く、流通コストを大幅に削減できる。最後に、ボッシュやデンソーといった開発を水平分業的に依存している「ティア1レガシィ」もないことだ。ティア1とその配下にあるティア2、ティア3のサプライチェーンの存在は、変革へのスピードを遅らせる足かせとなる。

第2は、テスラは次世代車に不可欠な技術を垂直統合し、それを独自開発する能力を有している。車両に必要な車載電池、半導体、統合されたシステムを組み込んだSoC（システム・オン・チップ）、ソフトウェア、電子プラットフォーム（＝E／Eアーキテクチャ、クルマを制御する電気と電子の理論的なデジタル構造）すべてを自前で開発している。

伝統的な自動車メーカーは、半導体メーカー、ソフトウェア会社、ボッシュ、デンソーなどのティア1サプライヤーと共同で開発を進めなければ、クルマを独自で開発する能力がもはやないといって過言ではない。巨大な勢力のティア1は確かに頼りがいがある。そうはいっても、それぞれに事情があり、駆け引きもある。何よりも伝統的な自動車メーカーはティア1の利害を損なわず、納得してもらえる進化の選択しか取れないのだ。

第3は、データを自動運転ソフトやエネルギーマネジメントなど、OTA（通信を用いたアップデート）を通じてマネタイズできる基盤づくりで圧倒的に先行していることだ。2018年に導入されたHW（ハードウェア）3・0では、伝統的メーカーよりも6年以上先行してハードウェアとソフトウェアの切り離しを実現し、次章で解説するSDV（ソフトウェア・ディファインド・ビークル＝ソフトウェア定義車）を完成させている。これによってソフトウェアを収益機会に取り込むことが可能となる。ハードウェアとは別にソフトウェアとして高額で販売するＦＳＤ（フルセルフドライビング）はその分かりやすい事例である。

そして、２０２３年のモデルＸでＨＷ４・０の初期装備が始まったのだ。まだ詳細は不明であるが、次世代のＦＳＤを提供するハードウェアが搭載されている。モデル３、モデルＹも２０２３年中にはＨＷ４・０への進化が予想されており、ＯＴＡの提供価値は大きく進化する公算だ。

今後はエネルギーマネジメントで成長できる可能性がある。太陽光で発電し、ＥＶと家庭用ヒートポンプで放電するというエネルギー循環の確立を目指している。ヒートポンプとは熱を移動させることで外部の空気や水の中にある熱を取り出して放出し、温熱効果を生み出す暖房装置である。このヒートポンプを家庭や工場に展開するという新しい事業領域は、エコシステムをさらに広げる目的がある。家を中心とした発電、蓄電、放電の循環の中で余剰となる電気をグリッド（送電網）へ売電することが可能となる。テスラはこういった電気のデータを収集し、そこから生まれる新しい価値（電池性能の延長、中古ＥＶ価格の上昇、CO_2クレジット売却益）などをマネタイズする考えである。

値下げ攻勢へ転じる

そんなテスラも２０２３年に入り、重大な勝負どころを迎えていることは間違いないだろう。

テスラに対し、足元の最大の関心事はＥＶの価格戦略である。２０２２年、中国の経済失速を受けてテスラは販売台数の伸び悩みに苦しんでいた。それまではエネルギーインフレーションをがんがん価格に転嫁しても飛ぶように売れていたテスラが急失速し始めたのだ。納期は短縮し在庫も増加に転じた。

ところが、その年の9月を転換点として、テスラは過激な価格引き下げへの戦略転換を行った。まずは中国から、そして年が明けた1月は米国販売価格も断続的に大幅に引き下げ続けた。わずか数カ月の間でテスラの価格は十数パーセント以上引き下げられ、フォード、ＢＹＤなど、テスラの価格引き下げに追随せざるを得なくなった。

テスラの第1四半期の自動車事業の粗利率（クレジット売却益を除く）は前期の26％から18％へ急落していた、２０２３年5月の第1四半期決算説明会において、利益率維持よりも、台数成長を優先する強い意志をマスクは投資家に向けていい放った。

「現在は台数を伸ばし、保有台数を増大させる方が、高いマージンを守るよりも正しい選択だと考える。なぜなら、自動運転技術が時間と共に凄まじい収益を我々の車両へもたらすからだ。今はその基盤づくりをすべきだ」

マスクは収益が圧迫されているが、それでも台数拡大を優先しデータの蓄積を進めるべきだと主張する。テスラの狙いはデータである。２０２３年時点でテスラの保有ＥＶは累計で1億５０００万マイルを走行し、大規模なデータを蓄積している。このデータを特化型のＡＩで深層学習させ、自動運転技術の完成を目指そうとしている。そして、これがマネタイズできる機会を生み出そうとしている。ＥＶバリューチェーンを取り込み、自動運転というソフトウェア収益の武器を有するテスラにとって、短期的なマージンよりもＥＶという基盤を先立って確立する方が、長い目で見れば有利である。

　テスラの低価格攻勢が本当に持続できるとすれば、伝統的な自動車産業に与える打撃は巨大な隕石の衝突のようなインパクトがあるだろう。テスラの２０２２年の営業利益率は、将来的になくなるであろう排出権クレジットの売却益を除いて15％もある。仮に、営業利益率を半減させても伝統的な自動車メーカーの普通水準に落ちるだけだ。ガソリン車を主体とする伝統的な自動車メーカーは６～８％程度のマージンしかない。この段階でテスラが低価格攻勢を仕掛けてきたことは、コストが高い伝統的自動車メーカーが失うＥＶの事業性は計り知れないということだ。

　これから儲けの薄いＥＶシフトを加速化しなけれ

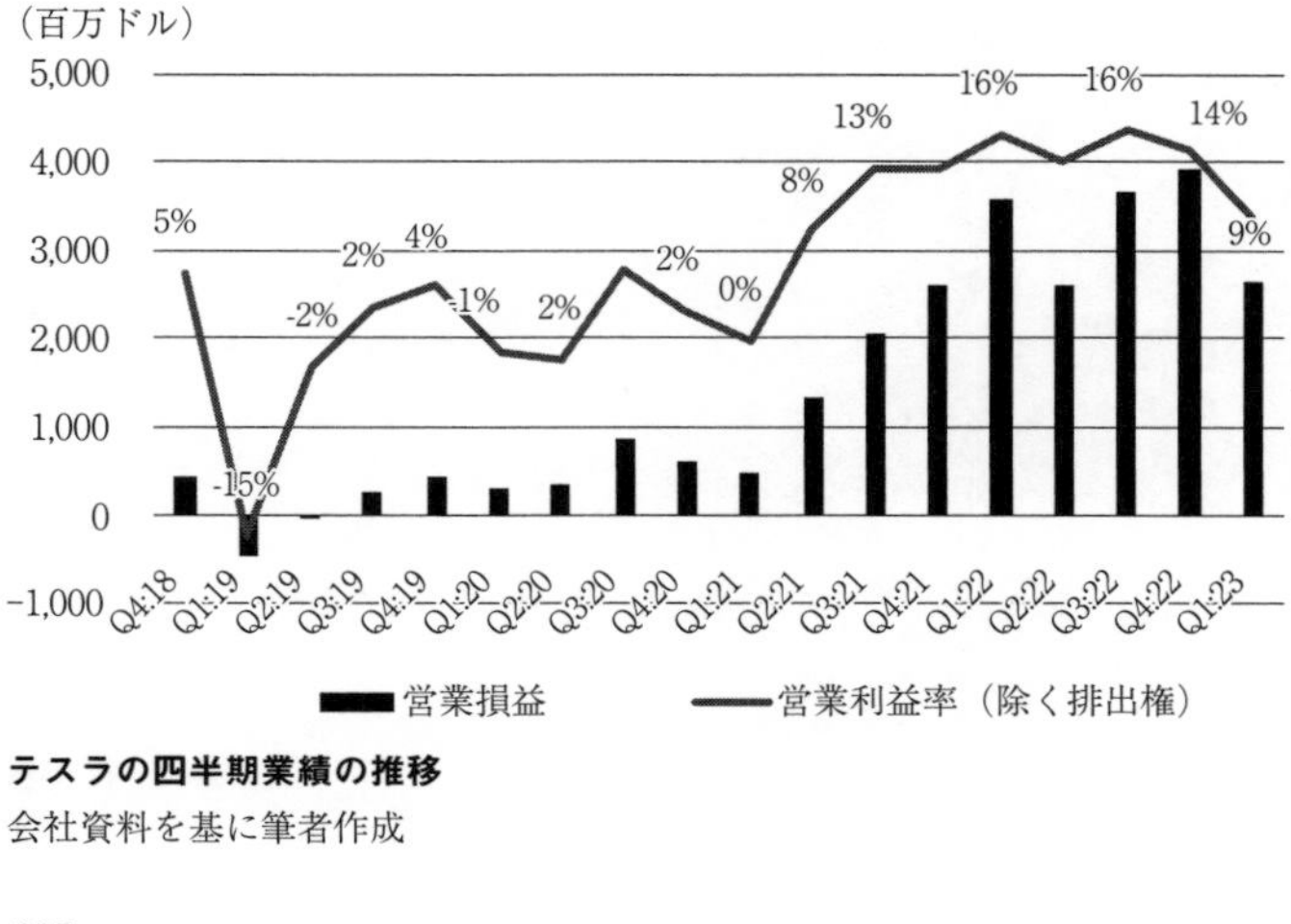

テスラの四半期業績の推移

会社資料を基に筆者作成

ばならない伝統的自動車メーカーにとって、テスラが10％価格を下げれば戦う前から敗北を意味し、多くのメーカーが死滅に追い込まれかねないのである。

トヨタ生産システムをぶっ潰す

次世代EVの成功をもたらす要素

「マスタープラン3」は脱石油社会への提案だ。テスラは自動車会社を脱皮してエネルギー会社となり、電力をデータの力で操るマジシャンのような存在へ進化する。ただし、その変革の7割は自動車をＥＶに転換していくことであり、同社が主張しているＥＶの実現可能性を理解することは重要だ。

テスラが主張する次世代のＥＶの成功をもたらす要素は3点にあった。

1．車載電池システム、電源系の48ボルト統一、ワイヤハーネスの統合など、車両システムコストの一段の引き下げ。

2．垂直統合型の開発を軸に、車体・車両部品の統合を進め部品点数を大幅に圧縮、サプライヤー

数も大幅に絞り込む。
3．「パラレル・シリアル」と銘打った全く新しい生産システムを2024年のメキシコ新工場から導入。

この結果、車両コストを50％削減し、2・5万ドルの新EV（「モデル2」と呼ばれている）や改良版「モデル3」の投入が予想されている。マスクはこの2つの新製品の生産台数を合わせて年間で500万台以上になると主張している。

先述の通り、テスラは最終的に現在のトヨタの2倍の規模となる年間2000万台のEV生産を目標に掲げてきた。それを実現するために必要なモデル数は10個やそこらで十分だという。クルマはもはやバリエーションで差別化できる要素は小さくなり、スマートフォンが限られたモデル数で巨大な市場を形成しているように、クルマも同じようになるだろうとマスクは主張している。町一番のクルマ屋として一台一台を丁寧にユーザーに届けようと願うトヨタとはまさに対極的な思想なのである。

EVの新しい生産システム

3月のインベスターデイで発表されたEVの新しい生産システムは、日本の強みが打ち消される斬新な取り組みで震撼する内容であった。

車両生産方式はプレス→車体組み立て→塗装→最終組み立てと車両生産の工程は一本の直線

（シリアル）に進められる。メタルをプレスで打ち抜き、数多くの部品を溶接しドアのついた車体を形成する。今度は塗料の大きなプールをくぐり、乾燥したらドアを取り外す。最終組み立てラインでは5メートルの物体がゆっくりと移動しながらその周りに多くの作業員が何万点というエンジンや内装品を取り付けていく。ヘンリー・フォードがT型モデルを発明したのは１９０８年、この生産方式は１００年以上にわたる自動車産業の基本的な方式であった。

「実際に何をやっているのかを見れば、それは本当に馬鹿げたものなんだ。トヨタはこれをエンジニアリングの芸術と呼ぶけど……。テスラはマスタープランを実現するために、クルマの作り方を変える」

インベスターデイでは壇上のラルズ・モラヴィ（エンジニアリング担当副社長）はこう語り、新しい大胆なクルマの作り方の説明を始めた。

次世代生産車両は主要各部をそれぞれ独立してサブラインで組み上げ（サブアッセンブリーと呼ぶ）、クルマ全体の最終的な組み立ては1回で終了させる工程に改革するというものだ。従来の作り方が長いシリーズであったなら、新しい工程は部位ごとに並行（パラレル）に進行し、短い最終組み付けをシリーズで実施するという「パラレル・シリアル」組み立て工程になる。

「パラレル・シリアル」組み立て工程の詳細

次世代車両の製造工場においては、工場の大きさは40％削減され、建設はより早くより投資効率の高いものとなる。30％の時間・スペース効率向上が図れる。各部をサブアッセンブリーとすることで組立効率が従来比40％向上するという。製造原価はモデル３／Yと比較し50％減、半分になるという。

まとめると以下のようになる。

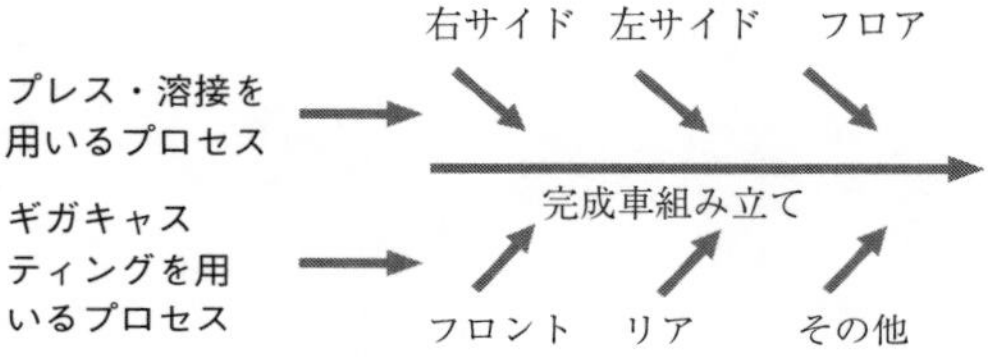

パラレル・シリアル組立
テスラホームページから筆者作成

1. プレス・塗装・鋳造サブラインとメインラインをパラレルに流す。
2. 左右側面、フロア、フロント、リア部をシリーズに流す。
3. 各部は箱にせず（アンボックスド）組み立てる。
4. 最後に1回で車両全体を組み立てる。

もう少し詳細を加えよう。クルマの車体を６つの主要な構造に分けて、それぞれプレスと組み立てを実施し、必要な部品だけ塗装を施す。小分けした構造に対してインテリア部品を実装していく。この間、実際の長大なクルマが何もしない。ハンガーやベルトコンベヤに乗ってゆっくりと動くようなことはしないのである。

６つの構造体をひとつのクルマへと組み立てる最終的な合体はこうだ。まず、内装品が取り付けられたフロント部分とリアシートが乗ったリア部分が設置され、両側からサイドボディが合体する。最後に、フロントシートと一体化された電池構造がセンターボディとして下から挿入される。その後、ルーフ、ドア、ボンネットを載せれば完成車となる。

5メートルの全長のある自動車の車体を4人の作業員やロボットで取り囲んでも作業密度はスカスカである。分割した小さな構造を同じ4人+ロボットで取り囲んだ場合、44％の作業密度の改善と30％の空間時間効率が改善する。テスラは製造自動化ロボットも内製しており、テスラがAIデイで発表したヒューマノイドロボット（人型ロボット）なども活躍できるかもしれない。

この組み立て概念は、現在の自動車生産において主流となるシャーシとボディが一体化したモノコックボディを否定し、まったく新しいモジュール生産方式を提案する。複雑な組み立て工程を可能な限り排除し、複雑で部品点数の膨大なエンジン車で高い生産性を誇ったトヨタ生産システムに対するアンチテーゼである。

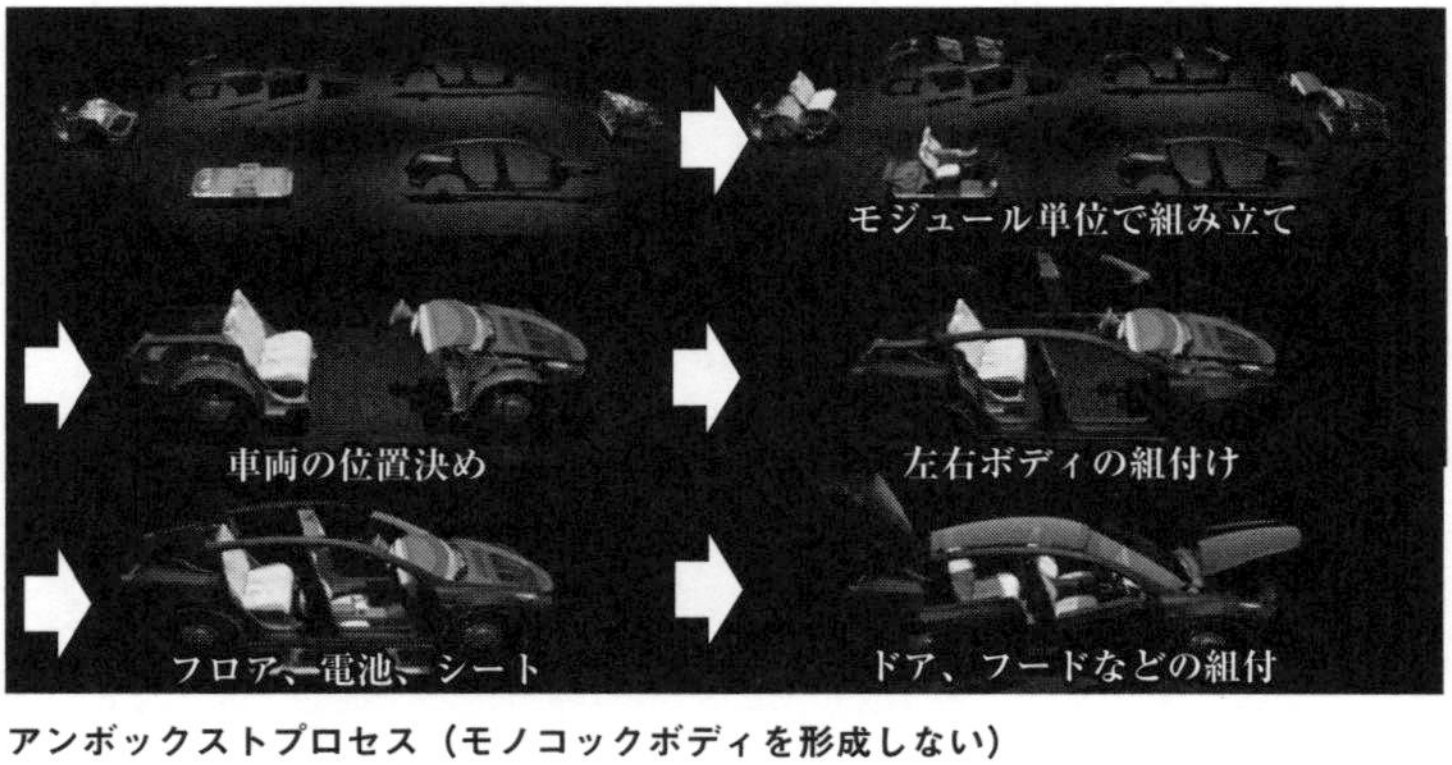

アンボックストプロセス（モノコックボディを形成しない）
テスラのホームページから筆者がスクリーンショットして補足、作成

テスラはプラットフォームの概念を破壊する

ゼロレガシィ+スピード

テスラはエンジン、ディーラー、ティア1のレガシィ（古い構造）を持たない。ゼロベースの発想で、未来のEVのあるべき姿をバックキャストした製品とビジネスモデルの構築を目指せるのだ。そのアプローチが、2018年に登場したモデル3のHW3.0、OTAを可能とするE/Eアーキテクチャ、モデルYで進化したギガキャスト（大規模なアルミダイキャスト）やバッテリーを直接構造物に敷き詰め車体構造の一部とする「ストラクチャラル・バッテリーパック」の新技術など、信じられないスピードで進化を遂げている。テスラの強みとはゼロレガシィだけにあるとは思えず、この進化のスピードが本当の強みだと考える方が正しいかもしれない。

「ギガキャスト」と呼ばれる巨大ダイキャストマシンは、現在多くのEVメーカーが採用に向かう自動車製造の新しいプロセスである。モデル3にあった171個のボディ部品をギガプレスで一体成型することで、モデルYではわずか2つのボディ部品へ削減された。

「特許を取ってこい！」

スバルのチーフテクノロジーオフィサーの藤貫哲郎はこの技術を目にした時、クルマ1台をまるまる一体成型する技術を押さえろと部下に指示を飛ばしたという。しかし、その特許は既にテスラが押さえていたといわれる。

ここで少しギガキャスティングについて触れよう。これは鋳造のひとつで、高温で溶かしたアルミニウムを金型に流し込んで成形する。6000トンもの締付力を持ち、長さ19・5メートル、高さ5・3メートルの化け物のような成型マシンは、イタリアの鋳造機械メーカーIDRA社が提供している。ダイキャスト成形は冷却段階で変形する問題もあり、熱処理などの革新も必要のようだ。しかしそういった問題は克服され、毎年着実な進化を遂げている。

自動車の分解調査を行うムンロ・アンド・アソシエーツのユーチューブは見ていて非常に刺激的な内容が多くある。いくつかの映像に出てくるが、2020年のモデルYのリア構造は2つのピースを形成するキャスティングから始まった。これが2021年のモデルYになるとリア構造は1ピース化されている。さらに2022年のモデルYはフロント構造も1ピース製造を始め、驚くことにセンターの構造物まで大規模に変わり空洞化していた。これはフロントシートと一体化したバッテリー構造物を下から挿入して車体構造体に使っているためだと思われる。

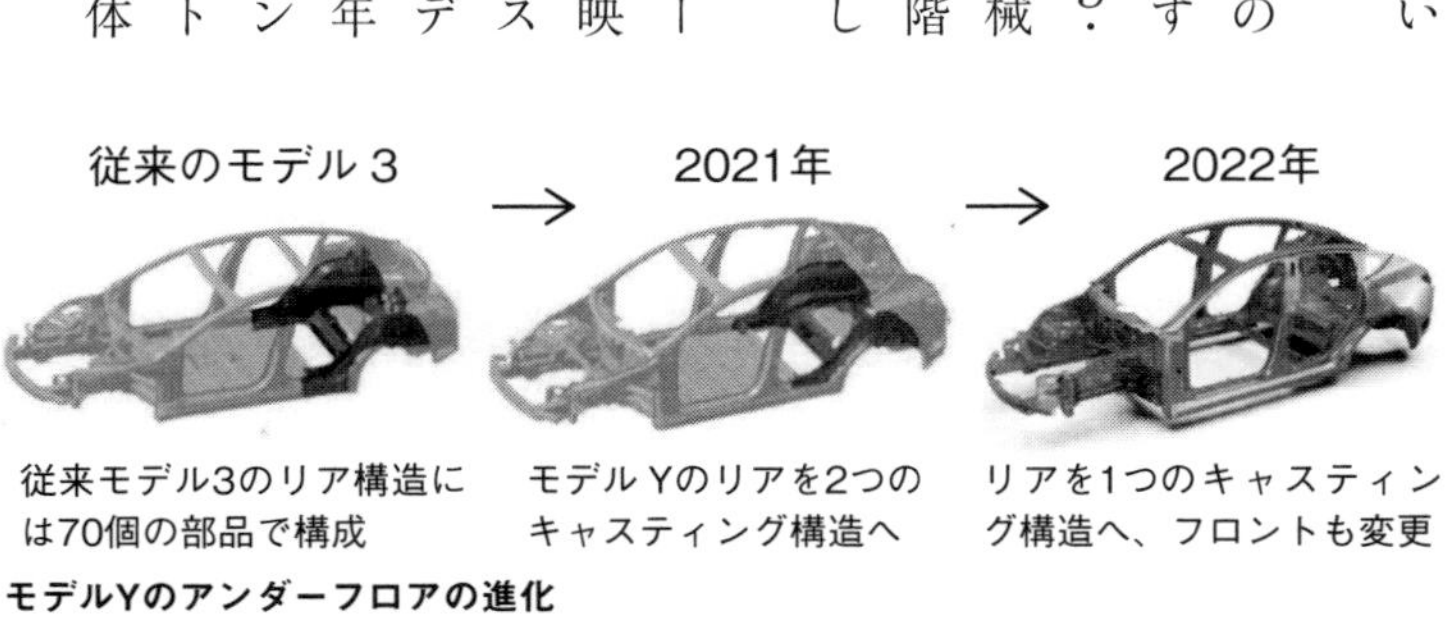
従来のモデル3
2021年
2022年
従来モデル3のリア構造には70個の部品で構成
モデルYのリアを2つのキャスティング構造へ
リアを1つのキャスティング構造へ、フロントも変更

モデルYのアンダーフロアの進化
テスラホームページから筆者作成

まるでiPhoneの年次モデル

このモデルYの変化を見ていた時、ふと頭をよぎったのがiPhoneの年次モデルだ。毎年何らかの変更を加えつつ、ある代でドーンと飛躍する。こういったテスラのアプローチは完成度の高いプラットフォームを厳密に固め、それを10年間近く使い回そうとする自動車産業のそれとは考えが根本的に違うということだ。モデル3もモデルYも年ごとに全く別物に進化を遂げており、同じ名前でも車体は統合レベルが上がり、コスト削減を求めてどんどん進化している。

こんなライバルがかつて自動車産業にいただろうか。テスラは間違いなく自動車産業の基本にあったプラットフォームの概念を破壊している。自動車産業は垂直統合型といわれることが多いが、日本は資本や商流として垂直的なのだろうが、開発で考えれば必ずしも正しくない。既に述べたが、自動車メーカーはプラットフォームを設計し、そのインターフェース（部品と部品のつながり）を定める。あとはプラットフォームが要求する機能を提

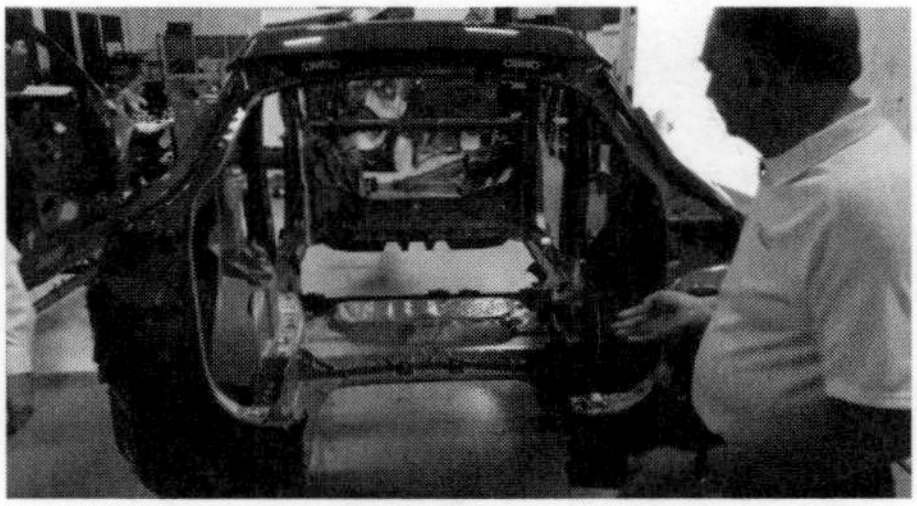

モデルYのリア構造を解説するムンロ氏

Giga Castings with Sandy | Evolution of Tesla Bodies In White
https://www.youtube.com/watch?v=WNWYk4DdT_E、YouTube動画から筆者がスクリーンショット

供するさまざまなシステム部品をティア1が水平分業的に開発・生産を分担する。そのティア1には部品やソフトを提供するティア2、ティア3が連鎖している。

自動車産業にとって設計変更は大ごとなのである。変更はティア1に手戻りし、ティア2、ティア3と調整し全体のコーディネーションも含めてかなりの時間とコストを要することになる。これではスピードに追いつけない。何がいいたいかというと、サプライヤーが水平分業的に開発・製造する大量の部品を擦り合わせて購買し、組み付けている現在の伝統的自動車メーカーではテスラのようなスピードは真似できないのである。それでは開発スピードを得るためにはどうすべきかといえば、必要な領域は自動車メーカーが思い切って垂直統合し自前で開発・製造していく必要がある。これこそが、今のEVの勝利につながるのだ。

EVはまだ黎明期にあり、これまでなかったような斬新なハードウェアの変化を取り入れていかなければ、競争の舞台に立てないような世界である。今後10年間は少なくともテスラのような非連続的なアプローチが必要であり、その大胆な変革を伝統的自動車メーカーは受け入れていかなければ死滅するかもしれない。テスラといいBYDといい、新しいプレーヤーがますます台頭していくのはこういった背景があるからだ。伝統的自動車メーカーはこういう異次元のライバルと戦える構造変化を転換していかなければならないのである。

テスラの死角

サイバートラックはテスラの次の成長商品だ。2021年以降に生産開始といわれてきたが、実際にテキサス州のギガファクトリーで生産され、市場へ投入されるのは2023年秋となる。このモデルは2019年から受注を開始しているが、現在では100万台以上の注文が入っているという説もあるほどだ。

これほどの数の消費者を魅了し、予約金を支払ってでも手に入れたい魅惑的な消費財といえば、アップルのiPhoneのような世界だと思われる。カリスマ経営者が先導する既存価値を変える魅惑的な商品。石油の世紀に終焉をもたらす企業と経営者として、ユーザーからの支持は強い。ただし、ここには大きなリスクも感じる。マスクの言動やテスラの企業のガバナンスは安定的で盤石とは思われない。特に、2022年以降のマスクの言動にはやや理解に苦しむことが多くなり始めている。株式市場はそのリスクを察知し、既に逃げ始めた投資家も多い。敵失を期待してはならないが、「パラレル・シリアル」組み立て工程とは未知な領域で立ち上げには大きなリスクも伴う。新工場、新モデル、新生産システムを初めての土地でいきなり立ち上げ、成功させるのは偉業に近い。

アップルやアマゾンが実現しているデジタルでソフトウェア主導のプラットフォームや指数関数的なスケールと、テスラが目指すハードウェアのEVを基盤としたSDVのビジネスモデルは同じには見えず、テスラが完全なる指数関数的なスケーラビリティを築いたとは思われない。

ハードウェアとしてのEVの成功なしに、上の階層のエコシステムを独り占めすることは容易ではない。ましてや、完全自動運転技術の完成が必要条件にあるとなれば、それが実現できなければは単なるEVメーカーであり、どこかでライバルに追いつかれるだろう。それが分かっているだけに、マスクは何者かに憑依されたがごとく撃侵を止めない。

テスラは現在200万台ものEV生産能力を確立した。これが意味することは、15年間で築いてきた400万台のテスラの保有台数はこれから2年で倍々ゲームとなっていくということだ。

テスラはここにきて品質問題を多発させてきている。これまでの多くのリコール（無償修理）はOTAを用いたソフトウェアのアップデートで修理ができた。もし、この先にソフトウェアでは対応できないハードウェアのアップデートが必要になった時、ディーラーというメンテナンス機能を持たないテスラはその対応に多大なリスクを背負うことになる。ソフトウェアと違いハードウェアは直線的な成長ラインをたどる。ハードウェアが生み出す罠をテスラは今後も乗り越えていかなければならないのである。

2023年秋に市場投入予定のテスラ・サイバートラック

2018年の生産地獄は見事に乗り越えたが、これからは「品質地獄」、「メンテナンス地獄」も避けては通れない。今後も、必ず紆余曲折がありそうだ。伝統的な自動車産業はあきらめなければ追いつけるチャンスが残されていると強く確信している。

第8章

次世代車SDVへの進化

この章は自動車業界に既に詳しい読者向けの内容が多く盛り込まれている。一般読者には説明不足は明らかであり、理解が難しい場合は、本書を諦めるのではなく、斜め読みするだけでもいい。第9章から最も重要な結論の章が始まる。

新しいデータ戦略の大義

見えなかった世界

2018年に筆者が『CASE革命』を上梓した時、自動車会社のデータ戦略の大義とは、「防衛」「攻撃」「業務改善」の3点にあると分析していた（巻末脚注12）。その当時は、GAFAと呼ばれたIT企業がモビリティ産業への侵攻を虎視眈々と狙い、グーグルや百度（バイドゥ）などが自動運転技術開発を強力に推し進めていた時期だ。

クルマの外部（アウトカー）には、モバイル（移動通信）を基に巨大なエコシステムが既に確立されている。これを支配するIT企業が、クルマの内部（インカー）を制御するデータを獲得し、その2つをつなぎ合わせた時、自動車産業には破壊的なイノベーションが起こるといわれていた。顧客接点もクルマのバリューチェーンもすべてIT企業に奪われ、自動車会社はクルマという箱を作るだけの存在に転落することになる。

自動車産業はこの脅威から身を守らなければならない。従前のデータ戦略の大義とは、既得権益の防衛が第一義にあった。クルマをコネクテッドカーに転換し、スマートデータセンターというデータ基盤を構築することで、インカーを覆面化する城壁を築くことができる（下図の白抜きの部分）。そして、第2の大義が、自動車メーカーが自ら求めるモビリティサービスやバリューチェーンへ直接つながり、新しい価値を奪い取る「攻撃」にあった。これがモビリティカンパニーへの転換である。

最後は、コネクテッドカーから生まれる膨大なデータを解析し、新しいサービスを創造し、究極的な「業務改善」に結びつけることだ。ここで議論されてきた提供価値には、「安心・安全」があり、ユーザーの「便利・快適」への広がりという顧客体験の拡張が主眼にあった。

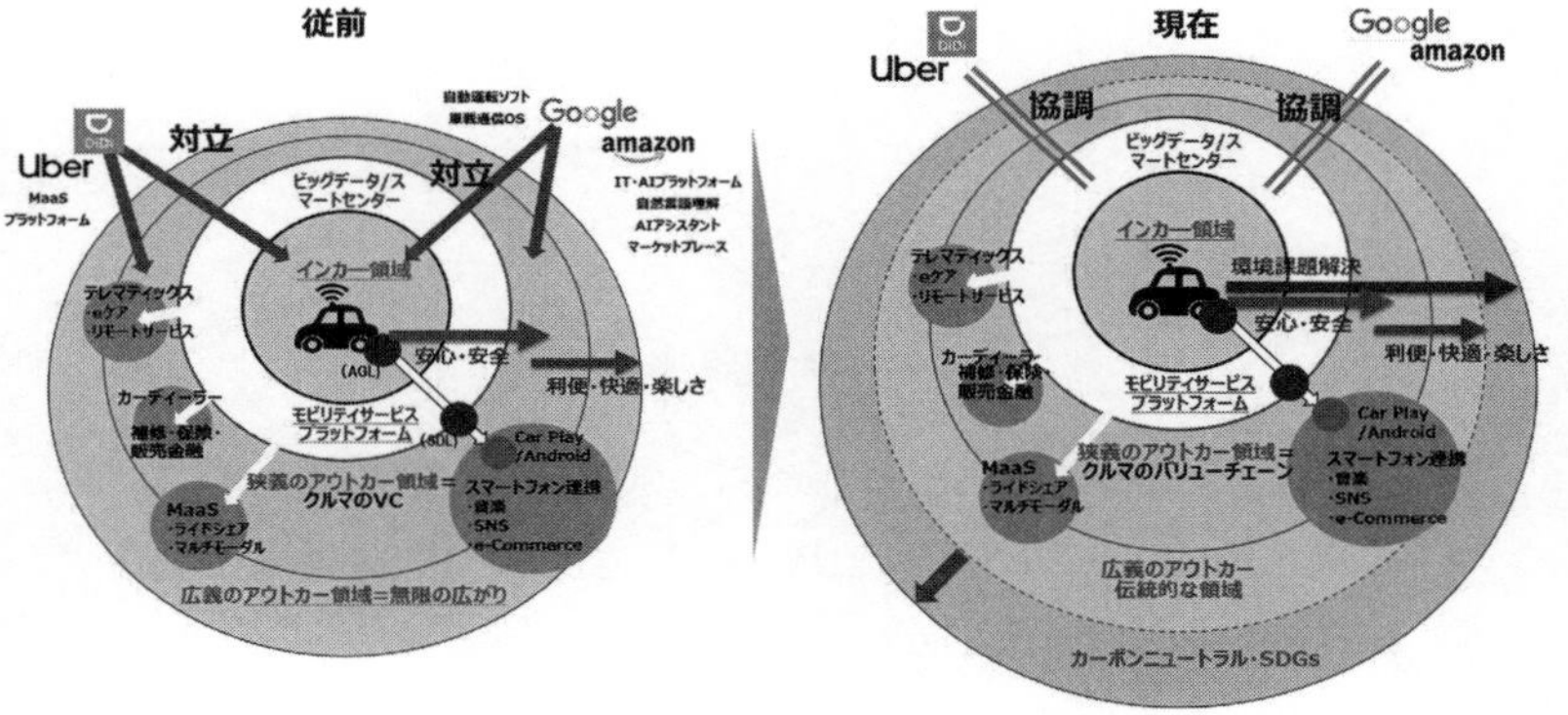

自動車メーカーのコネクテッド／データ戦略の大儀

著者作成

OTAは提供価値の一部分

2020年を境に自動車メーカーを取り巻くデータ戦略は大きく変化してきたと思える。カーボンニュートラルへの激流に加え、コロナが生み出したデジタル化の流れは、ユーザーが求める顧客体験を大きく変え、メーカーが果たすべき社会的な責任も激変させた。自動車メーカーがデータでつながるべき世界には、従来見えていなかった大きな領域が広がっていたのだ。

これを受けて、自動車メーカーは社会や環境課題を解決させるデータ戦略を大義として経営しなければならなくなった。この大義と向き合うには、クルマを制御する電気と電子の論理的なデジタル構造であるE/Eアーキテクチャ（=電子プラットフォーム）から物理的な車体プラットフォームを根本的に見直し、生み出すビジネスモデルを再設計していく必要に迫られるのであった。

クルマのOS（基本ソフトウェア）からE/Eアーキテクチャ、データとソフトウェア基盤の再設計に始まり、サービスプラットフォーム、バリューチェーン/新事業設計を取り巻く提供価値の再設計を意味する。さらに、サブスクリプション、リユース、リサイクル、最終的なスクラップまでも含めた循環経済型の事業設計を進める話となっていく。

この工程とは、IT業界のソフトウェア・ディファインド（ソフトウェア定義）の新技術を用いて、クルマをPC互換機のような「オープンアーキテクチャ」へ再定義することから始まる。

そのようなクルマをソフトウェア・ディファインド・ビークル（ソフトウェア定義車）またはSDVと呼ぶ。SDVと聞けば単にクルマをOTA（通信を用いたソフトウェアのアップデート）で更新させることと考える向きもあるが、それは提供される価値の一部分でしかない。SDVとは、クルマの提供価値全体を再定義する、産業に革命的な変化をもたらす概念である。

既存の電子プラットフォームでは対応不能

E/Eアーキテクチャとは、家を建てるときの基礎（土台）のような存在の理論的なデジタル基盤である。伝統的なクルマのアーキテクチャは、走る・曲がる・止まるの機能をそれぞれハードウェアとソフトウェアを厳密に一体で開発し、個々に計算を行うECU（電子制御ユニット）が制御していた。

それを統合制御することで、より高度な走行性能や高度運転支援システムを作り出していた。結果、ECUをつなぐワイヤーハーネスが絡まったスパゲッティ状態となり、増築を繰り返した旅館のように、「本館」「新館」「別館」「特別館」が乱立するような構造となる。これが「分散型E/Eアーキテクチャ」と呼ばれるレガシィシステムだ。

この整理に出現したのがオートザー（AUTOSAR＝オートモーティブ・オープン・システム・アーキテクチャ）と呼ばれる欧州が主導した標準ミドルウェア（OSとアプリケーションを橋渡しするソフトウェア）である。現在のECU群はオートザーでほぼ統一され、機能を定める

5〜6群のドメイン領域で整理されている。

しかし、これまで以上に環境性能を高め、インターネットに接続して知能化を取り込もうにも、クルマは既に情報量に押しつぶされそうな状況にある。現在のクルマには約60〜100個のECUが搭載され、それを司るソフトウェアのステップ数は航空機やスマートフォンを遥かに超える1億行に届くという。

高度運転支援技術やセンサー類の搭載量の拡大、OTAを介したアプリケーションの増大など、ソフトウェアリッチとなる次世代車のステップ数は、2020年代後半に5億行、2035年頃には10億行にも達するといわれている。従来のE/Eアーキテクチャではこれほどのソフトウェア量をまとったクルマを何台も開発することは実現不可能な話となる。

中央集中型(=ソフトウェア・ディファインド)への進化

「中央集中型E/Eアーキテクチャへの進化が実装段階にきている。自動運転車両のコード数が5億行に飛躍的に増大する見通しであり、統合制御と大規模ソフトウェア開発を効率的、効果的に推進する体制の確立が必要である」

2021年の米国のCESにおいて、業界屈指のティア1で車載システム開発のトッププランナーであるボッシュのミヒャエル・ボレCTO(当時)は、このように未来のクルマに向けて開発体制を変化させる必要性を訴えた。ボッシュはクルマの機能を横断するクロスドメイン・コンピューテーションソリューション組織を同年から立ち上げ、会社全体の約50％に相当する1万7000人のソフト人材をそこに参画させて、ソフトウェアを一体開発する組織を構築している。

中央集中型E／Eアーキテクチャとは、データ転送をイーサネット（車載ネットワークへの高速化への対応）に、演算処理を中央のハイパフォーマンスコンピュータ（HPC）に集約し、クルマのオープンアーキテクチャを促進する新しい電子プラットフォームである。

中央集中型E／Eアーキテクチャは3段階の進化があると考えられる。まずは「ドメインE／Eアーキテクチャ」が2025年頃に普及期

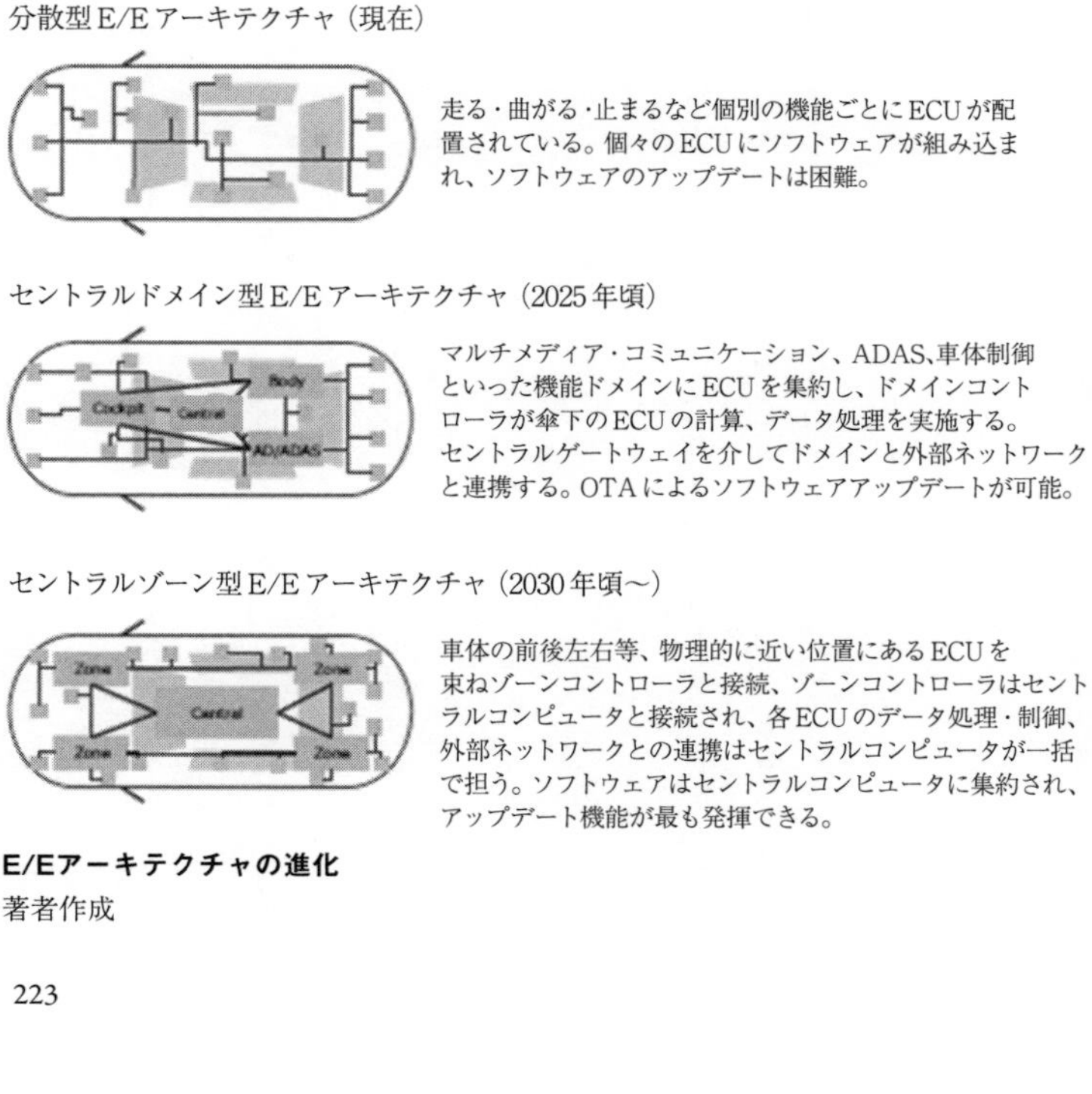

分散型E/Eアーキテクチャ（現在）
走る・曲がる・止まるなど個別の機能ごとにECUが配置されている。個々のECUにソフトウェアが組み込まれ、ソフトウェアのアップデートは困難。
セントラルドメイン型E/Eアーキテクチャ（2025年頃）

マルチメディア・コミュニケーション、ADAS、車体制御といった機能ドメインにECUを集約し、ドメインコントローラが傘下のECUの計算、データ処理を実施する。セントラルゲートウェイを介してドメインと外部ネットワークと連携する。OTAによるソフトウェアアップデートが可能。
セントラルゾーン型E/Eアーキテクチャ（2030年頃〜）

車体の前後左右等、物理的に近い位置にあるECUを束ねゾーンコントローラと接続、ゾーンコントローラはセントラルコンピュータと接続され、各ECUのデータ処理・制御、外部ネットワークとの連携はセントラルコンピュータが一括で担う。ソフトウェアはセントラルコンピュータに集約され、アップデート機能が最も発揮できる。

E/Eアーキテクチャの進化
著者作成

を迎える。これは、マルチメディア・コミュニケーション、ADAS（先進運転支援システム）、車体制御といった機能ドメイン単位にECUを集約し、ドメインコントローラ（ひとつのドメインを管理するサーバーコンピュータ）で演算とECU制御の中央集中化を進め、クルマはソフトウェアアップデートへの対応が進む。

2030年頃以降には「ゾーン型E／Eアーキテクチャ」への進化が予想されている。物理的に近い位置にあるECUを束ねた上でゾーンコントローラと接続し、ゾーンコントローラはセントラルコンピュータと接続されて、セントラルコンピュータが一括して各ECUのデータ処理・制御、外部ネットワークとの連携を進め、全体を統合制御する1個の大きな頭脳に変わっていく。それこそが、ボッシュが提案する中央集中型（＝ソフトウェア・ディファインド）のE／Eアーキテクチャである。ECUの数、ワイヤーハーネスを大幅に削減し、OTAによるソフトウェアアップデート機能は飛躍的に進化することが可能となる。

10年先にはさらに進化する。ゾーンコントローラなどの中継器を挟まず、データの収集・処理・制御をセントラルECUにて実行する、完全なセントラル型E／Eアーキテクチャである。その頃には、多くのクルマのハードウェアが現在のPCのように部品がプラグ・アンド・プレイ（自動的に必要な設定が実施されすぐに使える）で取り換えられ、簡単にハードウェアをアップデートできる時代が訪れることになる。

ＳＤＶが提供するクルマの新しい価値

仮想化と抽象化

クルマの進化がＥ／Ｅアーキテクチャの進化と連携するものであることは理解できた。ＳＤＶとは、ソフトウェアで定義され、サービス指向な次世代車両への進化を意味する。何度もいってきたクルマがスマートフォンのように通信で自由にソフトウェアをアップデートでき、新サービスを提供する移動体となることだ。これを実現する技術が、「仮想化」と「抽象化」というＩＴの技術論であり、この先に出てくる「ビークルＯＳ」の概念と合わせて理解が非常に難しい領域に入っていく。

先述の通り、これまでのクルマはハードウェアとソフトウェアが一体開発されてきた。そのコア技術はメカニカルなハードウェアである「エンジン」である。エンジンとはクルマを走らせるだけではなく、その廃熱や負圧を利用してブレーキ、ステアリング、エアコンなどさまざまなクルマの機能を司ってきた。自動車メーカーはこのエンジンを自前で開発し、それを搭載したプラットフォームを設計し、ハードウェアのインターフェースを定義する。

そして、ティア１サプライヤーがそのインターフェースに沿ってコンポーネンツを水平分業的に開発・生産してきた。モデルチェンジやマイナーチェンジなど、定期的なアップデートの時にハードとソフトを一体で刷新することで、車両が提供する価値を、時間をかけながら定期的に引き上げてきたわけだ。サプライヤーは口を開けて待っていれば仕事が降ってくるというのは、こういった構造があったためだ。

　このような事業構造はＳＤＶになれば激変すると予想されている。ＯＴＡをこなしさまざまなサービスを提供するＳＤＶにおいては、そういったソフトウェアとハードウェアを制御する秘術が、ＩＴ業界では一般的なソフトウェア・ディファインド（ソフトウェア定義）となる。

　専門的な話となるが、そこで登場するのが「抽象化」というＩＴ技術である。ソフトウェアとハードウェアの結合を「曖昧《あいまい》」にすることで、組み合わせの自由度を上げ汎用性を高める技術であり、ソフト・ハードの切り離しを実現させる。ソフトウェアとハードウェアの間に抽象化されたレイヤーを提供することで、リソースをソフトウェアが管理する。ここでは概念の理解だけに留める

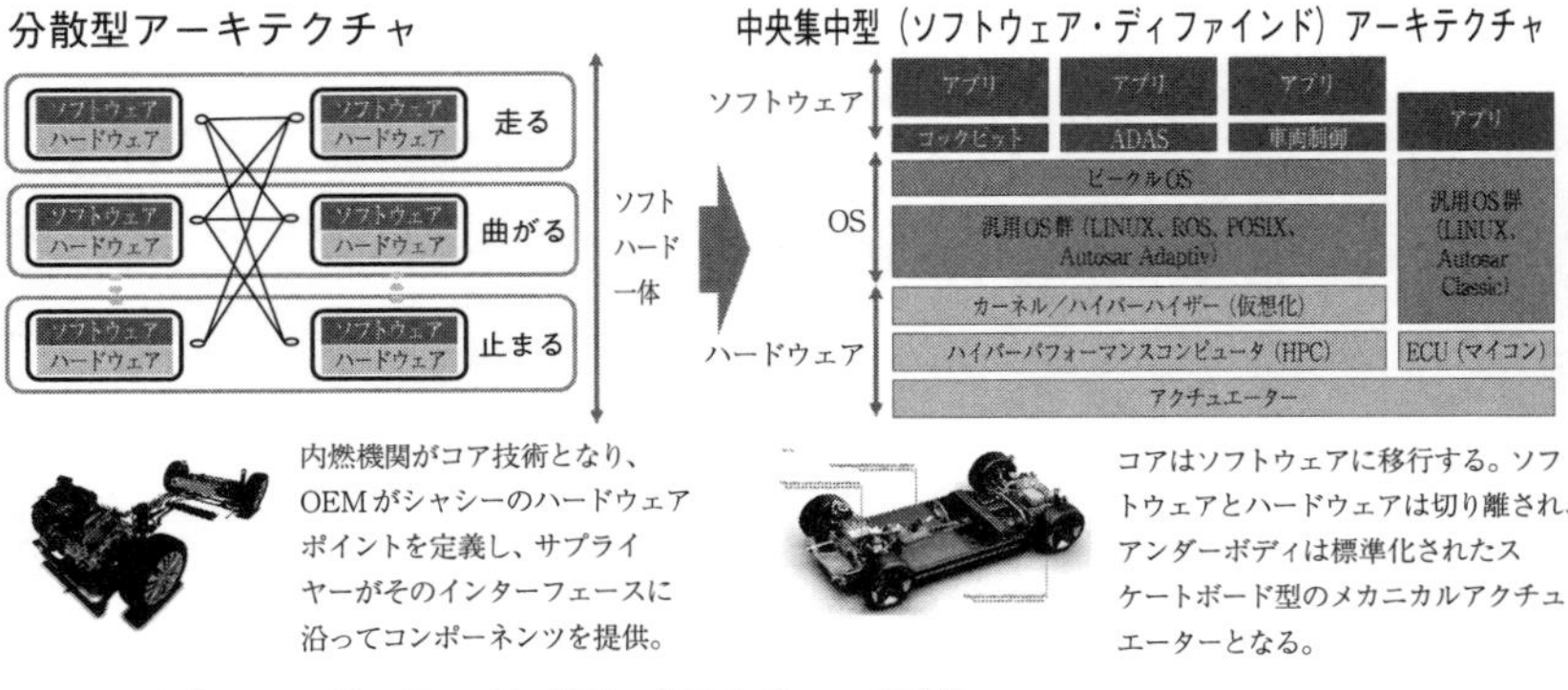

ソフトウェア・ディファインドアーキテクチャへの進化

著者作成、写真は左がトヨタ「クラウン」でトヨタホームページ、右がＶＷの PPE プラットフォームで VW ホームページより

が、下の図にある通り、ビークルOSをはさんで抽象化することによってソフトとハードの切り離しが実現する。ハイパーバイザーというソフトウェアのレイヤーが仮想マシンとなって複数のOS、ハードウェアを実行していく。「仮想化」とはECUやメモリーなどのハードウェアをソフトウェアで統合や分離をする技術である。日常的な例として、パソコンのハードディスクはひとつなのに、CドライブとDドライブに分離し、それぞれ違うOSで動かすことが仮想化による「分割」だ。クルマのECUを統合して複数のハードウェアを動かすことが仮想化による「統合」である。

クルマのOS化、ソフトとハードの切り離し

それでは、ビークルOSとは何か。クルマがさまざまな外からのサービスと連携していくには、車両内部（インカー）と外部（アウトカー）とのやり取りを標準化するプラットフォームが必要となる。アプリケーションをつなぐAPI（アプリケーション・プログラム・インターフェース）を定義するのがビークルOSとなる。このビークルOSをはさんでクルマのソフトとハードは切り離される。アンダーボディのハードウェアは、ハイパーバイザーという仮想マシンを動作させるソフトウェアを介して、物理的な機能が支配される構造に変わるのである。

次世代型EVのアンダーボディは、数多くのハードをぎっしりと詰め込んで、標準化されたスケートボード型のプラットフォームへと進化していく。これこそが、欧米メーカーが開発を進め

る次世代型のＥＶ専用プラットフォームであり、メカニカルアクチュエーターと呼ばれる。

仮想化によってＥＣＵの統合が可能となる。先ほどの中央集中型Ｅ／Ｅアーキテクチャの中で登場したハイパフォーマンスコンピュータ（ＨＰＣ）が集中的に演算を行う。ひとつのコンピュータがあたかも複数台あるかのように分割し独立して操作したり、複数のＯＳ上で動作させたりすることを可能とするのである。これは構造的に汎用パソコンやスマートフォンと同じだと考えて良い。

ソフトはユーザーニーズに応じてアジャイル（機敏）に開発され、ＯＴＡアップデートが可能となる。ビークルＯＳの定義するＡＰＩで開発されたソフトウェアは、メカニカルアクチュエーターにあるＥＣＵやハードウェアに干渉することなくその機能を実現できる。新機能やサービスを提供するのにハードを逐次アップデートする必要はなくなるわけだ。

これがＳＤＶと呼ばれる新しい構造だ。この構造はソフトウェアファーストの新ビジネスを設計し、自動運転などのソフトウェアのアップデートに課金したり、ユーザーはエネルギーマネジメントで売電し収益を得たりと、アウトカーの世界と連携した新しいサービスと事業へバリューチェーンを拡張していくことが可能となる。テスラや新興ＥＶメーカーが提供している顧客体験がこれであり、伝統的な自動車メーカーがこの価値の提供を急がなければならない。

SDVのレベル

ＳＤＶは提供する価値に応じてレベルの定義が必要だ。将来的には自動運転技術のような公式な定義が生まれてくるだろう。ここではコンサルティング企業のＳＢＤ社が公表している定義（巻末脚注13）で説明をする。

レベル１・０（機能的）：固有の機能を指向したＥ／Ｅアーキテクチャをベースに、複雑に分散したＥＣＵを持つ構造。低速で携帯連携など介したコネクティビティ（接続性）を有する。

レベル２・０（デジタル）：広範囲なＥ／Ｅアーキテクチャをベースに、更新可能なインフォテインメントのドメインを有する。車載に組み込まれたテレマティクスコントロールユニット（ＴＣＵ）を介したコネクティビティを有する。

レベル３・０（アップデート可能）：ドメイン型のＥ／Ｅアーキテクチャをベースに、高度運転支援とインフォテインメント領域でアプリケーションのアップデート機能を実現している。高速通信の車載組み込みを介したコネクティビティを有する。

レベル４・０（サービス指向）：サービス指向アーキテクチャ（ＳＯＡ）を確立し、継続的なアプリの統合、車両ファームウェアへのＯＴＡ実現。車載組み込みの5Ｇ／ＣＶ２Ｘ（クルマとインフラをつなぐ高速通信）コネクティビティを有する。

右記はやや専門的な内容となるが、簡単にいえば、我々の従来車はせいぜいレベル１・０～レベル２・０のＳＤＶレベルに留まり、スマートフォンを経由して地図情報をアップデートしたり、スポッティファイを聴いたりしていることに留まる。日産アリア、レクサスＬＳなど、最近のモデルはＥＣＵ単位でＯＴＡアップデートが可能になってきたが、まだまだ魅力的な顧客体験を得られる水準には来ていない。一方、テスラや小鵬汽車（シャオペン）などの新興ブランドはレベル４・０に達しており、テスラのＦＳＤのような自動運転のＯＴＡや魅力的なサービスの提供が始まっている。

　新興ブランドがＳＤＶで先行できた理由は2点ある。第1に、ＥＶだけの製品開発ですみ、複雑なエンジンラインナップや豊富なバリエーションを考える必要なしに、比較的単純なひとつのアーキテクチャを設計できる。第2に、先進的なＥ／Ｅアーキテクチャ設計

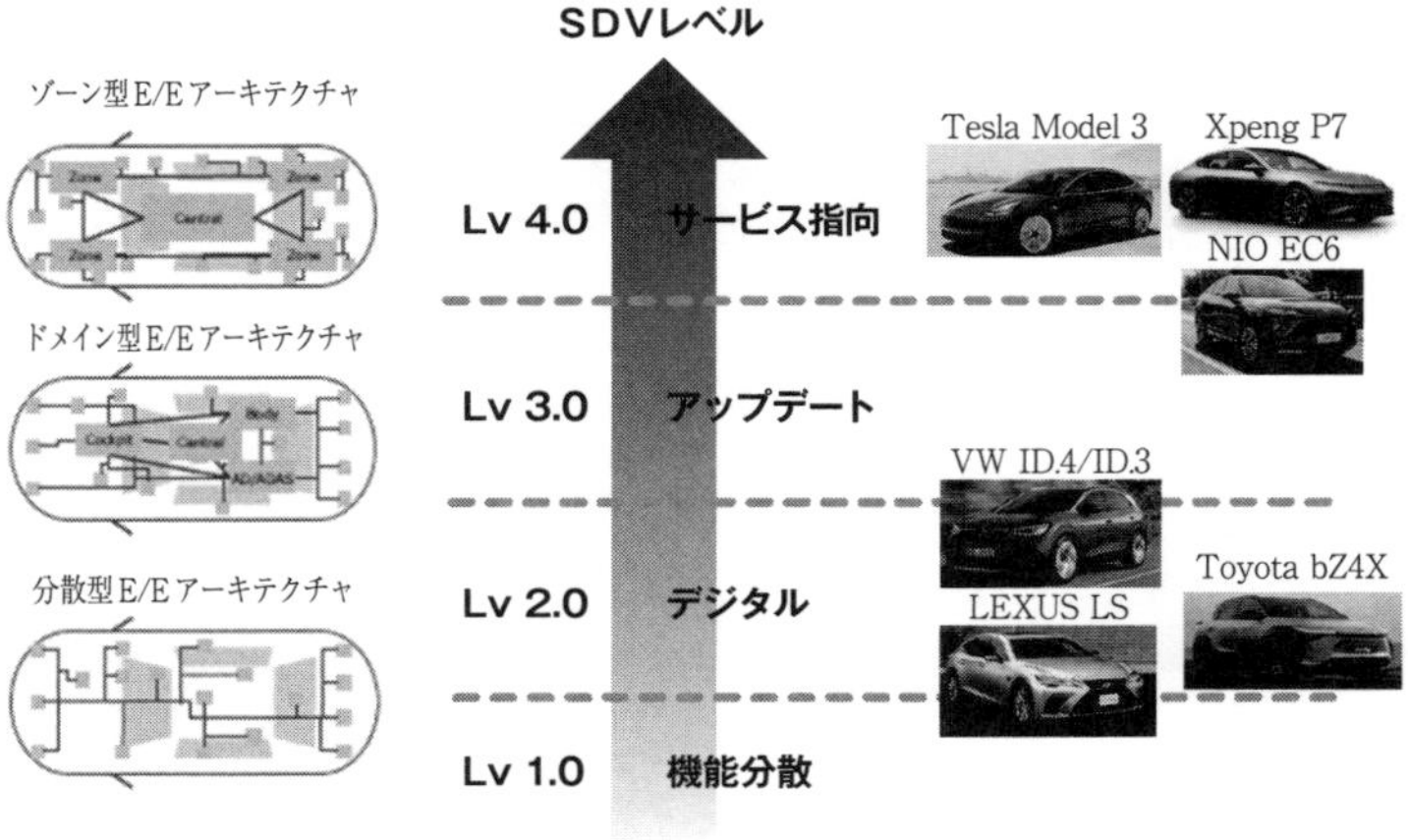

E／Eアーキテクチャの進化とSDVレベル

筆者作成、写真は各社のホームページから引用

をはじめ、SDVに必要な要素技術の開発を自前で垂直統合に進められる。中国ではファーウェイのように、ビークルOSからドメインコントローラ、ハードウェアをターンキーで供給できるサプライヤーが登場してきた。

下の図にあるE／Eアーキテクチャの進化に関しては、ボッシュ傘下のソフトウェア会社ETASがかなり前の2016年に発表した概念に添っている。伝統的な自動車メーカーは下から段階的に進化させていくことになるが、昔からの自動車ビジネスに関わってこなかった新興勢力は、いきなり中央集中型から参入することが可能となる。

トヨタやVWなどの伝統的自動車メーカーはドメイン型のE／EアーキテクチャとビークルOSに基づいたSDVレベル3・0がようやく2025年頃から始まる見通しだ。結局、これはボッシュやデンソーといった有力ティア1の開発スケジュールに沿った時間軸で進んでいるようだ。有力ティア1のサポートが技術的に必要であるということに加え、ティア1やティア2の理解を得られ、共存共栄できるビジネス進化をたどらねばならないという制約もその背景にあるだろう。

ビークルOSとはクルマのOSなのか

2025年前後にトヨタのアリーンOS、メルセデスベンツのMB・OS、VWのVW・OS、ステランティスのステラ・ブレイン、ホンダのe：アーキテクチャなどの車両搭載が続々と始まる。これまでの限定的なOTA機能は、自動運転やエンターテインメントを含めたサービス指向のOTAへ拡張され始める見通しだ。

ビークルOSとは、厳密にいえばスマートフォンのようなOSではない。その役割は大きく3点ある。

第1に、外部に対しクルマのインカーにあるデータを隠蔽（クローズド）し、クルマの外部と内部をやり取りする標準APIを提供するソフトウェアプラットフォームであり、これは外部とつながるサービスプラットフォーム的な役割である。

第2に、リアルタイムOSやミドルウェア（OSとアプリケーションの橋渡し的な役割を担うソフトウェア）とハードウェアの司令塔となるハイパーバイザーの橋渡しをする存在として、自動運転や車体制御の「アプリケーション群の調停作業」をビークルOSは司る。これが個性のある走行性能や、走りの味、パーソナライズなどの新しいクルマとしての価値を作りあげていく。

第3に、非車載領域において、外部でのアプリ開発に向けた「SDK（ソフトウェアデベロップメントキット）」、テスト・実装を効率的に行う「ツールキット」を提供するクラウド上のソフトウェアプラットフォームである。アンドロイドOSのように第三者によるソフトウェア開発を可能にする。ビークルOSを搭載し

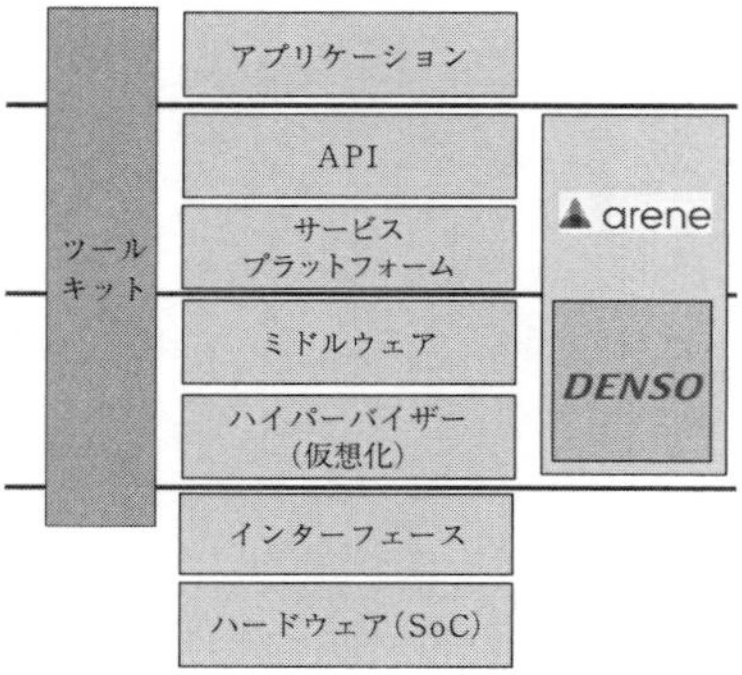

アリーンが定義するビークルOSの領域
著者作成

た車両であればサードベンダーが開発するアプリケーションが動作することが保証され、エコシステムを作り出すことが可能となる。

従って、自動車メーカーによって、ビークルＯＳといってもどこまでを含んでいるかはバラバラだ。トヨタのアリーンはこの３つの領域すべてを自前で賄う考えであり、サービスプラットフォームというよりはクルマのＯＳにより近くなる。

ここで疑問なことは、各社がこれほどコストのかかるビークルＯＳやＥ／Ｅアーキテクチャをばらばらに開発していることだ。これは、ＯＳといってもクルマがスマートフォンのようにひとつのＯＳで全ての機能が作動できるものではないことに起因する。クルマでは走る、曲がる、止まるという制御系にはリアルタイム性が不可避である。ＬＩＮＵＸやＰＯＳＩＸなど車載ＯＳを用いたミドルウェア（ＯＳとアプリケーションを橋渡しするソフトウェア）がどうしても必要だ。一方、インフォテインメント／マルチメディアという複雑な情報処理が求められるところにはアンドロイドのような汎用ＯＳが併用される。

リアルタイムＯＳと汎用ＯＳがうまく合体した便利なビークルＯＳは世に存在しておらず、ライバルよりも早くサービスインしようと思えば、こぞって各社で自前のビークルＯＳの開発に参入せざるを得ない。本来の競争領域とはアプリケーションとその上に広がるエコシステムであり、複数のビークルＯＳが混在するメリットは自動車メーカーには小さい。

従って、将来的に、ビークルＯＳは同じ考えを有する自動車メーカー間での協調領域に進化する可能性が高い。コアにあるミドルウェアやハイパーバイザーも協調領域に変わり、標準ＡＰＩ

やサービスプラットフォームも将来的に共通化が進む可能性がある。トヨタの仲間（マツダ、スバル、スズキ、ダイハツ工業）は既にビークルOSとE／Eアーキテクチャを競争領域とは考えておらず、基本的にトヨタのソフトウェアを活用する考えであるだろう。

ビークルOSがもたらす新たな競合

ビークルOSによってクルマの付加価値がソフトウェアに大きく移行する時代が目前に迫っている。これがもたらす業界構造の変化を考察してみよう。ソフトウェアとハードウェアが分離され、ハードウェアはソフトウェアを介して、物理的な機能が支配される構造に変わる。ハードウェアは長く堅固に使う利用の長期化が起こるだろう。また、センサーなどの進化を受け止め、ハードウェアがプラグ・アンド・プレイでアップデートできるようになる。そして、ハードウェアの重要な競争領域は半導体や統合されたシステムを組み込んでいるSoC（システム・オン・チップ）に移行し、ハードウェアの付加価値は伝統的なティア1よりもクアルコムのようなティア2に位置するSoCメーカーが支配する領域が増えていくだろう。

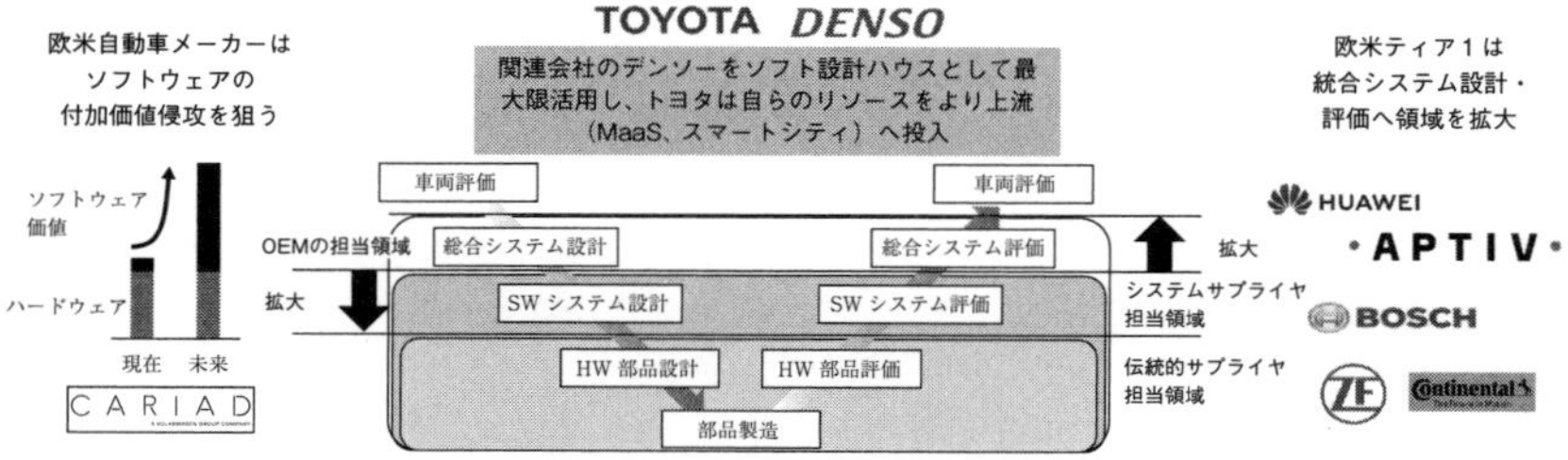

ビークルOSがもたらす新たな競合
筆者作成

これまでクルマの統合制御のシステム設計と評価は自動車メーカーが司ってきた。クルマのハードウェアを定義した後は、部品システムを外注し、ECUのソフトウェアシステムの設計と評価はティア1のサプライヤーが行い、その付加価値をつけていた。これがSDV化されることで、ソフトウェアの付加価値をティア1が支配できるのか、それとも自動車メーカーが奪い返すのか、新しい競争の構図が生まれそうだ。SDVにおいては巨大なセントラルECUがデータ処理を一括で担うことになる。ECUの数が減少するだけでなく、ソフトウェア群の付加価値の多くがサプライヤーから自動車メーカーにシフトする可能性がある（右図の左側の構図）。

一方、サプライヤーはドメインコントローラのような統合システムをまるまる設計し、評価する統合型ビジネスの領域拡大が期待できる。ドメインを一括し、車両システムをまるごと提供するビジネスも可能となってくる。ファーウェイや欧米サプライヤーは大きな付加価値領域を獲得することが可能となってくる（右図の右側の構図）。

デンソーらティア1を資本で垂直統合しているトヨタはこのどちらにも属さない。トヨタは関連会社のデンソーをソフトウェアの設計ハウスとして最大限活用し、自らのリソースはより上流にあるMaaS、スマートシティへ投入していき、分業することが可能となる（右図の中央の構図）。

トヨタのE／Eアーキテクチャの進化

2015年、トヨタの電子プラットフォームは部分的にオートザーの採用が進んだ5群（HM

I、コンフォート、ADAS〈先進運転支援システム〉系、モーションコントロール、パワートレイン)の分散型ドメインに進化した。現在のE/Eアーキテクチャは、分散型ドメインをフュージョンさせたe-PF2・0が主流にある。

トヨタはe-PF2・0をバージョンアップさせて、部分的にOTAとオープンアーキテクチャに対応できるe-PF2・1の開発を進めている。これを採用したGA-K(カムリクラス)やGA-C(カローラクラス)のTNGAプラットフォームをベースにしたグローバル量販モデルが2025年頃から発売が開始される見通しだ。後半に詳しく解説するがGA-KベースのEVの投入も検討されている。

2026年までに、セントラルECUを配置したセントラルドメイン型のe-PF3・0へ進化させる考えだ。このE/EアーキテクチャとアリーンOSと合わせて一気にSDV化を推進していく考えにある。トヨタの場合、ほかの伝統的自動車メーカーと同じくエンジン車とのE/Eアーキテクチャの全体最適が必要であり、やはり印象としてはEV専業の新興メーカーが採用を進めるセントラルゾーン型E/Eアーキテクチャよりも進化のスピードが緩やかな印象が残る。

SDVはEVの価値を支配する

ソフトウェアはニュートンの法則を乗り越えるか

自動車産業が守ってきた閉鎖的なアーキテクチャや儲かるバリューチェーンは、過去から幾度となくデジタル化によって崩壊するといわれてきた。しかし、破壊型イノベーションはやすやすとは起こらなかった。そういった革命を阻止してきた最大の要素とは、誤解を恐れずにいえば、ニュートンの法則なのである。1トン以上の質量をもつクルマという物体を時速100キロで移動させるのは非常に危険なこと。絶対に安全なシステムをソフトウェア主導で作り上げることは容易ではなかった。

クルマには特別な安全性と信頼性を担保しなければならず、リアルタイム性を担保し、スマートフォンのようにリブート（再起動）を頻繁に行うことも許されず、オートモーティブ・グレード（クルマ専用の高いスペックと信頼性）を保って最適化されたOS群を揃え、制御ソフトウェアと信頼性の高いハードウェアを紐づけして、擦り合わせながら開発するしかなかった。

ところが、CASE2.0の世界において、EVとSDVはコインの表裏のように一体化されて自動車の価値を変え始めている。SDVのレベルが上昇するほどに、極限領域の走りの価値より安定領域の空間価値にユーザーの求める価値が移行していく。クルマはニュートンの法則から解放され、デジタル化による破壊的な変革は従来よりも早く過激に訪れる可能性が高まっていると考える。

3万ドルを切るEVの世界

テスラや中国BYDのEVでの破壊的なコストダウンの脅威を認識してきた。3万ドルを切るEVが世界に出回るのは遠い話ではなさそうだ。魅力的な走行性能、直感的で魅力的なインフォテインメント、新しい空間価値を作る自動運転機能など、現在のEVが提供している価値は明白だ。しかし、これらは価格の高いプレミアム車でしか現時点では実現できていない。

それでは、3万ドルを切るEVのどこにユーザーは価値を見出すのであろうか。モータードライブが生み出すトルキーな走りは、小型車の方がより分かりやすく強い訴求力があるだろうが、それならハイブリッドでも同じような価値は得られるだろう。大衆EVでなければ得られない価値とは、SDVとの相性の良さ、V2H（ビークル・トゥ・ホーム）、V2G（ビークル・トゥ・グリッド）のようなエネルギーマネジメントによるコストゼロの維持費や売電やロボタクシー収益などのマネタイズの好機にあるのではないだろうか。

テスラやBYDから3万ドルを切るEVが大量に登場してくる時、このセグメントはもう売り切り型で収益を確保できるような市場ではなくなるだろう。この血の海から逃げていくか、留まるとすればモビリティカンパニーに転身することで生まれてくるサービスやバリューチェーンで稼いでいくしかないのである。

それを実現するには巨大な資本が必要であり、国内ではトヨタくらいしかその選択肢はない。同時に、スピード感を持ってコネクテッド基盤を確立し、クルマのＳＤＶ化に邁進していかなければならない。ところが、ＳＤＶで進化すること自体がＥＶと紐づいてしまっている。すなわち、ＥＶファーストを進めなければ、ＳＤＶで競争力を確立することが困難となってくる。

ＳＤＶ化とマルチパスウェイの両立

トヨタが２０２６年にｅ‐ＰＦ３・０を導入した時に、現在のテスラや中国車メーカーに追いつき追い越すことが果たして可能なのであろうか。先述の通り、エンジンをクルマの腹に抱えている限り、ＥＶ専業メーカーが築く先進的なセントラルゾーン型Ｅ／Ｅアーキテクチャに追いつくことは容易ではない。トヨタは、連続的な進化しか望めないエンジン車の事業と、非連続的な進化が期待できるＥＶ事業とを切り分けて、二正面で戦う戦略を採らなければならない。

権力を有する国家も巨大なマザーマーケットも持たずデファクト戦略しか選択肢のないトヨタは、トヨタらしいバリュープロポジション（独自の価値）をＥＶやＳＤＶで確立していかなければ、生き残る道が途絶えてしまう。ＥＶだけの議論では終わらせず、ソフトウェア、デジタルの競争力確立を並行して議論し、ＳＤＶで反撃に打って出て強いトヨタを取り戻していかなければならない。

グローバルをフルラインで展開するのはトヨタの宿命といえる。さらに、マルチパスウェイ(全方位)戦略を堅持し、かつEVをもフルラインで進めようとしているのは、世界でトヨタだけかもしれない。これらを全体最適することは技術的にも効率の面からも相当に至難の業である。資本力のあるトヨタだからこそ採れる戦略であるが、コスト競争力への負担や財務的な圧迫は相当厳しいものとなる。

資本力にも限界がある。漫然と多面的に展開し、競争力を確保する難しさは認識していかなければならない。優先順位付けと選択と集中はトヨタにも必要な議論である。そして、マルチパスウェイ(全方位)の負担を受け止めるのがバリューチェーン戦略だと指摘した。SDVはバリューチェーン戦略をモビリティの拡張から社会インフラとの連携に広がりをもたらす。SDV化をバリューチェーン戦略の飛躍につなげることは大きな意義があることだと理解したい。

SDVで築く、暮らしと街のバリューチェーン

OS化されたクルマが提供する価値

トヨタのバリューチェーン戦略の長期的な収益機会が、OS化されたSDV（ソフトウェア定義車）が生み出すデジタル化されたビジネスにある。ここで出てくるトヨタのビークルOSであるアリーンであるが、VWのVW・OS、メルセデスのMB・OSとはネーミングに込めた思いが違う。

アリーンの語源は芳香族炭化水素であり、中学の化学で学ぶベンゼンがその代表例である。ベンゼンはベンゼン環という6つの炭素環状化合物を重合や結合しながら複雑な分子構造を形成する。そのネーミングに込めた思いとは、アリーンOSがクルマからモビリティ、家、街を結合していく暮らしのアンドロイドのようなOSに育っていく未来図であるだろう。

これはアマゾンやグーグル、恐らくアップルやソニーも狙う市場である。彼らはまずはリアルな自動車、そしてモビリティを手の内にして、最終的に街や暮らしのエコシステムを支配しようとするのかもしれない。

アリーンOSはデータ駆動型のソフトウェアビジネスを拡大実現させ、トヨタの未来のバ

リューチェーンの成長をけん引する基盤となりえるのである。OS化されたクルマはSDVとして、スマートモビリティ、スマートホーム、スマートシティなどの社会インフラのノード（結び目）となる。その結果、移動のバリューチェーンのみならず、暮らしや街に展開するバリューチェーンを構築し、ビヨンドモビリティの事業領域に攻め込むことが可能となる。

トヨタが静岡県裾野市のウーブンシティでスマートシティの実証実験に取り組み、新しいサービス・製品・顧客体験の開発を進める理由とは、モビリティを超えて暮らしのバリューチェーンを確立することにある。そのためにクルマをSDVへ進化させ、モビリティとつながり、社会のインフラの一部となっていく未来図を描いているのである。

ウーブン・バイ・トヨタに社名を変えた理由

2021年1月にウーブン・プラネット・ホールディングスをトヨタは立ち上げた。この社名は佐藤恒治新体制の発動と共にウーブン・バイ・トヨタに社名を変更している。クルマ屋のトヨタがしっかりとグリップを握ってOSとスマートシティづくりを進めるという意志であると受け取れる。

では、なぜクルマ屋がソフトウェアに強く介入するのか。アリーンOSの基軸が、サービスプラットフォームにあるのか、クルマのOSにあるのかは、トヨタ内部でも長く議論されてきた深いところの論点である。筆者の偏見に過ぎないが、話を聞いている中では、ウーブン・バイ・トヨタのジェームス・カフナーCEOはどちらかといえばサービスプラットフォーム論で、トヨタの佐藤社長はクルマのOS論に比重を置いているように聞こえてきた。

トヨタは後述する２０２３年６月初旬に開催された「トヨタテクニカル・ワークショップ２０２３」において、アリーンOSをクルマの知能化を加速するソフトウェアプラットフォームと再定義した。アリーンOSが提供する機能を３つに分け、①ユーザーインタラクション（UI）、②SDK（サードパーティ向けソフトウェアデベロップメントキット）、③ツール（トヨタとティア１の開発／評価ツール）と整理している。

ユーザーインタラクション（UI）とは、人とクルマ、クルマと社会システムが相互作用するための仕組みである。安全を極め、走りの個性や魅力を高め、パーソナル化を進めることを重視する。

走りの個性や魅力を高め、パーソナライゼーションを進めるためには、アリーンOSがハードウェアの司令塔であるハイパーバイザーとドメインコントローラの調停

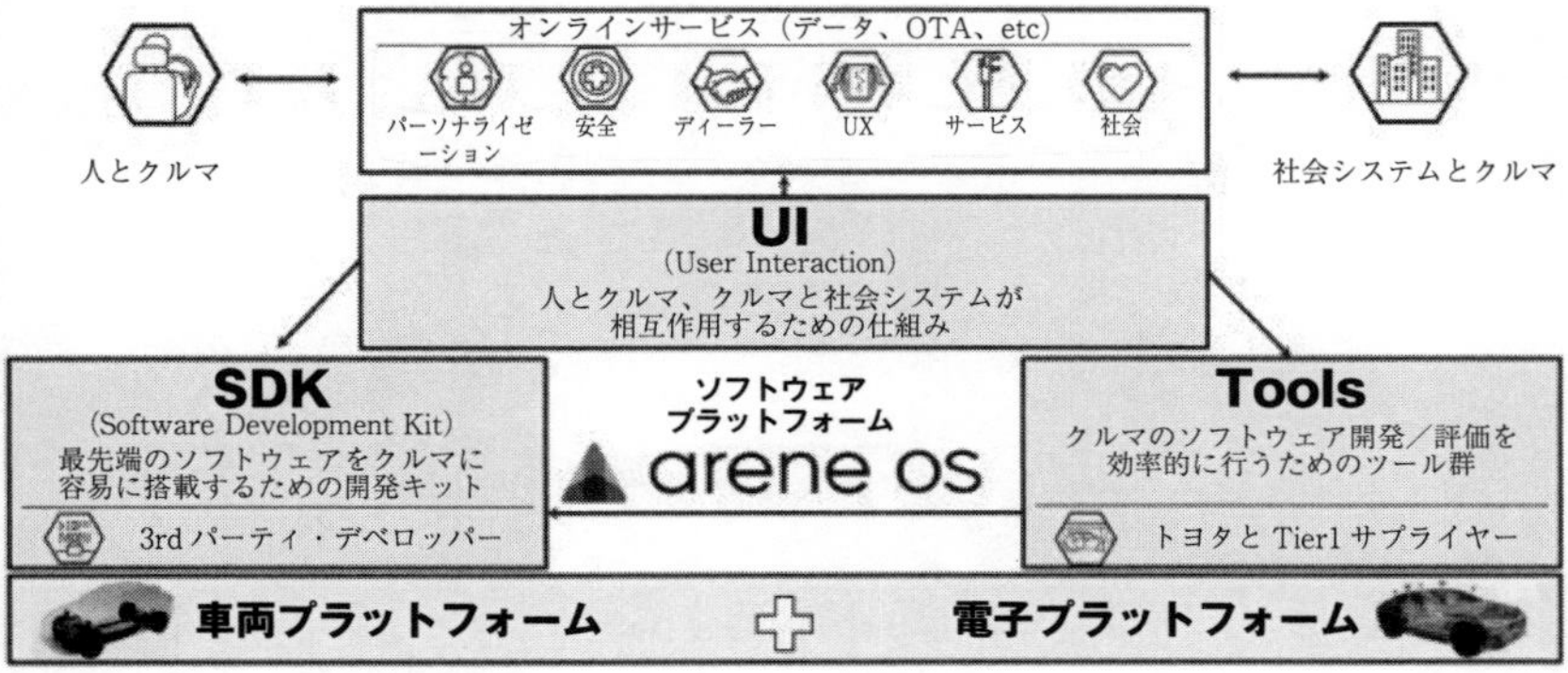

アリーンOSの再定義

トヨタホームページ
https://global.toyota/jp/newsroom/corporate/39288466.html

作業を司ることに、より重要な意義を見出しているといえるだろう。とすれば、より重要なのはクルマのＯＳ化にあると考えられる。

アリーンＯＳは外の世界からクルマの中を考えるのではなく、クルマの中から外の世界を変えていくことを位置づけたともいえるだろう。いきなり街づくりを目的とするのではなく、クルマ屋としてできることから着実にデジタル社会に役に立っていこうという考えであるだろう。

第9章

トヨタ新体制の戦略

トヨタ決断の時

スピードを持って決めていくことが新体制の役割

第1章の中でも触れたが、トヨタが佐藤恒治新社長に経営を託すその真意には、現在の苦境を打破できる佐藤の決断力と実行力にかけたところにあると考える。思い起こせば、世界がカーボンニュートラルに向けて激変した2020年からの2年間、EVファーストで構造変化に向けたさまざまな怒涛の決断を下し続けた世界の自動車メーカー、日本ではホンダらと対極的に、トヨタのEVシフトへの決断は停滞して見えた。

既成の電動化戦略には大きな修正は入らず、マルチパスウェイ（全方位）がお題目のように唱えられ続けた。EVシフトに必要な構造変化の論議もほとんど進まなかった。トヨタの空白の2年間を取り戻し、スピードを持って決めていくことが新体制の役割であるだろう。

佐藤が新体制決定からわずか2カ月後、社長就任から実に1週間（実働で4日目）という驚きのスピードで臨んだのが2023年4月7日の「新体制方針説明会」であった。壇上には社長兼

CEO（最高経営責任者）の佐藤、副社長兼CTO（最高技術責任者）の中嶋裕樹、副社長兼CFO（最高財務責任者）の宮崎洋一の３人が立った。

「まだ煮詰まっていない」「ソフトウェアのこともう少しは具体的に説明できる段階でないと」「150万台EVにリアリティある説明ができるのか」

この段階での説明会には社内に慎重な意見もあったようだ。こういった慎重論に対して、佐藤は早い段階で方針説明を実施することにこだわった。スピードを持ってトヨタを変えていかなければならないという、佐藤の強い意気込みがあっただろう。

そうはいっても、体制決定後のわずか２カ月で、トヨタが進めていかなければならないソフトウェア×デジタル×EVのマトリックスを埋めつくす、完全で詳細な方針説明ができるわけもない。過去の失敗に学び、先送りされてきた必要な決断をいち早く下そうとする、躍動感のある経営姿勢が見えるのであれば、筆者としては成功ではないかとイベント前は考えていた。

新体制方針説明会に臨む佐藤恒治社長
トヨタホームページ
https://global.toyota/jp/newsroom/corporate/39013179.html

「継承」と「進化」

新体制方針説明会に立った佐藤は、豊田章男体制からの基本戦略とクルマづくりの哲学を「継承」することに何ら迷いはなく、カーボンニュートラルと移動価値の拡張を実現させる会社とクルマへの「進化」を目指すことをまずは確認した。そのために必要な大胆な決断と実行のスピードを大幅に加速化させる考えだ。

２０５０年のカーボンニュートラル実現に向け、新たな目標を発表。メディアはほとんどこの事実を報道しなかったが非常に重要なステップとなる。２０３０年までにＳＢＴｉベース（世界自然保護基金などの国連共同イニシアティブに基づく科学的知見と整合した削減目標）で２０１９年比33％削減の具体的な目標値を掲げた。さらに、２０３５年に50％削減という高い目線も掲げ、真剣に脱炭素を進める意思を示した。

トヨタには環境チャレンジという長期の行動規範が定められているが、最後のアップデートは２０１５年ととても古ぼけたもので、２０２０年以降の時代の要請に応えることができていなかった。重要な２０３０年の具体計画をトヨタは示せておらず、環境（Ｅ）・社会（Ｓ）、ガバナンス（Ｇ）の解決を目指すＥＳＧスコアも低迷した。ハイブリッド技術で世界の環境にこれほど貢献しながらも、環境アクティビストから非難を受けるひとつの理由でもあった。

脱炭素の実現に向けて、新体制においてもマルチパスウェイ（全方位）戦略を堅持する。ただし、これからのフェーズは「ＥＶファースト」であると佐藤は断言しており、ＥＶ基盤を構築し、真剣に必要な構造転換を進める覚悟を示した。新興国には不可欠の廉価なハイブリッドの手綱を緩めず、プラグインハイブリッドは電気走行レンジ（ＡＥＲ）を２００キロへ拡大させ、「プラクティカル（実用的）なＥＶ」として普及を目指す。燃料電池車は商用車を中心に量産化へチャレンジし、カーボンニュートラル燃料の開発へも注力する考えだ。

具体化するモビリティカンパニーへの進化

「トヨタモビリティコンセプト（ＴＭＣ）」はモビリティカンパニーへの転換という企業パーパスの具体化を進めたものだ。最終的に社会システムの一部となるべくクルマを進化させ、産業と社会の活力を伸ばそうという考えである。これまでは、モビリティカンパニーとは「クルマのコネクテッド基盤を構築し、必要なバリューチェーンにつながり、お客様の笑顔を量産すること」と説明されてきたが、どうも抽象的で分かりづらかった。そのモビリティを再定義したのが「トヨタモビリティコンセプト」である。

「モビリティ１・０」ではクローズドループの自動車産業を打破するためにクルマのＯＳ化を進め、オープンアーキテクチャのクルマに進化させる。いわゆるＳＤＶ（ソフトウェア・ディファインド・ビークル＝ソフトウェア定義車）化である。ここで新しいクルマづくりの鍵を握るのが、ビークルＯＳの「アリーン」だ。アリーンを介してハードとソフトが分離され、さまざまなアプリもクルマと自由自在につながっていく世界である。ＳＤＶとしてのクルマの進化がモビリティ１・０のフェーズである。

「モビリティ２・０」ではＳＤＶを基盤としてモビリティの拡張を目指す。フルラインナップのクルマ、ｅパレットのような新しいモビリティやライドシェア、空飛ぶクルマなどの産業を越えた仲間とのネットワークを用いて、世界中のヒト・モノ・コト・エネルギーの移動を支え、モビリティの拡張を実現しようとするものだ。

「モビリティ3.0」ではクルマは社会のデバイスとなり、社会システムと一体化することで新しい価値を生み出す存在へ進化する。社会とつながったクルマは人々の暮らしを支えるサービスとつながり、エネルギー、交通、物流、暮らしを包括するエコシステムを形成する。ウーブンシティでこういった新しいサービスや顧客体験の実証実験を進め、世の中への普及を目指していく。

「自動車産業にはまだまだ大きな可能性が残されている。トヨタが構造改革に向けて勇気を持って行動できるかどうか」

トヨタが勇気を持って行動し、勢いを取り戻し、大きく連携し、産業と社会の活力を伸ばすと佐藤は主張した。「クルマの未来を変えていこう」。それが佐藤の締めのメッセージだった。

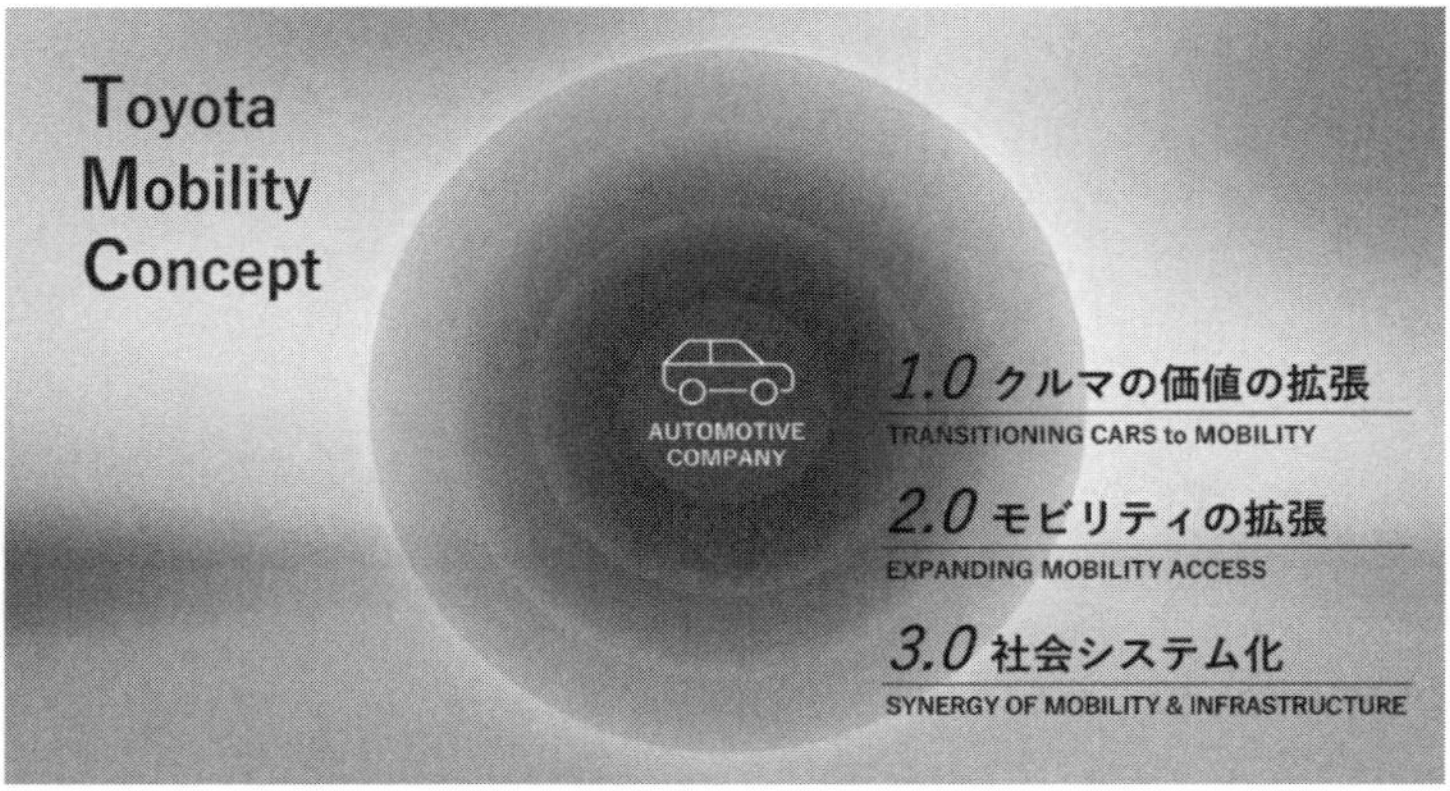

Toyota Mobility Concept（TMC）の概念

トヨタホームページ
https://global.toyota/jp/newsroom/corporate/39013179.html

佐藤社長と中嶋CTOの描くEV戦略

ジャイアンと呼ばれる男

「私の見た目や進め方からブルドーザーとも呼ばれています」

佐藤に続き壇上の副社長の中嶋はこう切り出した。恐らく、普段から彼をあだ名で呼んでいる人たちは「あれ？」と感じたかもしれない。中嶋の本当のあだ名は『ドラえもん』に登場する「ジャイアン」である。アニメのキャラクターと同じく歌が音痴かどうかは知らないが、その風貌と声が大きく発言力の押しの強さがそう呼ばれるゆえんではないだろうか。商用車のカーボンニュートラルの実現を目指して設立したCJPT（コマーシャル・ジャパン・パートナーシップ・テクノロジーズ）の社長を兼務してきたが、どうも、ブルドーザーの名付け親はCJPTに参画しているいすゞの片山正則会長らしい。

中嶋がチーフエンジニアを務めた2台のモデルも映し出された。スマートのような超コンパクトだが革命児的な「iQ」、新興国向け多目的車の「ハイラックス」がそれにあたる。

「たくさんの失敗もしてきました」

モデルを見せながら、あえて晴れ舞台で失敗という言葉を選んだのは印象的だった。ハイラックス開発において、ユーザーとの期待値と商品に大きなギャップを作り出してしまい、タイにおけるいすゞとのシェア争いで厳しい結果を招いてしまった苦い経験があるからだろう。失敗の意味を知ったＣＴＯがこれからのトヨタのＥＶをけん引することは、必ずしも悪いことではない。

ＥＶ１５０万台の意義

新体制方針説明会において、ＥＶ戦略のスケルトンが発表された。まず驚かされたのが２０２６年の中間段階でのＥＶ販売台数を１５０万台と開示したことだ。２０３０年の３５０万台に変化はないが、その中間点としてかなり思い切った数値を発信したなというのが第一印象であった。

１５０万台という数値が目標のように独り歩きしており、ここには誤解があるとも感じている。この１５０万台は目標でも公約でもない、経営を進めるうえでの「目線」であると佐藤はいう。市場の期待に対して持つべき構えのようなものだ。そもそも、トヨタは２０００年代の拡大経営の反省として、台数を目標とすることは放棄している。２０３０年の３５０万台の事業計画に対して粛々と準備を進めてきており、この中間的な目線が変わったということはないと佐藤は

「ジャイアン」がニックネームの中嶋裕樹CTO

トヨタホームページ
https://global.toyota/jp/newsroom/corporate/39013179.html

説明する。

表向きはそうなのだろうが、筆者の受け止めでは、従来の目線をかなり引き上げたと感じている。比較的緩やかにＥＶ販売が成長し、ｅ－ＴＮＧＡが２順目に入る２０２６年から急加速し、３５０万台に近づくというのが当初の考えであったはずだ。ただでさえ、第１弾のｂＺ４Ｘが初動でつまずき、ｅ－ＴＮＧＡの改良に加えて追加のＥＶアプローチを加える時間も必要なところで、目線とはいえ１５０万台の高い数値を外に向けて発するところが佐藤流のコミュニケーションだと感じた。

そうはいっても、トヨタは２０２６年に向けてインハウスの電池製造会社ＰＰＥＳで40ギガワット時の設備能力を建設中であるにすぎない。１５０万台といえば、１００ギガワット時は必要で、残りをどう調達していくかは不透明に感じる。韓国のＬＧ傘下のＬＧＥＳとの関係構築や、既存の中国パートナーのＣＡＴＬ、ＢＹＤからの調達を拡大することも可能であるが、時間が間に合うのか疑問だ。

就任直後の佐藤社長へこの疑問を直接ぶつけたことがある。

「電池は調達できる。１５０万台はリアリティを感じられないかもしれないが、それなりの実現性を持って取り組んでいる。２０２６年までのＥＶはまだ何も語っていないが、大きく変えていく。期待に届くために何が必要かは分かってきている」

新しいＥＶへの意気込みを、佐藤はそう語った。

次世代EV専用プラットフォームの競争力

次世代のEV専用プラットフォームに関する発表には、不退転の覚悟を感じさせるものがあった。この専用プラットフォームこそが第1章で指摘した、e－TNGA2順目が終わった後のプラットフォームで、もともと2029年を目途に構想してきたものだ。佐藤が社長に就任する前の2022年に、長期的なトヨタのEVプラットフォームの開発企画に取り組んだタスクフォース「寺師研究所」で2027年への前倒しが決定していたが、佐藤と中嶋はさらに1年前倒しを決断したということだ。

次世代EV専用プラットフォームから生まれる、電気走行レンジを2倍に高め1000キロ走行できるモデルをレクサスの新モデルから投入し、将来的にトヨタブランドへも展開する方向である。ビークルOSの「アリーン」を基盤に、マルチメディア、ADAS（先進運転支援システム）、車両制御の3つのドメインが連携し、OTA（通信を用いたソフトウェアアップデート）でアップデートできる新しいE／Eアーキテクチャ「e－PF3.0」を採用する。サードパーティのアプリともつながり、サービス指向でエネルギーマネジメントを運用できるEVとなる。トヨタはそのEVを通じて暮らしとつながる新たなバリューチェーンを切り開くことも目指していく。

それを成功させるために必要な要素は3つあるだろう。第1に、電池のコスト競争力と調達力。

第2に、ビークルOSアリーンとE／Eアーキテクチャを確立させ、OTAでユニークな提供価値を届けること。第3に、効率的で新しいEVの作り方である。電池を「軽く」「安く」する技術を極め、電気走行レンジを高め、電池の搭載量を抑え、EVのコスト競争力を高めていかなければ、レクサスはともかく、良品廉価が基本のトヨタブランドのEVにおける競争力を確立できない。電池コストとEVの車体製造コストを引き下げることは必須条件である。

テスラ並みの生産性を目指す

新方針の中で最も驚いたのは、次世代EV専用プラットフォームは構造、作り方を抜本的に変え、全く新しいものにチャレンジすると表明したことだ。その結果、工程数を半減、内製投資を半減、開発原単位の半減を目指すと中嶋は発表した。無人搬送や自律走行で検査工程を実施するなどでは、工程数を半減することは不可能だ。これは組み立ての部品点数が半減するということと同じ意味である。

方法論はともかく、テスラが公表した「パラレル・シリアル方式」で組み立て効率を40％向上、製造原価を50％削減することと同じレベルの生産性の向上を、次世代EV専用プラットフォームはベンチマークしていることになる。EV事業というものは、エンジン車とは全く次元の違う生産性を実現しなければ、戦いの土俵に上がれないことを如実に表している。

それほどに激変する構造、作り方がサプライヤーへ及ぼす影響は計り知れない。会見においてサプライヤーへの影響を質問された時、中嶋はサプライヤーとは共存共栄、相互反映の文化と理念で関係を構築してきたことに変化はないとしながらも、従来のエンジンを中心とするサプライヤーに対しては厳しい現実を語った。

「これまで培ってきた技術力と経験を活かしつつ、どういう形で変革できるか、サプライチェーン全体でトヨタも一緒に入って個社ごとに対応を進めていきたい」

これは変革できないサプライヤーに対する退場勧告にも聞こえる。減少する部品がエンジンだけでなく、多くの部品構造に拡大する時、退場勧告はさらに広がりかねない。

ただし、「ハイブリッドで関係を作った既存のサプライヤーとは新たな関係強化はある」とし、ハイブリッド事業を支えるサプライヤーに対してはモチベーションを高めた。ＥＶ向けの専用部品のサプライヤーとは広くオープンに新しい関係を構築する方向だ。

加藤武郎が率いる次世代ＥＶ専任組織

この次世代ＥＶの開発は従来のトヨタの開発から完全に切

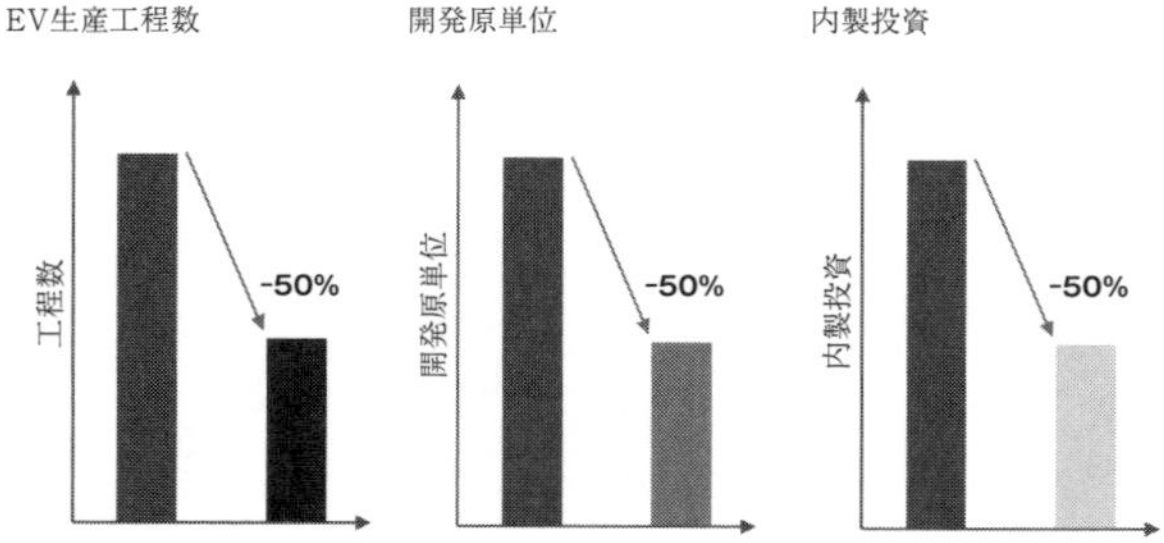

新EVプラットフォームの競争力

会社資料を基に筆者作成

り離され、専任組織を新設し、ワンリーダーの下で開発・生産・事業を包括するオールインワンのチームで運営することが2023年4月の新体制方針説明会で明らかにされていた。その専任組織のリーダーこそが加藤武郎である。

トヨタはすぐさま2023年5月の決算発表で新組織の人事とその意図を発表した。EVの専任組織として「BEV（バッテリーEV）ファクトリー」を新設、そのプレジデントに加藤が就任する。これまでEV開発を進めてきたZEVファクトリーを廃止し、ミッドサイズ、コンパクトなどの車両カンパニーへそれぞれ移管する。この意味は、e－TNGAといった既存のEV開発や事業は今後も伝統的なガソリン車と共に運営を続けるが、次世代EVは完全に既存のトヨタから独立して、開発から事業を一気通貫して進めるということだ。

ワンリーダーである加藤の下、開発、生産、事業という全てのプロセスを一気通貫で行うことで、スピーディな意思決定と実行を実現させる。組織横断的な組織体制を作り、アジャイル（機敏）な開発を加速させる。新しい製造方法に挑戦し、新たなものづくりの世界を築く考えだ。

加藤は2023年3月までBYD TOYOTA EV TECHNOLOGYカンパニー有限会社（BTET）に在籍して、BYDと共同でEV開発を進めてきた人物だ。その成果の「bZ3」は2022年に中国で発売されている。4月にクルマ開発センター長に任命され、わずか1カ月後にはBEVファクトリーで次世代のEV開発を進めることとなった。

「加藤は外からトヨタを見て、トヨタのクルマ作りのいいところ、変えていかなければ厳しい競争の中で勝ち抜けないところという外からの視点を体感してきている」

佐藤はこのように加藤の任命理由を話した。中国車メーカーに対する知見だけでなく、トヨタを外から見る貴重な経験を持って、トヨタの経営にものをいえ、それに対する具体的な行動を起こすことができる人物が求められているわけだ。

ＢＥＶファクトリーには従来の機能軸メンバーだけではなく、ウーブン・バイ・トヨタやベンチャーも含めて外からさまざまなメンバーが集まる。組織体の規模は明らかにされていないが、最終的に相当に大規模な陣容に拡大する公算だ。元ＣＴＯの寺師茂樹が率いた20人ほどの小さなタスクフォースが描いた企画を、開発・生産・事業の全領域で実践する巨大な組織となる。全く新しいＥＶにチャレンジするだけではなく、ＥＶの構造を生産方法という切り口で変え、事業を含めた未来図を描くことが求められている。２０２３年秋のジャパンモビリティショーでは、次世代ＥＶのコンセプトモデルがデビューする予定である。

ＣＦＯ（最高財務責任者）の宮崎が描く２０３０年のトヨタ

地域ＣＥＯとつながったＣＦＯへ

副社長として商品の舵取りを行う中嶋は就任時点で60歳、同じ副社長へ昇格した地域担当の宮崎は59歳と、社長の佐藤の53歳よりも少し年齢が上だ。執行役員に加わった中国担当の上田達郎も61歳、北米担当の小川哲男が63歳である。年齢が比較的若めの新社長を経験値の高いメンバーが支える。豊田は交代会見の時にチーム経営と表現したが、これは集団指導体制のように見える。そういった集団指導体制を会長の豊田と番頭の小林耕士が側面から支えつつ睨みもきかせるという布陣だ。

宮崎は、地域営業とＣＦＯを兼務し、地域を司る地域ＣＥＯを営業と経理財務面から支援する。宮崎は経理・財務のバックグラウンドはないが、山本正裕経理本部長がサポートする格好となる。宮崎の海外営業の知見は相当深いようだ。１９６３年生まれの宮崎は、神奈川大学で学び１９８６年にトヨタへ入社した。企画と営業畑を歩みながらトヨタモーターアジアパシフィック社長やインドネシアトヨタ会長などを歴任し、２０２０年にアジア本部長に就任している。宮崎は地域ＣＥＯとつながった地域重視のＣＦＯを目指すとその抱負を語った。地域経営を企業価値創造へつなげ、資本市場と向き合う姿勢を示したということだ。

宮崎の地域経営ビジョン

「新興国の成長には、収益力の上がったハイブリッドで対応し、稼ぐ源泉とします。そして、1000万台のバリューチェーンで幅広い事業機会も取り込んでいきます。EVやモビリティ領域の広がりに向けた未来の投資余力をこれまで以上に生み出し、カーボンニュートラルと成長を両立させる強い事業基盤を確立していきます」

営業、財務の基本方針を宮崎はこう語った。稼げるハイブリッドやプラグインハイブリッドに力を抜くことなく、EVファーストでこの領域も挽回し、多様な選択肢を準備してフルラインナップでグローバルの需要に応えながら成長を目指す考えだ。

「EVのラインナップ強化と共に、ハイブリッド車、プラグインハイブリッド車など、全てのパワートレインの一層の魅力と競争力の強化を行っていきます」

そして各地域へのEV投入や生産の考えを丁寧に説明していった。

新体制は右肩上がりの未来図へ強くコミット

新方針説明会の中で宮崎が説明を担当したスライドの中で、最も重要なものは２０３０年に向けた未来のトヨタが目指す収益力のスライドだ。やや抽象的であったが、筆者がより粒度を上げて次ページの図に示している。

２０２３年から２０３０年に向けて、新興国を中心としたハイブリッドの成長に支えられ、生産台数は１０００万台から右肩上がりの線を描く。収益性は営業利益を示しており、２０２３年の３兆円を起点に、２０３０年に向けてこれも右肩上がりの未来図を目指すとした。

増益要因として左から、①ハイブリッドを中心とした台数増、次が②バリューチェーンの収益拡大、続いてお家芸の③原価低減となっていく。そして、黒い下向きの巨大な減益要因が④ＥＶシフトにかかる投資や規制対応費用、モビリティへの先行投資コストなどである。現在の強みであるハイブリッドの収益をしっかりと刈り取りながら、ＥＶシフト、モビリティ対応を確実に進め、右肩上がりの持続可能な収益性を確保するという新体制の強い意志が表れている。

地域CEOとつながったCFOを目指す宮崎洋一

トヨタホームページ
https://global.toyota/jp/newsroom/corporate/39013179.html

興味深いことは、これらの増減要因は時系列的に順番に実現していく可能性が高く、いわば、トヨタの営業利益は２０２６年頃に向けてハイブリッドの利益で順調に増益基調が続くが、その先にはＥＶシフトコストが巨額な減益要因に控えており、２０２６年から先は収益の「下り坂」が待っているということだ。

持続可能な財務体質を維持するにはハイブリッドを丁寧に売り切って収益を最大化させながら、第２章で詳しく解説したバリューチェーン収益を確実に刈り取っていくことが大切となる。もうひとつ、今後の原価低減の効果はそれほど大きくないということも認識したい。ガソリン車で大きな効果を出して競争力の源泉であった原価低減は、部品点数が減少するＥＶシフトの下では効果が減衰するということだ。

新体制方針がいきなり弱気な右肩下がりの未来を見せるわけには当然いかない。しかし、２０３０年

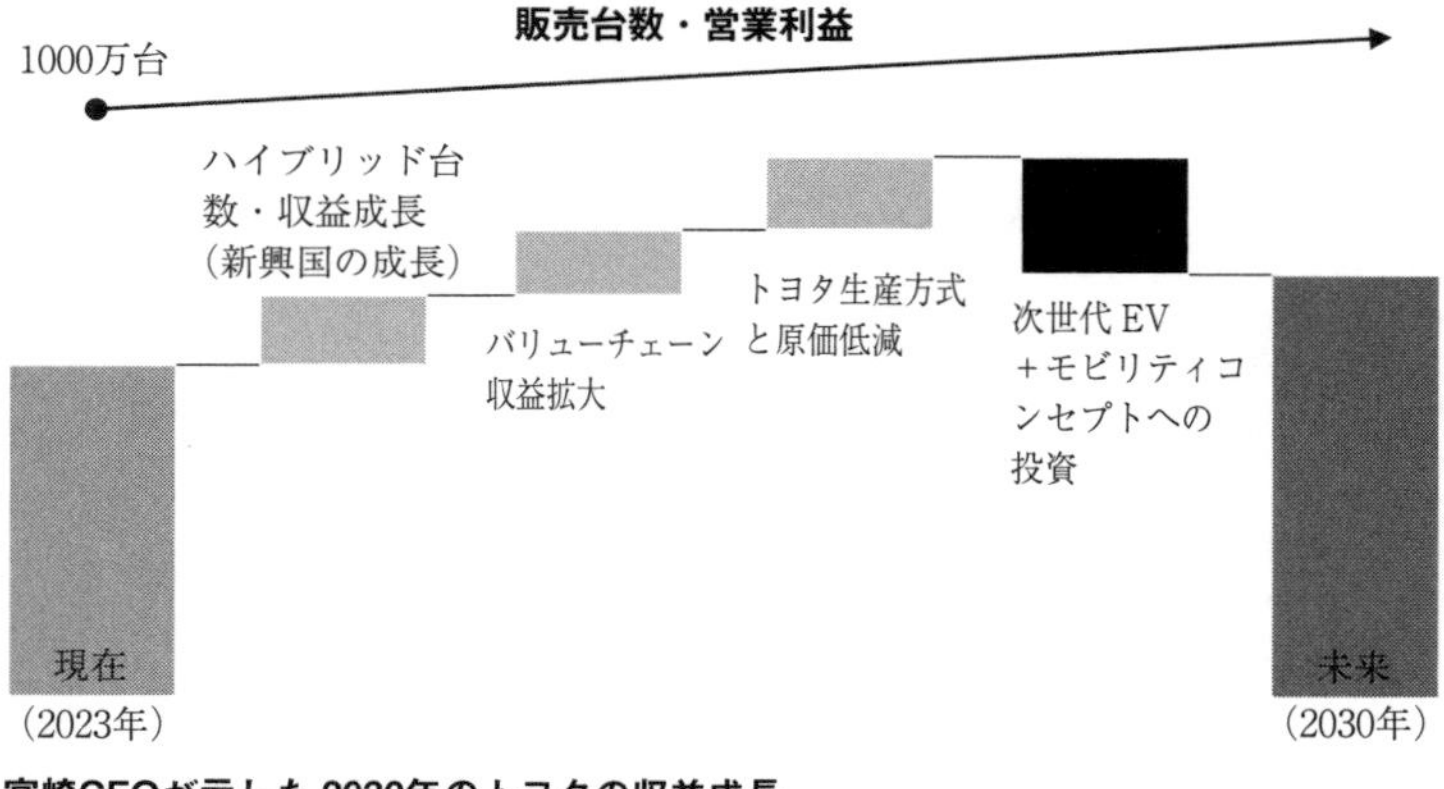

宮崎CFOが示した2030年のトヨタの収益成長

トヨタ資料を基に筆者が加筆・作成

に向けたトヨタの収益力が「右肩上がりの絵」となる説明は楽観的だと筆者は感じた。これを実現するには、２０２６年までのＥＶ販売の目線である１５０万台に限りなく接近し、２０２６年からの次世代ＥＶで強力な競争力を確保することを前提に置いたようなものだ。当然、新体制としてはその成果に強くコミットしている意思表示であるだろう。

佐藤が率いる新体制のミッションは決して負けることが許されない戦いであることを認識すべきだ。豊田がかつてのトヨタらしさを取り戻す戦いであったのであれば、今後のリーダーは先進国のＥＶシフトという新しいゲームルールと戦い、さらにその中にトヨタらしさを求めていく戦いとなる。

ＥＶシフトが計画よりも遅れることになれば、２０２６年以降のトヨタに待っているのは収益の「下り坂」。悪くすれば「谷」、最悪「崖」から転落することになりかねないのである。

史上最大の作戦

BEVファクトリーの始動

２０２３年６月上旬、トヨタは静岡県の東富士研究所にジャーナリスト、アナリストを招き、マルチパスウェイ（全方位）戦略を支える技術開発を説明する「トヨタテクニカル・ワークショップ２０２３」を開催した。その情報量の多さに圧倒され、「ジャイアン」のあだ名通り、押しが強くガンガンと物事を進めるＣＴＯ（最高技術責任者）の中嶋の仕事の進め方が如実に表れる渾身のイベントとなった。

重要な発表内容は大きく５つに整理できる。①２０２６年までのＥＶへの取り組み、②ＢＥＶファクトリーが進める２０２６年からの次世代ＥＶへの取り組み、③５種類の次世代電池開発のロードマップ、④ビークルＯＳとＯＴＡ（通信を用いたソフトウェアアップデート）による提供価値、⑤水素、燃料電池、合成燃料などマルチパスウェイ（全方位）戦略を支える脱炭素技術だ。

この場は、ＢＥＶファクトリーのプレジデントに就任した加藤のデビュー戦となり、緊張した面持ちで初のプレゼンテーションに立った。中嶋がジャイアンなら、加藤はか細い「のび太」タイプのように見えた。しかし、目指す世界はとてもスケールがでかい。

「実現したいことは、ＥＶで未来を変える。まず、クルマの未来を変える」

加藤はこういいながら、穏やかに静かにプレゼンを始めた。ＢＥＶファクトリーで開発するＥＶは、航続距離１０００キロ、ＡＩが支援するかっこいいデザイン、ビークルＯＳのアリーンが提供するフルＯＴＡを用いたクルマ屋らしい走りのカスタマイズを提供する次世代のＥＶである。

次世代ＥＶはものづくりを再定義

次世代ＥＶ専用プラットフォーム構想を加藤は以下のように説明した。

第１に、プラットフォームは３分割の新モジュール構造を採用する。これはＴＮＧＡのフロントとリアを流用したｅ－ＴＮＧＡと似ているようで、実は全く新しいアプローチだ。フロント、リア共にＥＶに向けて専用設計し、「ギガキャスト（大規模なアルミダイキャスト）」を採用して部品統合を進め、簡素化とデジタル化に対応し、ゴールには全く新しいクルマの組み立て工程を実現することを目指す。

BEVファクトリーの詳細発表を行う加藤武郎プレジデント

トヨタホームページ
https://global.toyota/jp/newsroom/corporate/39288466.html

第２に、電池専用構造とするセンターモジュールは電池の進化を柔軟に受け止めることが狙いだ。そのため、トヨタは

５つの新開発電池を導入する考えだ。センターモジュールはバッテリーを一体化した車体の構造体となる。第７章に出てきたテスラのバッテリー構造は「ストラクチャーバッテリー」と呼ばれ、非常に高い統合度を実現した。トヨタの構造にはそこまでの統合度はなさそうであるが、フルラインで攻めるトヨタには一定の柔軟性を残す必要がある。

車体の目玉は「ギガキャスト」を採用すること。巨大な鋳造試作機をＵＢＥ（旧宇部興産）と共同開発してきたが、２０２６年の次世代ＥＶでの採用が決定した。この巨大なアルミダイキャストマシンは、テスラが２０２０年のモデルＹで採用して大変な話題となり、多くのＥＶメーカーが採用に向かう自動車製造の新しい技術である。フロントの91部品51工程、リアの86部品33工程をフロントとリアの２部品２工程に統合する。フロントとリアを一体で成形し、バッ

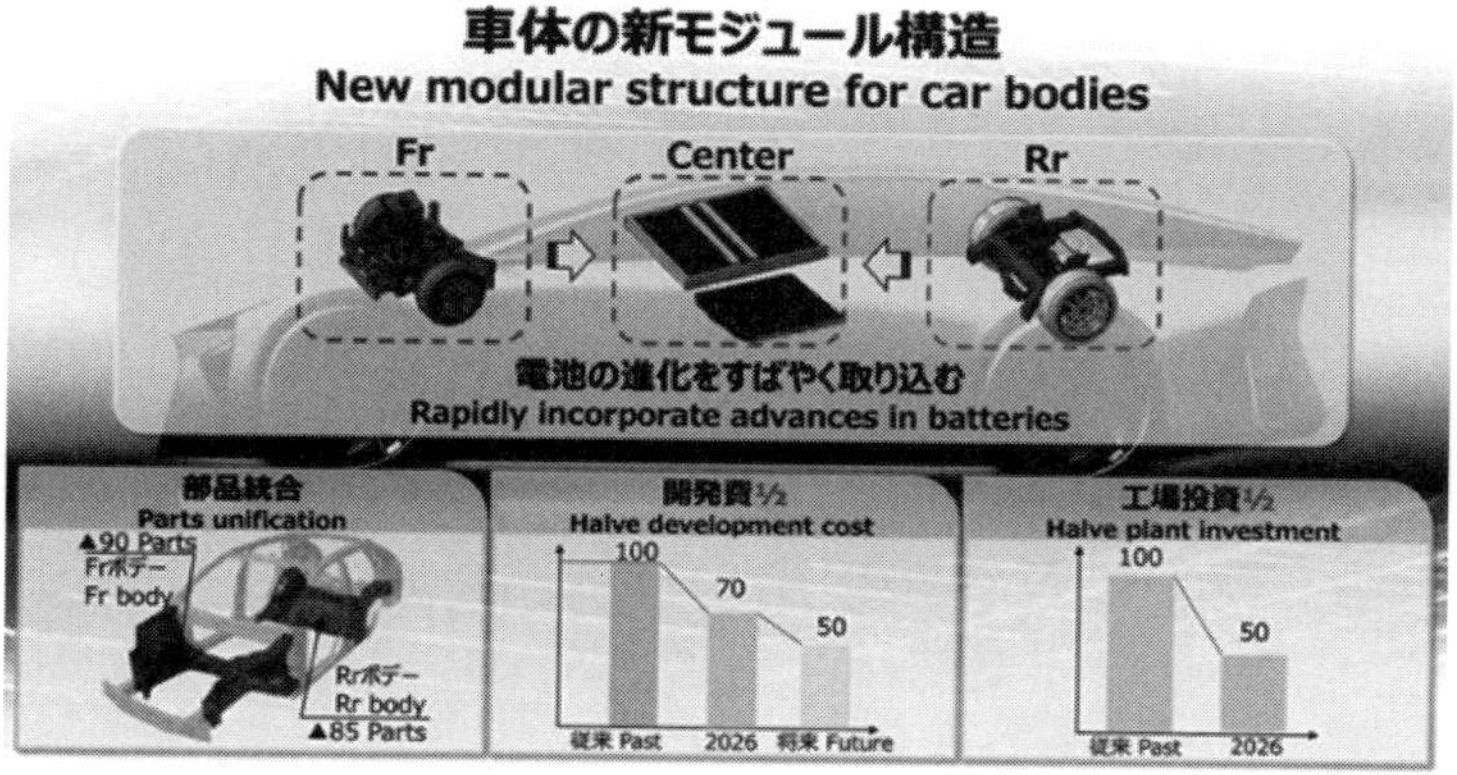

次世代ＥＶ専用プラットフォーム構想

トヨタホームページ

https://global.toyota/jp/newsroom/corporate/39330299.html

テリー構造物を一体化したセンターモジュールと合体させる。

このシンプル・スリムな車体構造は、単純に生産工程数、コスト削減を進めることが究極の狙いではなく、2つの革新的なものづくりの変革を生み出すことがゴールにある。第1に、クルマの組み立て方と工場の姿を変革する。第2に、ものづくりのデジタル化を進め、トヨタ生産方式のデジタルツイン化を実現させることだ。デジタルツインとは、リアルな情報をもとに、仮想世界（バーチャル空間）にデータの「双子」を構築し、シミュレーションを行う技術のことだ。

自走組み立てラインのテスラとの違い、トヨタの強み

アンボックスドプロセス（モノコックボディ〈箱〉を作らずに完成車を組み立てる方式）を基本に、パラレル・シリアル方式でクルマを組み上げるテスラの新しい生産方式を思い出して欲しい。テスラは小回りが利く6つのブロックの生産性を高め、時間・スペース効率の30%向上、組み立て効率の40%向上を目指す。

トヨタの2026年からの次世代EV専用工場では、組み立て前の車体が自走する「自走組み立てライン」が採用される。フロントとリアのモジュール組み立てを実施し、その2つを位置決めした上でバッテリー構造物を一体化したセンターモジュールと合体させる。その車体が組み立て工程を自分で動くという概念だ。テスラのアンボックスドプロセスと考え方はそれほど違わないように見える。

トヨタの自走組立ラインには柔軟性がある。従来の自動車生産ではコンベア（上から吊るハンガー、下で輸送するパレット）でモノコックボディを移動させながら組み立てを実施してきた。

一方、自走組み立てラインではコンベアを廃止し、自由度の高い工場を設計できる。おそらく構内物流の概念すら変えるだろう。工場の部品が整理された場所へEVが自走していき、実装することも可能だ。

より重要なことは、生産準備の概念を覆すことだ。ギガキャストと自走組み立てラインは生産準備に向けたリードタイムを飛躍的に短縮できる。従来のコンベアに縛られた生産方式では、長期休暇を何度か利用しながら改造し、2年がかりで生産車種を切り替えてきたが、自走組立ラインでは数カ月で終了できる。

EV専用工場への投資といえば、更地から新工場を建設するか、既存のガソリン車工場を一度休

従来

次世代

自走組立ライン（クルマ自ら移動するライン）
トヨタホームページ
https://global.toyota/jp/newsroom/corporate/39330299.html

止して、焼き畑農業のように新しいＥＶ専用ラインを設置するかのいずれかが主流だ。自走組立ラインを用いれば、既存工場で生産を続けながらも、建屋の空きスペースを使ってＥＶ専用ラインを設置することが可能となる。２０２６年以降、トヨタは世界の主力工場に短時間でＥＶ専用ラインを展開することが可能となる。

トヨタ生産方式の進化

ギガキャスト、自走組み立てラインを採用する次世代ＥＶは、部品や工程の「擦り合わせ」が大幅に減少する。人手に頼る擦り合わせが減少し、ライン設計、生産準備や管理のデジタル化との相性も格段と向上する。この結果、トヨタ生産方式がデジタルの世界に展開しやすくなり、デジタル解析を積極的に採用しやすくなるのだ。

例えば、ギガキャストは部品間の擦り合わせが不要となり、たわみの少ない高精度ボディを成形できる。コンベアに合わせた生産設計も排除でき、組み立て工程においては新モジュール構造の車体（下）からボディ・内装（上）へ組み付けは一方向でシンプルだ。

現在は生産現場のロボットなどのハードウェアを擦り合わせながら、精度合わせで大量の時間を費やしている。しかし、次世代工場では現場での擦り合わせや位置合わせの手間は省かれ、切り替えのスピードアップ、生産性向上、そしてトヨタ生産方式のクラウド化が実現する。クラウド上にできるデジタルの双子、デジタルツインの中でデータを検証し、次期立ち上げのシミュレーションを進められるようになる。
少品種モデル大量生産を目指すテスラのクルマづくりの思想と、多くのバリエーションを有する多品種を柔軟に更新しながら、生産を改善させなければならないトヨタの考えとの違いが顕著にある。同じギガキャストでも、テスラは今後もボディの統合度を高め効率化を推進するだろう。バリエーションの多いトヨタは統合度を高めると逆に効率が悪化する。ポートフォリオに適した最適な統合度がある。

では、トヨタは非効率をどうやって挽回できるのか。それをもたらすのがトヨタ生産方式のデジタル化を通してカイゼンを積み上げていくことにある。一例として、テスラのギガキャストには１３０トン級の金型が必要で、その金型交換に１日近くが必要だ。トヨタのギガキャストでは金型の専用部と汎用部を切り分け、40トンレベルまで小型化して、金型交換を20分程度に短縮できるという。量産車の生産準備期間・生産工程・工場投資を従来の半分に削減することを目指し、大幅な固定費の削減

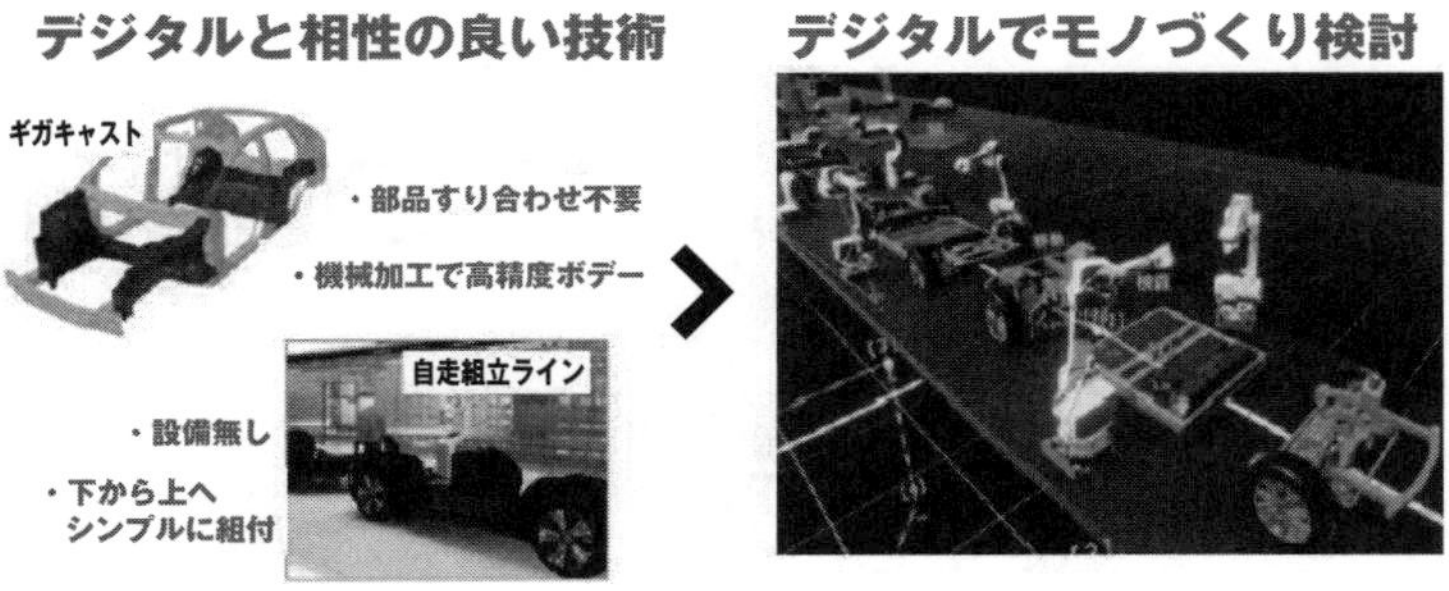
デジタルと相性の良い技術
ギガキャスト
・部品すり合わせ不要
・機械加工で高精度ボデー
自走組立ライン
・設備無し
・下から上へ
シンプルに組付
デジタルでモノづくり検討

次世代 EV 工場設計

トヨタホームページ
https://global.toyota/jp/newsroom/corporate/39330299.html

を目指すものだ。カイゼンと柔軟性が非効率を挽回する力となる。

5種類の電池を開発

ＥＶの競争力を定める最も重要なパーツはやはり電池だ。それはクルマに占めるコストが一番高いためだ。電池を「安く」「軽く」することがＥＶコスト競争力を支配するため、より少ない電池で走行レンジを高められるかが勝負どころとなる。今後も電池は進化が予想され、トヨタの次世代ＥＶプラットフォームはセンター電池構造を分離し、個別に電池の進化に対応することを選択した。

トヨタは２０２８年までに4つの新型電池の実用化を目指す。まずは、２０２６年までに「パフォーマンス版」と呼ぶ3元系（正極材ＮＣＭ系）の角形液状リチウムイオン電池を開発し、コストを20％削減しながら航続距離の倍増を実現し、ワンチャージで１０００キロ走行可能なＥＶを実現する。パワートレインとＣｄ値（クルマの空気抵抗係数）の改善で15％、電池搭載スペース30％拡大とセルのエネルギー密度向上で35％、端子構造やハイニッケル化などで35％、この掛け算で走行距離は２００％改善する。

第2に、２０２６～２０２７年までに、バイポーラ構造を採用した正極材にリン酸鉄（ＬＦＰ系）を用いたコストの低い「普及版」の実用化にチャレンジする。バイポーラ構造は既にアクアのハイブリッド向けリチウムイオン電池で採用した新形状で、正極材、負極材、セパレータをビッグマックのように積み重ねる。セル間のエネルギーロスを最小に抑え、大容量化を実現する電池だ。

ＥＶ向けは難しいといわれてきたが、実用化にチャレンジする。廉価なリン酸鉄を正極に用い、安いコストとそこそこ走行距離を稼げる電池として、小型車や普及モデルの競争力を向上させる。ＬＦＰは２０３０年の世界の電池シェア３～４割を確保するといわれてきたが、日本にはその技術がなかった。今回のトヨタの普及版ＬＦＰの実用化チャレンジは非常に重要な取り組みとなる。

第３に、２０２８年までに「ハイパフォーマンス版」として、バイポーラ構造の新世代ハイニッケル（コバルトを用いない）のリチウムイオン電池を実用化させる計画である。

第４は、全固体電池。２０２１年の時点では「ハイブリッド用として開発を進める」とスタンスが後退していたが、ＥＶ向けに開発すると方向転換した。耐久性を克服する技術的ブレークスルーを発見し、２０２７～２０２８年を目途にＥＶ向け実用化にチャレンジし、競合他社に後れを取らないという姿勢を示したのだ。そしてその先、第５として将来を見据え、大幅に性能アップした次世代型全固体電池の開発も進める。

電池種類		形状	構造	正極	ラインオフ時期	EV距離（CLTCモード、車両改善含む）	コスト（EV距離同等 時）	急速充電時間（SOC＝10～80%）
現行	電池種類	角形	モノポーラ	NCM系	2022年	615km	ー	～30分
次世代電池	①パフォーマンス版	角形	モノポーラ	NCM系	2026年	200% bZ4X比	▲20% bZ4X比	～20分
	②普及版	新構造	バイポーラ	LFP系	2026-27年 実用化にチャレンジ	20%UP bZ4X比	▲40%UP bZ4X比	～30分
さらなる進化	③ハイパフォーマンス版	新構造	バイポーラ	NI系	2027-28年 実用化にチャレンジ	10%UP 次世代電池 パフォーマンス版 比	▲10%UP 次世代電池 パフォーマンス版 比	～20分

トヨタが開発を進める次世代液状リチウムイオン電池

トヨタホームページ
https://global.toyota/jp/newsroom/corporate/39330299.html

報道では「全固体電池を2027年にも実用化」という部分だけが切り取られ、期待が過剰に膨らんだようである。実態としては、全固体電池が2030年までのトヨタのEV事業を支える比率は非常に低い。次世代EVに向けては、ハイパフォーマンス版と普及版の2つの次世代電池開発に目途づけできたことが重要な進展である。

全固体電池とは、電池の中の電流を発生させる電解質を固体に置き換えた電池のことを指す。耐熱性、寿命、安全性の高さが特徴ではあるが、量産が難しくそのコストも非常に高くなる。トヨタはゲームチェンジャーである全固体電池の世界的なリーダーだと考えられてきたが、2021年にハイブリッド車にターゲットを置く方針に転換し、トーンダウンしていた。その間、ホンダが2020年代後半、日産は2028年の量産開始を目標に掲げ、トヨタの存在感が後退していた。

トヨタも諦めていたわけではない。エネルギー密度の高い全固体電池は電流を生み出すリチウムイオンの出入りが非常に多い。正極の膨張・収縮が激しく、その耐久性を担保できる素材探求が課題であった。今回のブレークスルーで、他社に後れを取らない2027〜2028年までの実用化にチャレンジする。本格的な量産と普及は2030年を越えることになるだろう。

アリーンが実現する提供価値

ガソリン車の価値がハードウェアの性能であったのに対し、EVはソフトウェアに価値が移行する。販売時点の売り切り利益は細くなり、クルマのライフ（保有期間）にアップデートを続ける顧客体験と、クルマの価値を継続的に向上させていくことがEVの価値となる。テスラ、中国新興勢力は多くのOTAアップデートを既にビジネスの中核に置いてきている。トヨタがEVで成功するためには、ソフトウェアとOTAで対応できるトヨタらしい（＝クルマ屋ならではの）提供価値を作り出さねばならない。

その重要な役割を演じるのがビークルOSのアリーンだ。第8章で解説した通り、アリーンはUI（ユーザーインタラクション＝人とクルマ、クルマと社会が相互に作用するための仕組み）、SDK（サードパーティ向けソフトウェア・デベロップメントキット）、ツール（トヨタとティア1の開発／評価ツール）の3つの役割が再定義された。アリーンはこれまでクルマとクルマの外の世界をつなぐことに照準が当てられてきたが、2022年に判明した開発遅れを機会に、アリーンの位置づけを人とクルマの相互作用を生み出すクルマのOS的な役割を重視することに修正した。

加藤が率いるBEVファクトリーからソフトウェア開発の仕事の進め方が変わる。BEVファクトリーではトヨタ、デンソー、ウーブン・バイ・トヨタがワンチームとなって、アリーンのツールの上で皆が一緒に開発する。ソフトウェアをクルマに載せやすく、かつ開発期間を短縮化することが可能となる。従来は、複雑な組織と機能でソフト開発をバラバラに行ってきたことで、さまざまな手戻りや擦り合わせで時間を失っていた。

この成果をまずは2025年のグローバル量販車に投入する。新型マルチメディア、トヨタ独自の次世代音声認識、それを用いた２００種以上の車両機能をまずは部分的に導入する。そして、２０２６年から次世代ＥＶで車両制御とＡＤＡＳ（先進運転支援システム）を導入する考えである。

トヨタが現時点で公開しているＯＴＡの価値として、「マニュアルＥＶ」と「走りをオンデマンドで変更できるクルマ」の２つがある。ＥＶに駆動制御とクラッチの簡単なハードウェアを取り付け、ソフトウェアアップデートすることでＥＶが突然個性的なマニュアルシフトのＥＶに変貌できる。クルマ愛好家にアピールでき、各国でのデモでは「バカ受け」だという。

走りをオンデマンドで変更できるクルマは、ソフトウェアをアップデートすることで、乗り味やエンジン音など、オンデマンドでクルマの特性が変更可能となる。走りを追求したスポーツタイプ、昔乗っていた懐かしの愛車の再現、将来乗ってみたいクルマなど、１台のＥＶが数多くの提供価値を生み出す。

これだけでトヨタのＥＶが新興勢に対する決定的な競争力を持てるわけではない。あえて、原点にあるクルマ屋として、クルマ屋にしかできない新しい価値を模索することで、差別化され競争力を持つ価値を模索しているのである。ここまでが２０２６年からのトヨタのＢＥＶファクトリーによる次世代ＥＶ競争力、ものづくりの進化についてとなる。

3層構造のトヨタのEV戦略

では、2026年までの150万台目線をどうやって実現しようとしているのか。その挑戦を理解するためには、トヨタのEV戦略が3層構造になっているのを知ることが大切だ。

第1は、2022年のbZ4Xで頭出しした「e－TNGA」であり、コンパクト、ミッドサイズのモデルを中心に今後も改良と商品投入を進める公算だ。例えば、中国、米国、日本へはbZ3（ハッチバック）、bZ3X（クロスオーバー）が投入され、インド、日本にはさらに小型なbZ1Xが投入される見通しだ。

第2は、「マルチパスウェイプラットフォーム」と名付けられた、ガソリン車向けのTNGAラージプラットフォームである「GA－K」（カムリ、クラウンなどに採用）に電池を搭載し、開発するEV群である。大型で価格帯の高いセグメントに向けて、例えば2025年の米国向け3列シートSUVやクラウンEV、その他の中・大型モデルにも展開する方向である。GA－Kは走りの性能がウリであるが、そこにバッテリーを搭載し一段と低重心となることで、モーターのトルキーな走りと相乗効果で乗り味の非常に良いモデルが開発できる。

筆者もクラウンらしきマルチパスウェイプラットフォームのEVプロトタイプを試乗し、走行性能と乗り味を体感済みである。ミッドサイズビークルカンパニープレジデント時代の中嶋が仕込んでおいたマルチパスウェイプラットフォームの完成度は高く、この秘密兵器がe－TNGA

にやや欠けるFun to Drive領域に攻め込むことを可能とする。

GA－Kベースであるため、既存の工場でエンジン車と一緒に生産できる。追加の投資負担が軽く、事業の収益確保をしやすいというメリットもある。大幅な生産性向上を実現できる次世代EV専用プラットフォームには専用ラインが必要だ。それまでのつなぎとしてGA－Kは投資負担が低く、迅速に事業展開できるところが強みとなる。

トヨタはトヨタなりのEV進化をたどらざるを得ない。モデルを2～3車種程度しか持たない新興メーカーなら全てをEVに最適化できる。フルライン、マルチパスウェイ（全方位）を貫くトヨタには、エンジン車の生産体制と共存共栄する手段が必要不可欠だ。既存工場で生産できるエンジン車ベースのEVは投資効率こそ高いが、コストは次世代EVよりも割高となる。従って、販売価格のより高いセグメントを狙い、収益化を目指さなければならない。マルチパスウェイプラットフォームベースのEVは、中国と米国市場にマーケットが存在しているのだろう。

そして3層目が、いうまでもなく2026年に頭出しする次世代EV専用プラットフォームである。次世代電池、ソフトウェア、AI、OTA価値、ギガキャスト、ものづくり革新などのほとんどの革新的な新技術がここで採用され、トヨタの未来を支えていくことになるのだ。

2026年までの150万台目線は、e－TNGAとマルチ

マルチパスウェイプラットフォーム

トヨタホームページ
https://global.toyota/jp/album/images/39288466/

パスウェイプラットフォームで実現させる。その内訳は開示されていないが、おそらく6対4程度でe－TNGAの構成が大きいのではないかと筆者は考える。2030年に目指す350万台の内訳は、次世代EV専用プラットフォームで170万台、e－TNGAとマルチパスウェイプラットフォームで180万台の内訳が示された。次世代EV専用プラットフォームで170万台の内、100万台がレクサス、70万台がトヨタブランドとなる。

170万台は、大きく5つの商品群に分かれる。コンパクトなセダンで36万台（トヨタ／レクサス）、ミッドサイズのSUVで36万台（トヨタ／レクサス）、ラージセダンで24万台（おそらくレクサス専用）、ラージSUVで60万台（トヨタ／レクサス）、ラージMPV12万台（トヨタ／レクサス）となる。

課題はトヨタブランドEVの競争力の確立

史上最大のEV作戦は、トヨタがEV開発に消極的だとか出遅れているという認識を吹き飛ばすことになるだろう。骨太で広範なEV要素技術はしっかりと仕込まれており、あとはそれを時間と共に世に問うこととなる。トヨタは本気でEVを拡大させ、経営の持続可能性を目指そうとしている。同時に、それはマルチパスウェイ（全方位）戦略の基盤の強化につながる。

ただ、2024年頃からテスラやBYDが攻め込む大衆車市場において、トヨタがどれほど競争力を確保できるのか、現在の計画からその実態が見えてこない。次世代EV専用プラットフォーム170万台の内の134万台、e－TNGAとマルチパスウェイプラットフォームの180万台の半分程度（90万台）がGA－Kベースのマルチパスウェイプラットフォームとすれば、350万台の6割強がプレミアムやDセグメントと呼ばれる中・大型車クラスのモデルとなる。

トヨタがどうやって大衆車クラスのEVでコスト競争力を確立するのか。ひとつの答えとなるのが、次世代EVプラットフォームは小型も大型も1種類のアーキテクチャで標準化され、ハードウェアはひとつのメカニカルアクチュエータとなることだ。TNGAではアーキテクチャを標準化しても、ドライバーの着座ポイントに応じた3つのハードウェアのバリエーションを作り分ける必要があった。既存のエンジン車は、ステアリングなどのハードウェアが機械的に連結しているためである。

そういった機械的な連結を断ち切るのが、電

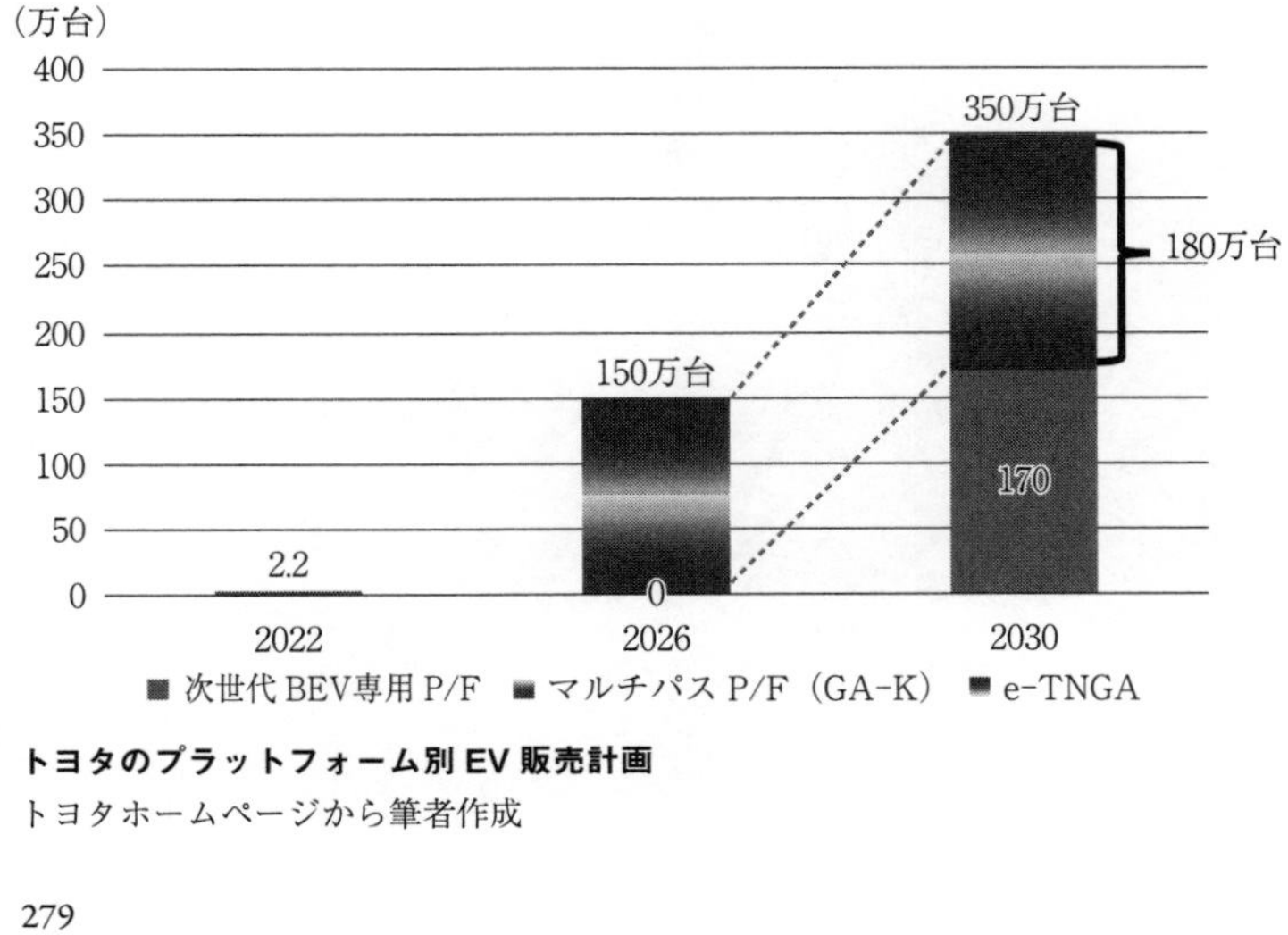

トヨタのプラットフォーム別EV販売計画

トヨタホームページから筆者作成

気とモーターで制御を行うEVの最大の長所である。ステア・バイ・ワイヤー（タイヤとハンドルを機械的につながず、電気信号でタイヤ角を変える）などで全てを電気スイッチ化すれば、ハードウェアのバリエーションを単純化できる。専用EVプラットフォームではソフトウェアでメカニカルアクチュエータの車体制御を行うことが可能になる。

電池やモーターのスペックは違っていても、次世代EVは小型車も大型車もハードウェア自体は標準化される。電池を除けば、EVというものはハードウェアへの投資が大きく削減し、効率がどんどん高まる性質を持つ。トヨタのEV事業も同様に、第一歩目は大型モデルに傾倒するが、その効果が段階を追って小型モデルへ波及していくものなのだ。

2030年までにEV覇権の勝者が決まってしまうのであれば、トヨタのEV戦争は厳しい展開もあるだろう。しかし、EV覇権の決着がもう少し時間を要するのであれば、トヨタには勝算が見えてくる。

BEVファクトリーの「仕事のやり方を変える」という方針が初志貫徹できるか否かも重要である。仕事のやり方を変えるというが、やはり根本的には開発主導のチームである。ソフトウェア開発においてアリーンを基軸にワンチームにまとまる構想は、これまでバラバラだったソフト開発を一本化し大きな成果が望める。しかし、ソフトウェアだけではクルマは走らない。生産、事業、海外オペレーションなど、巨大なトヨタの組織にはこれまでの仕事のやり方にこだわる「意図せざる」抵抗が存在する。成功した組織であればあるほど、この意図せざる抵抗が起こる可能性もある。

第10章

トヨタに求められる変革

トヨタを襲う2026年からの収益の「崖」

宮崎洋一CFOの右肩上がりの未来図を検証

新方針説明会において、副社長でCFOの宮崎洋一が示した2030年に向けた未来のトヨタの収益力はやや楽観的に映り、2026年の先には収益の「下り坂」が控えるリスクがあることは先ほど解説した通りである。

ハイブリッドを中心とした台数増加とバリューチェーンの利益の取り込みにより、2026年に向けてトヨタの収益が順調に拡大するシナリオの確信度は高い。中期的な台数と収益の右肩上がりの成長に異論はない。

ハイブリッドの潤沢な収益を将来に向けたEV事業と構造転換へ再投下することで、持続可能な基盤と事業発展を描こうとしている。確かに、説得力があるように聞こえる。ただし、持続可能性を担保するにはいくつかの条件が整わなければならないと考える。

第1に、2026年までに一定のEV販売を確立していなければならない。新体制が目線とする150万台はかなり高水準であるが、少なくとも100万台近くに増大させる必要がある。第2に、2026年から始まる次世代EVで強力な競争力を確保することである。

ライバルも切磋琢磨する中で差を詰め、さらに追い越すことは至難の業である。そうはいっても、一度決めた後のトヨタの実行力は強靭だ。不退転の覚悟で始めるBEVファクトリーの挑戦はトヨタの命運を左右する取り組みである。その実現を支援するためにも、トヨタの社内、グループ企業、関連業界はこの挑戦を受け止め、構造変化を断行する覚悟を定めなければならない。

先進国における規制の大波をどうかわす

重要な議論は差し迫る先進国における規制の大波を、トヨタがどう乗り越えていけるかだ。平均燃費（CAFE）規制、ZEV（ゼロエミッション車）規制、NEV（新エネルギー車）規制、GHG（温室効果ガス）規制のどれを取ってもEVを拡販しなければ規制準拠は難しい。未達部分は排出権やZEVクレジットを購入して準拠しなければならない。できなければ罰金が控える。

トヨタにとって、現時点における最大の「脅威」は米国の環境規制である。カリフォルニア州のZEV規制は、2026年以降に加速度的なZEV比率の引き上げが控えている。新車販売に占めるZEVの割合は、2026年モデルで35％、2030年モデルで68％に引き上げることが法制化された。プラグインハイブリッドがこの中に含められるが、上限は20％と制限されており、やはりEVを中心に強化していかなければならない。

さらに、同ZEV規制は2035年までに100％のゼロエミッション化が要求されている。カリフォルニア州の決定に準拠するCAA（大気浄化法）177条を適応し、ZEVを採用する州はニューヨーク州など12州あり、合計で全米新車販売の40％を占める。この12州での市場シェアの高いトヨタは、米国販売の60％以上をこれらZEV州から獲得しているのである。

さらに、第2章で詳細な解説を入れた米国EPA（米環境保護局）が求める2027年以降のCO_2の排出基準は、想像を絶する厳しい削減案が示されている。法案化に向けた妥協はある程度期待はできるだろうが、少なくとも2032年に向けて年率平均10％以上（削減案の要求は13％）のCO_2排出削減を実現していかなければならない。EPAは、自動車メーカーが同規制を満たすためにEVを中心とするクリーンカー（EV、プラグインハイブリッド車、燃料電池車）の構成比を2030年に60％にすることが必要だと示している。しかし、本当にそんな規制が実現するのだろうか。

EV競争力があってハイブリッドは輝く

EPAの異常なほどの規制に対し、トヨタがどの程度CO_2削減に対する不足量が生じ、排出権クレジットが必要となるか筆者は試算した。トヨタのEVの挽回がスローであったら、2026年の米国EV比率は10％、2030年でも30％に留まる。その影響をクレジットコスト40ドル、年率10％のGHG削減などの暫定的なパラメータを設置して計算した。

その結果、２０２６～２０３０年にかけて累積６５００万トンのＣＯ２削減量の不足（不足クレジット）が発生する結果が生まれ、その規模の大きさに愕然とした。この不足分を埋め合わせる排出権クレジットコストは２０２６年からの５年間で５０００億円に匹敵する。年間、ざっと１０００億円だ。これにＣＡＦＥ規制、ＺＥＶ規制への対応コストも加わることになるわけで、米国だけで規制対応コストは年間数千億円に達するリスクがある。

新体制が望む２０２６年１５０万台、２０３０年３５０万台を実現できるなら、２０２６年のトヨタのＥＶ比率は20％、２０３０年は50％に上昇する。右で計算したような巨額なクレジットコストは大幅に削減できる公算だ。従って、持続的な経営を目指すためには２０２６年１５０万台、２０３０年３５０万台は達成しなければならない水準なのである。

粗い計算ではあるが、もしトヨタがＥＶ戦争に敗北するなら、米国だけで数千億円、グローバル合計ともなれば、トヨタは巨額な規制対応への費用が必要となる計算である。むろん、クレジット価格が暴落することもあるだろうし（トヨタがこれだけのクレジットを購入するシナリオに、クレジット価格暴落はないだろう）、罰金体系が現時点では決まっていないためクレジットよりも罰金が安く済むこともシナリオと

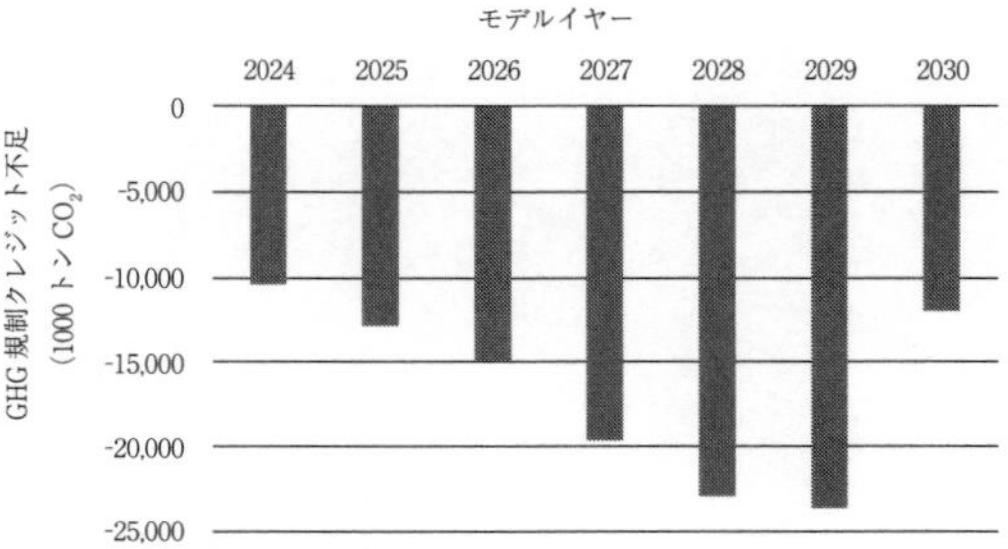

トヨタの米国EPAのGHG規制における不足クレジット（CO_2）予想

筆者作成

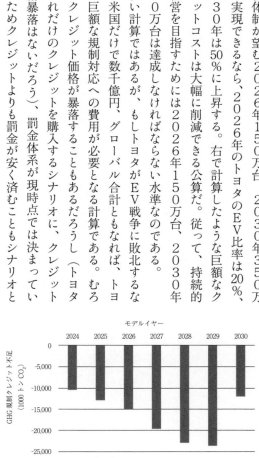

しては否定するものではない。

しかし、それを期待する経営というものはあり得ない。まずは、規制に準拠できる構えを準備し、政策変化に柔軟に対応できる能力を確立することが必要だ。どれだけハイブリッドで利益を生み出しても、規制対応に遅れた結果その対策費用が上回るとすれば、それは事業とはいえない。

規制対応を目指してＥＶ販売を加速化する場合、儲かるハイブリッドから収益性が低いＥＶへの製品構成の悪化の影響も無視できない。潤沢な補助金を考慮しても、ハイブリッドとＥＶには1台当たり30万円程度の限界利益の格差がある。２０３０年で３５０万台をＥＶへ移行することでざっと1兆円の製品構成の悪化を招く。５兆円のＥＶ先行投資は年間５０００億円レベルの固定費増加も招く。減益要因だけの話だが、合計で２兆円近くの収益圧迫要因が２０３０年に向けて発生する可能性があるのだ。

これは、２０２３年の営業利益３兆円の過半を吹き飛ばすインパクトである。宮崎の描いたステップチャートは単なるイメージに過ぎないだろうが、２６２ページで示した図の最後の黒い下向きの次世代ＥＶ・モビリティコンセプトへの先行投資負担はもっともっと巨大な減益要因になりかねないのである。

トヨタの未来は「下り坂」か、「谷」となるか「崖」に転落か

左ページ下にトヨタの長期収益見通しがどの程度スイングするかの概念図を示した。２０２６

年に向けて、ＥＶシフトが遅れるほどより多くのハイブリッド車が販売され、その分トヨタは急勾配な収益の山を登ることになる。しかし、その後の欧・米・中で支払う環境規制への対応費用が拡大し、収益力は下落に転じる。それが、「下り坂」に向かうのか、「崖」に転落するかはトヨタの２０２６年からのＥＶ競争力次第でシナリオが大きく変わる。

仮に、２０２６年時点でトヨタがＥＶ販売台数を挽回できない（例えば、ＥＶ販売台数50万台）という悲観的な前提に立てば、図にある２０２６年の利益の山の頂き（Ａ０～Ａ１）への勾配はハイブリッド利益が押し上げ、急角度になる。その後、２０３０年のＢ１へ向けてなだらかな谷を下ることになる。利益の山が高くなればなるほど、２０２６年から先は「谷」が深くなることを意味する。マルチパスウェイ（全方位）を目的化し、ハイブリッドをとことんしゃ

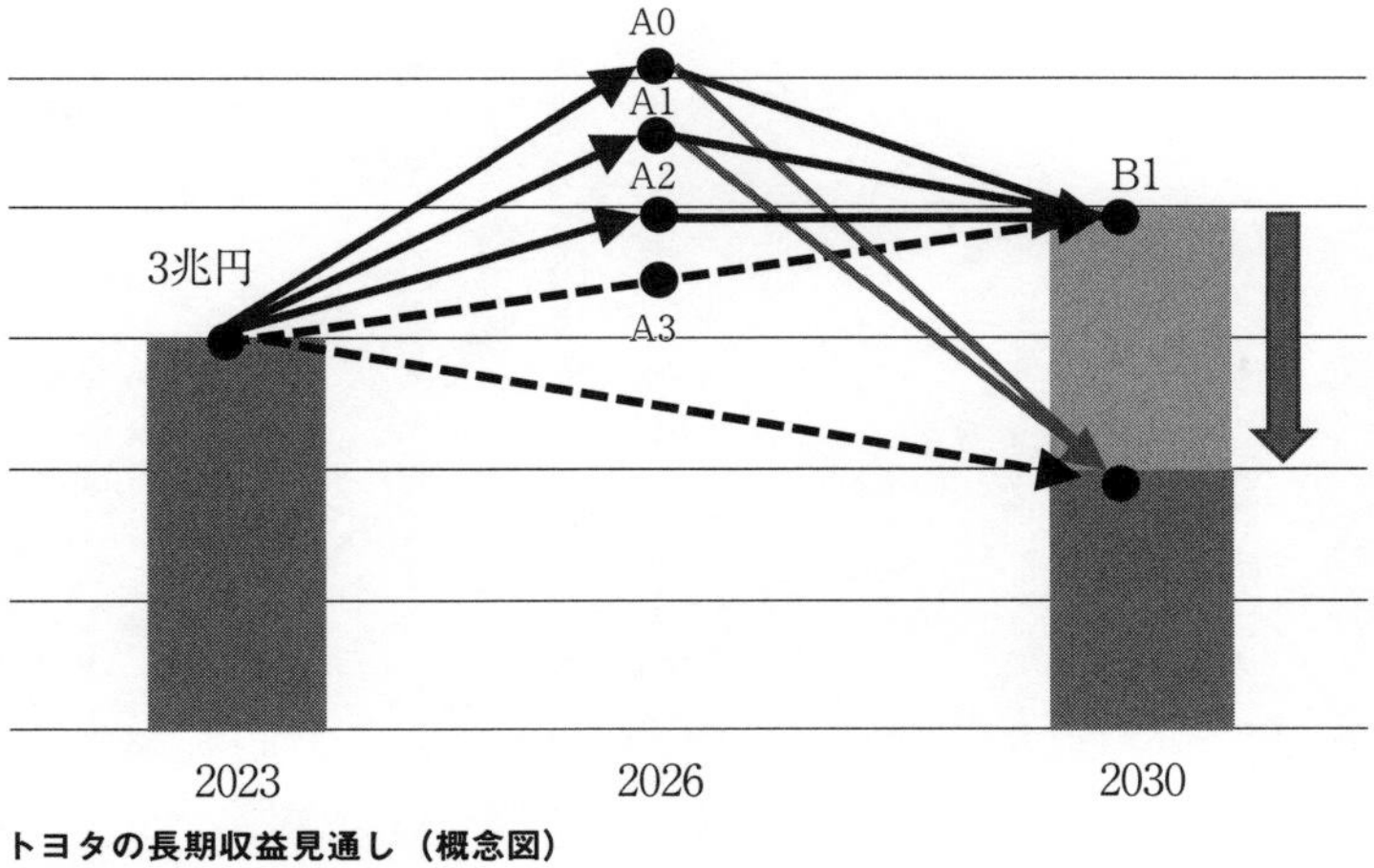

トヨタの長期収益見通し（概念図）

著者作成

ぶり尽くすことを主張する人たちは、この現実が見えていない。

新体制が目線に置くEV150万台に挽回が進むとすれば、2026年時点でA3へ頂きは低くなる。しかし、規制対応コストや構造転換コストは軽減され、B1に向けてそのまま上り坂を歩める。2026年時点でのEV販売台数150万台をひとつの目線に置いて経営の舵を取ろうとする新体制の考えは合理的である。

「谷」を滑り落ちても、会社側が示した高収益に着地できるならそれでもいい。万が一、2026年からのEV新戦略が不振に終わった時、その「谷」は「崖」になる。トヨタといえども崖から落ちたら無事ではいられない。重傷を負い、先進国での市場シェアは下落し、収益は2023年の水準を大きく下回る。厳しくいえば一流から滑り落ちる姿になりかねない。そのような最悪の事態は是が非でも回避しなければならない。

「Z」組織の栄光とその影

クルマはZで開発する

トヨタには「Z（ゼット）」と呼ばれる新車開発の組織的な機能がある。Zとは、例えば「クラウン」という車種単位で存在するチーフエンジニア（CE）を頂点とした10人程度の精鋭チームである。設計、技術（車体、エンジン）、原価企画などの機能が組織を横断し参加して、開発に横串を刺す組織だ。

この「Z」はCEを最高責任者として、車両開発の意思決定権を有し、各機能へその図面を展開する。「Z」は規則的にこのプロセスを繰り返し、標準化した開発工程をその他の車種へもヨコテン（水平展開）することで、トヨタ標準のDNAを着実に受け継いできたのだ。

この「芸術的」に完成された機能軸の連鎖を体現する「Z」こそが、トヨタのこれまでのクルマづくりの暗黙知としての見えない競争力である。エンジン車からハイブリッド車へ進化するなかで、トヨタの世界的な競争力の源泉となってきた組織だ。

しかし、「Z」組織は時には変化に対して意図せざる抵抗勢力となる。例えば、モビリティカンパニーへ転換しようとする会社の意と必ずしも綺麗に同調して進んでいるようには見えない。トヨタはCASEに向けたプロジェクトをスピンオフ戦略として、本社から独立した組織においてトップダウンでそれを推進してきた。完成した機能軸が支配するトヨタ本体の中では新しい取り組みを進めることが難しいことがその理由にある。

ウーブン・バイ・トヨタ、トヨタコネクテッド、KINTO、トヨタコニック、そして最近では社内タスクフォースとしての寺師研究所などがそれだ。しかし、これらの独立組織がモビリティの価値を大きく引き上げる結果には現時点でうまく結びついていない。

生存本能と変化への無意識の抵抗

その原因のひとつと考えられるのが、「Z」が主導する商品企画、技術、生産技術、営業、アフターサービスを連鎖する標準化された開発作業の工程と新しい取り組みが同期していないことだ。車両企画会議、商品化決定会議、原価企画会議など、開発工程にある会議体にスピンオフ組織の存在感は小さいと聞く。

「Z」にすれば、遺伝子にプログラムされていない、連続性のない取り組みを自らの責任領域と感じ取れないのかもしれない。ソフトウェアはウーブン、コネクテッドはトヨタコネクテッド、次世代EVは寺師研究所にお任せという、ある意味、機関決定を待っているようなもの。待っているといえば聞こえがいいが、それは一種の生存本能が働いた抵抗でもある。CEはトヨタのクルマづくりの総責任者。それを取り囲む「Z」がこういった姿勢では、斬新なサービス化を先取りしたクルマ開発はできない。

「（EVに向けた開発の）感度が従来とは違っていた」

社長の佐藤は新体制の方針説明会でEVのつまずきの原因を問われ、こう切り返した。

感度が鈍ったというよりも、完全に開発の仕方が違い、全く新しいクルマづくりとなるEVを現在の「Z」組織の中で開発することが困難なのである。なぜなら、トヨタ標準のDNAには、正常進化の遺伝子しかないからである。

KINTOで始めた小さな革命

ＫＩＮＴＯはトヨタの「モビリティカンパニー」の急先鋒の立場にある。これまでの売り切り型のビジネスを、保有をベースとしたサービス型に変換し、アップデート、カスタマイズ、クルマのライフの延長化など循環経済型のビジネスモデルの創造にも取り組んできた。

その中で、２０２３年に新型プリウスから「ＫＩＮＴＯアンリミテッド」という新しいサブスクリプションサービスを開始した。その特徴は、リース期間中にソフトとハードの両面をアップグレードできること。かつ、クルマの残価価値の向上を原資に、新しいサービスに対して課金しないということだ。

クルマづくりにＫＩＮＴＯのビジネスモデルを盛り込んだという意味で、トヨタとしては画期的なのだ。ハードウェアの後付けを可能にするため、トヨタでは初の試みとなる「アップグレードレディ設計」を事前に織り込んだ。開発、生産、サービス、販売、企画部門で若手の精鋭を集めてプロジェクトチームを作り、クルマづくりを根本的に変えたことで実現した。

「ＫＩＮＴＯが新型プリウスと『ＫＩＮＴＯアンリミテッド』で成功すれば、トヨタ全体のクルマづくりさえも変えてしまうかもしれない。それくらい大きなチャレンジだと考えています」

ＫＩＮＴＯ社長の小寺信也は取り組みをこう語った。（巻末脚注13）

実際、この取り組みは社長時代の豊田章男がトップダウンで決定したプロジェクトだと聞く。

ワンマンで独裁的に見える豊田ですら、おいそれと立ち向かっていけないのが白い巨塔的な「Z」にあるDNAなのである。

ＫＩＮＴＯ、コネクテッドサービス、ウーブン、ＣＪＰＴらのスピンオフ企業は、トヨタにとってマルチパスウェイ（全方位）戦略の持続可能性を担保する最重要な取り組みであり、未来の稼ぎ柱である。商品の最高責任者であるＣＥと「Ｚ」組織がそういったビジネスモデルや顧客像を十分に考えずに商品企画してきているなら、未来は不安だ。

ＢＥＶファクトリーの全く新しい取り組みだけが注目を浴びるが、トヨタの販売台数の7割は2030年においてもハイブリッドなどのエンジン車である。この領域へバリューチェーンの仕込みを開発部門と融合させていく抜本的改革に早期に取り組む必要があるだろう。

いつの間にかトヨタは守る側に立つ

モデルＹの進化の意味を考える

第7章で詳しく解説したテスラ・モデルＹの進化であるが、これは伝統的な自動車メーカーからすれば信じられないスピードの変革であり、かつ従来のクルマづくりの基本にあったプラットフォームとは全く異なるアプローチなのである。

大切なポイントであるため説明を繰り返すが、自動車におけるプラットフォームというものは、複雑で多大な部品を整理し、インターフェース（部品と部品のつながり）を定めて開発・生産を容易にする中間的なパレットである。そのプラットフォームは厳密に定義され、インターフェースに沿ってサプライヤーが水平分業的に部品開発を進めていく。一度プラットフォームを定めれば、それを10年やそこらは使い回し、4〜5年に一度大きなアップデートをしていく存在だった。

しかし、テスラは毎年その車体構造を改造してきた。3年前はリア車体を2つのメガキャスト構造物で組み合わせて成型する、次の年はその2つのメガキャストを一体化して1つのメガキャスト構造物に置き換える、今年はフロントも1つのメガキャスト構造物に置き換えるという風に、毎年大掛かりなアップデートを実施する。その都度、プラットフォームの構造は統合され部品点数は減少し、さらに作りやすくなるのである。これを実現できるのは、自前で垂直統合的な開発を実施し、ティア1の助けに依存していないためだ。

EVは黎明期。トヨタはチャレンジャーであるべき

同じモデルYといいながら、バッテリーを変更し、そのバッテリーを直接構造物に敷き詰め車体構造の一部とする「ストラクチャラル・バッテリーパック」を導入し、その結果、バッテリー

のケースも電子モジュールも同時に進化させる。おまけに、バッテリーパックの上に直接フロントシートの骨格を結合させて、シートを装着したままで、その構造物を直接車両の下から組み込んでいくのだから、部品点数を減らしながら、製造工程も簡素化できてしまう。

悪くいえば、家電のような安易な設計変更を繰り返しているという風に受け取れる。しかし、これこそが現在のEVのトップランナーの世界であり、その競争力を高める源泉なのだ。BYDも同じようにプラットフォーム3・0を柔軟に進化させ、驚異的な低価格を実現して中国の大衆車市場のEVシフトに火をつけた。

それだけ、EVという製品は未完成で黎明期におり、非連続的なイノベーションで日々進化を遂げている生き物なのである。この進化を先取りできたものが支配者になる。2035年頃にはEVの開発・生産の仕組みが最適化され、現在のエンジン車のように厳密で固定化されたプラットフォームを確立する日が来るかもしれない。その段階では、垂直統合型の開発モデルから離れ、インターフェースに沿った水平分業型の開発で一段とスケールメリットを享受する日が来る可能性がある。自動車メーカーが製造資産を持ちたくないのであれば、現在のスマートフォンのようなファンドリー（製造受託会社による製造と企画・販売の切り離し）型のビジネスモデルへと進化が始まるかもしれない。

ともかく、そのような未来が訪れるまでは、凄まじいスピードで劇的な進化を遂げるのがEVである。日本車メーカーはエンジンで連戦連勝したことで生まれた自信を投げ捨てなければならない。横綱のような現在の受けて立つ戦い方をやめ、新しい戦いへ頭からぶちかます勇気を持つべきだ。そうでなければ、ＥＶのトップランナーに追いつくことはできない。トヨタはチャレンジャーであるべきだ。

日本車が飛躍できた成功要因

昔の日本車はチャレンジャーの立場として、ＧＭやフォードが築き上げた厳密で固定的だったプラットフォームを切り崩す立場にいたはずだ。１９９０年代に入って、グローバルカーと政治的な圧力を跳ね返し、日本車は急速に市場シェアを拡大し、現在の世界の中心的なプレーヤーの立場を獲得した。その原動力が何であったのか思い起こしたい。

野武士のような叩き上げで、凄まじい働き者で、飽くなき試行錯誤を繰り返し、プラットフォームの概念に縛られずに、柔軟にイノベーションを起こしていたのは日本車メーカーでなかったのか。混沌としながらも臨機応変に、サプライヤーも柔軟にイキイキと設計変更に対応し続けた。

それが、現在ではエンジン車の成功体験を守り、厳密で伝統的なプロセスを変えようともせず、テスラを「あんなものはクルマじゃない」と見ぬふりをする。かつて日本車メーカーはトヨタを中心に欧米の厳密なプラットフォームを攻撃する立場にいたが、現在はすっかりそれを守る側に立っている。「Ｚ」組織の栄光とその遺伝子を守ろうとするだけでは、トヨタのＥＶの未来は危ういのである。

トヨタに必要な発想

バリュープロポジション（顧客への提供価値）の確立

テスラやBYDが破壊的かつ斬新なアプローチでEVの開発・生産の垂直統合度を深め、異次元の生産性を目指していることは理解できただろう。これまでの伝統的自動車メーカーは戦い方を間違えていたことは明白であり、その過ちと対策を各社が進め始めている。トヨタも同様に、BEVファクトリーを立ち上げ、構造変化に真摯に立ち向かう姿勢を示している。

資源の需給関係の悪化、中国サプライチェーンの排除、エネルギー危機などを考慮すれば、従来多くのシンクタンクが予想していた2026年頃に100ドル／キロワット時を割り込むような電池コストを望むことは難しい。EVとエンジン車のコストパリティ（両方のコストが一致する均衡点）も2030年では実現が困難と思われる。

EVが普及を続けるには、①電池コストの下落に依存しない新しいコスト削減への取り組み、②SDV（ソフトウェア定義車）が提供する新しい顧客体験の創造、③テスラが主張するようなEVを保有・活用することで生まれる新しい経済価値の提供、④EVビジネスのマネタイズ手法の転換、という4つのアプローチを検討しなければだめだろう。これからのEVのバリュープロポジション（顧客への提供価値）を構築する上で、これらは重要な取り組みになると考える。ならば、大衆車をコアに持つトヨタＥＶのバリュープロポジションとは一体何なのか。壊れにくく、直しやすく、長持ちし、経済合理性で断トツなエンジン車をユーザーの求めるお手頃な価格で提供できたのがトヨタブランドだ。同様なバリュープロポジションをＥＶで確立できるのかどうか、大衆車ＥＶには全く違うバリュープロポジションが存在するのか、そもそもＥＶがどこへ向かっているのか、確信をもって予測することは難しい。しかし、トヨタはその答えを見出していかなければならない。

テスラやＢＹＤが目指す近未来のＥＶは、革新的なコスト構造と生産性に支えられた低価格指向である。同時に、循環経済的でエネルギーマネジメントによるコストゼロに近い維持費や、マネタイズの新しい経済価値をユーザーに生み出すことでＥＶの魅力をより高めようとしている。

第7章のテスラの分析においても同様の警鐘を鳴らしたが、販売価格が3万ドルを下回り、強力なバリューを持ったＥＶがテスラやＢＹＤから大量に販売されてくる時に、トヨタが対峙する大衆車市場は従来の売り切り型のビジネスモデルで持続可能な収益を確保できるような市場ではなくなる。その脅威は規制が主導する先進国だけに留まらず、中国から政治的な影響を受ける東南アジアでも浸食が進む可能性が高い。

トヨタEVの強みは何か

２０２３年４月の新体制方針説明会において、ＥＶ戦略で強調したことは、①ＥＶとプラグインハイブリッドの電気航続距離の倍増、②生産性、投資効率の倍増、③クルマの進化（ＳＤＶへの推進）の３点にあった。

電気航続距離を倍増できると１キロ走行するのに必要な電池量を半減させられ、それだけ電池を軽く、安くすることが可能となる。空気抵抗から素材特性も含めて総合的な技術が必要となるが、鍵を握るのは電圧・電流マネジメントにあるようだ。

生産性、投資効率の倍増はＥＶの部品点数の削減である。部品の開発・製造の統合度を高め、製造・組み立ての生産性を飛躍的に高めることだ。それを実現できるなら、テスラが主張するギガキャストや、「パラレル・シリアル」の組み立て方式を少々パクってもいいのだ。もともと、トヨタはチャレンジャーとして、さまざまな技術やビジネスをＧＭから学ぶことから始まったのではないか。

トヨタにはトヨタ生産方式による改善の力がある。「シリアル」型のラインでなければトヨタ生産方式の有効性が発揮できないわけではないだろう。「パラレル・シリアル」でも「セル生産方式」でもそれぞれの工程でトヨタ生産方式は力を発揮できるはずだ。

クルマのＯＳ化、ＳＤＶ（ソフトウェア定義車）においては現時点で中国車メーカーが圧倒的に先行している。中国特有の市場の中で、クラウド、AI、通信も含めて国家が主導した標準化された仕組みがあるためだ。ただし、中国SDVが世界の標準になるわけではなく、いくつかのSDVの系統が生まれていくはずだ。ここにおいても、トヨタらしいSDVのバリュープロポジションを確立していかなければならない。

急ぐべきBEVファクトリーの分社化

テスラやBYDが攻め込む先進国の大衆車セグメントや新興国もレッドオーシャン（血の海）となる。従って、多くの自動車メーカーは血の海を避ける戦略を取るだろう。例えば、マツダやスバルは廉価なEVで真正面から勝負する考えはないだろう。廉価なEV市場はEVそのものでは収益化が困難であるためだ。企業規模が比較的小さいマツダやスバルは、よりニッチでプレミアムなセグメントに逃げ場を見出すことで、EVの将来像がはっきりと見えるまでは、比較的安全な場所で生き残りを図ることも可能だ。

しかし、規模が大きいトヨタに逃げ場はない。真っ向からコスト競争力の高いEVを開発・生産し、ソフトウェアやバリューチェーンと紐づけして収益性を確立していくしかない。トヨタは盤石な財務基盤や世界に幅広い市場を有するため、残された時間とゆとりは相対的にある。しかし、それに甘えることは非常に危険だ。トヨタが強い新興国へも、いずれEVシフトは訪れる。

グローバルでフルラインをマルチパスウェイ（全方位）で展開するためのリソースは膨大で、

かつ、モビリティへの先行投資も絶え間なく実施していかねばならない。コスト競争力や財務的な圧迫は相当厳しいものとなる。やはり、何を残し何をあきらめるかの選択と集中は段階的に実施していかざるを得なくなるだろう。

その中で重要な議論とは、まずは儲からないＥＶに対し、戦略的な投資を迷うことなく継続できる仕組みを確立することだ。投資合理性を確立し、ベンチャー企業と同じように赤字事業でも果敢に投資を続けられる仕組みを持てるかどうかだ。長期的に縮小均衡が避けられないエンジン車から持続的に成長するＥＶ事業を明確に切り分けた投資判断を下していかなければならない。

ＢＥＶファクトリーと伝統的トヨタを会計的に切り分けることは効果的だ。むしろ、ＢＥＶファクトリーの完全な分社化を急ぐべきではないだろうか。連続的な進化を信条とするエンジン車の事業と、非連続的な進化や飛躍が必要なＥＶ事業とを切り分け、二正面で戦う戦略を採るべきだろう。

トヨタの組織は巨大で、かつ各機能が完成され固定化されている。新しいアプローチが必要なＥＶ事業には仕事の進め方で不利な要素が多い。それは初動のｂＺ４Ｘ開発における機能間の綱引きで消耗した時間で証明されており、その失敗の代償も大きい。

ＢＥＶファクトリーには世界レベルの人材を集結させ、仕事の進め方から抜本的にトヨタ離れをするべきだ。ＢＥＶファクトリーとデンソーの持つソフトウェアや電動制御技術を一体化し、思い切った垂直統合型の開発を進めていくこともひとつの案だろう。トヨタが主導すると議論が混迷し手に負えないなら、ＥＶソフトウェアはデンソーに思い切って任せてしまうぐらいの発想の転換があって良いのだ。新体制が発表した、次世代ＥＶにおいて工程数と投資原単位50％の削減目標を達成するには、これくらいの思い切った改革を進めなければ実現はおぼつかない。

トヨタらしい反撃へ向かえ

トヨタが想い願う、誰も取り残さない移動の自由、コモディティにならない移動の喜び、未来につながる燃焼技術、そして幸せの量産など、同じ日本人として心から支援を惜しまない。しかし、この目的を実現するには、トヨタがＥＶで確固たる競争優位性を確立することは重要な手段なのである。

「ＥＶシフトはトヨタ潰しだ」という声がある。では、ＥＶを避けてトヨタと日本の製造業が生き残る道筋とは何か。

「資源が足りないからＥＶは成立しない」はよく聞く反論だが、資源が足りないのなら、なおさら電池を持つ企業・国と持たざるものに分断されるだけではないか。電池を持たざる企業・国は滅んでしまうだけ。極論すれば、電池を持つ国は中国と韓国、電池を持たざる国は欧州と日本だ。米国は「電池を持たざる国になっていいのか」と自問し、「それでいいわけはない」とＩＲＡ（インフレ抑制法）を法制化し、電池を持つ国になろうとしている。大切なことは、変化に対応できる能力をまずは身につけることで、マルチパスウェイ（全方位）だろうがＥＶシフトだろうが、それを確立してから柔軟に対応すればいいだけだ。

危機に直面する時、トヨタの前には一発逆転を狙う道と自分たちに強さをもたらした本質・思想に立ち戻る道の２つの道が現れる。豊田は２０２３年の年頭挨拶で改めて「本質・思想に立ち戻れ」と社員に訓示した。この時には既に佐藤へ社長交代を告げていたわけで、この言葉は新社長へ向けた言葉でもあるだろう。

トヨタは、かつては自動車産業のベンチャーでチャレンジ精神に溢れ、イミテーションから改善とイノベーションを起こしていった。これらはトヨタに強さをもたらした本質・思想であると考える。一発逆転を目指す改革ではない。クルマの原点に立ち返りながらも、新しい技術とマーケットに向けて会社や社員が進歩する改革と構造変化を起こす時なのである。テスラやＢＹＤに負けない新しいＥＶの価値や製造方法を発見し、トヨタらしく反撃してもらいたい。

最後は人

トヨタがモビリティカンパニーへのフルモデルチェンジを宣言した２０１８年からこの５年間、経営のトップダウンの決断力とスピードで、トヨタはモビリティカンパニーへ転身するために必要な要素技術からスピンオフ企業の設立、仲間づくりを凄まじい勢いで実施してきた。その成果を認めつつ、２０２０年末を転換点に、トヨタの環境変化への柔軟な対応力や必要と思われたＥＶやソフトウェアへの布石が鈍ったように感じるのは筆者だけだろうか。

日本のカーボンニュートラル宣言を契機にエネルギーや自動車規制への政策論議が起こり、そ

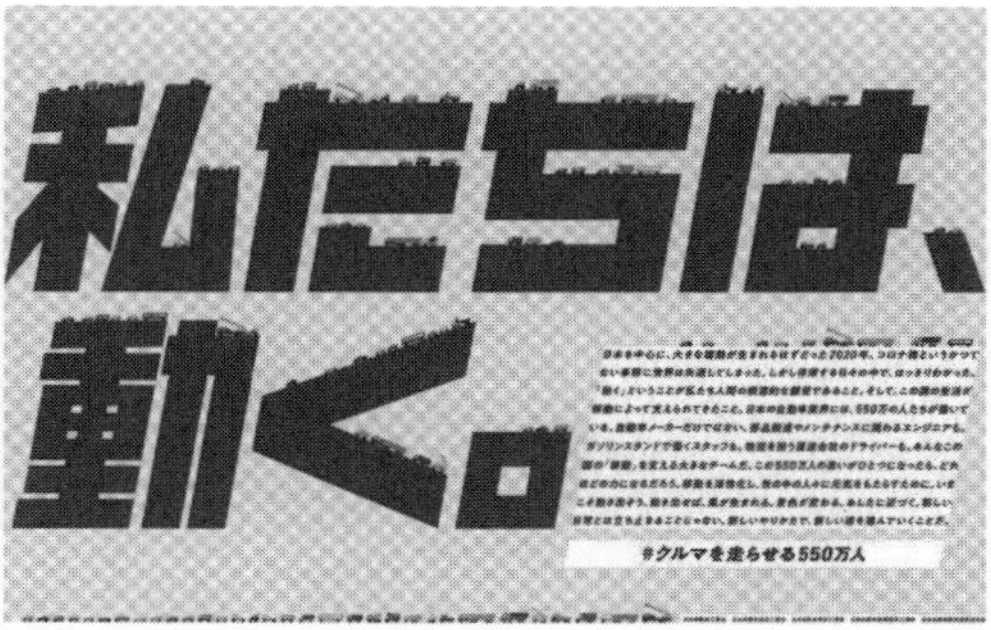

2020年末からの自工会キャンペーン

して自工会を中心に進められた自動車関連産業５５０万人の「私たちは、動く。」キャンペーンが続いた。その頃がひとつの転換点になったと感じるが、トヨタは国内５５０万人の雇用、日本と内燃機関の未来をひとりで背負いすぎたような気がする。

確かに、日本の自動車関連産業の雇用人員は５５２万人おり、国内就業人員の８％強を占める一大産業ではある。直接的に製造と販売人員に就業するのは２００万人である。それを支えるだけでも大変なことだが、利用部門にいる輸送業の２７０万人なども含め、すべてを背負う責任は重すぎる。５５０万人を守れる具体的なソリューションが簡単に見つかるわけもなく、考えるに決断は遅れ、コンセンサスが取りやすい選択肢に向かい、いつしか多くの人々がトヨタに気を回し始めたのではないだろうか。

社長の豊田が発揮してきたリーダーシップは偉大であった。しかし、組織をフラットにしたことで、さまざまな案件を豊田に直接持っていかなければ決められず、場合によっては勝手に気を回して決裁を仰がない。ある意味、ここ2年は決められない組織に陥っていたのではないかと感じている。

水素関連の案件は、長期的に日本のためにコンセンサスを獲得することは容易だ。しかし、本来急ぐべきＥＶ関連の出資や提携事案は目立った決定事例がない。それは豊田がＥＶ嫌いだからという噂や悪口は聞こえてくるが、果たして本当にそうだったのだろうか。２０２１年のＥＶ説明会の映像を何度見返しても、その時の豊田がＥＶを本気で推進しようとした固い意志は、言葉、表情、感情から見て全く疑うところはない。

もちろん、マルチパスウェイ（全方位）戦略を推進し、日本とクルマ文化の未来を背負って内燃機関の未来を支えようとしていた豊田の姿勢はリスペクトできる。自らの使命として強くのめり込んでいたことは間違いないだろう。しかし、使命感と会社経営は別物だ。企業価値を棄損するリスクを指摘するアドバイスや、メリットになる情報から耳をそむけることなどあり得ない。

国内雇用を脅かし、業界の構造に多大な変化を起こす厄介な案件をもって社長と関わることは避けようとする、トヨタ社員の過度な忖度があったことは否定しがたい。そういった風土を醸成してしまった豊田自身や執行役員の責任も重い。

新社長の佐藤は怖いという噂も聞くが、話しやすく非常に理詰めのエンジニア気質を持つ。停滞した組織力を活性化し、風通しを改善させて、積み残しの重要案件を決定してスピードを持って実行することが彼の任務である。決められない組織から、決断し実行する組織へ変えるのだ。

筆者は30年以上トヨタという会社に関わってきた。どこか宗教的で不思議な会社であるが、最も感服してきたトヨタの凄さは人を育てるという組織力であった。あれほどの巨大組織ながら、派閥もなく人事が動く不思議さを感じていた。メカニズムは非常にシンプルで、育てた人が多ければ多いほど、まるでその上司は神輿が担がれるように出世し、派閥もないのに巨大組織のリーダーになっていくのだ。

トヨタという会社は、侃々諤々《かんかんがくがく》の議論を続け、いつになったら決めるのか分らないほど待たせることはあっても、一度決めれば粛々と道を突き進む愚直さがある。自由闊達《じゆうかったつ》に社員が元気にのびのびと動けるのであれば、困難を乗り越えることは可能である。

「正解をいってくれそうなベテランの人が社長をするよりも『佐藤が正解をいうわけがないよな』と思いながら社員皆が元気になる会社にしよう。そういうことで、私が社長に選ばれたのではないでしょうか」（巻末脚注14）

佐藤はメディアのインタビューにおいて、自虐的なジョークで社長に選ばれた理由を述べた。そんな風通しの良さが今のトヨタには必要だ。

最終章

国内自動車産業の未来

世界のＥＶ市場の現在地と未来図

ＥＶ市場の現在地

コロナ危機から抜け出した時、世界には全く違う風景が広がっていた。ＥＶを中心とする電気モビリティの普及はこの2年で飛躍的に成長し、ＳＤＶ（ソフトウェア・ディファインド・ビークル＝ソフトウェア定義車）と呼ばれるデジタル対応車が次の勝敗の要素に台頭していたのだ。最終章は、自動車産業の未来図と、トヨタをはじめとする国内自動車メーカーの今後を占っていきたい。

２０２２年の世界のＥＶ市場は７５８万台に達し、全体新車需要に占める構成比は10％に達している。その内６割強は中国が占め、その規模は４８７万台に達している。ここに、プラグインハイブリッド車を足した数値では、市場は１０００万台に達し、全体新車需要に占める構成比は14％に達している。

２０２３年にはＥＶはさらに成長を加速化させ、世界販売に占める構成比は13％、２０２５年に16%、２０３０年に27%、２０３５年には38%に成長すると筆者は予想している。

２０２２年の国別でのＥＶ普及率は、中国が24%、欧州が12%、米国が約６%と続き、日本はわずかに２%に過ぎない。世界のＥＶの約半分が中国で作られ消費されるというＥＶ大国中国の存在感は今後も変わることはないだろう。

メーカーに目を向ければ、世界最大のＥＶメーカーは米国テスラの１５４万台、続くのが中国ＢＹＤの91万台となる。欧州勢ではＶＷが57万台、日本勢は日産が９万台、ホンダは２・５万台、トヨタは２万台に過ぎない。２０２５年のＥＶ販売台数は、テスラは３００万台、ＶＷは２００万台の規模に育つ見通しで、トヨタの掲げる２０２６年１５０万台の目線は相応の挽回を目指した規模感であることがうかがえるだろう。

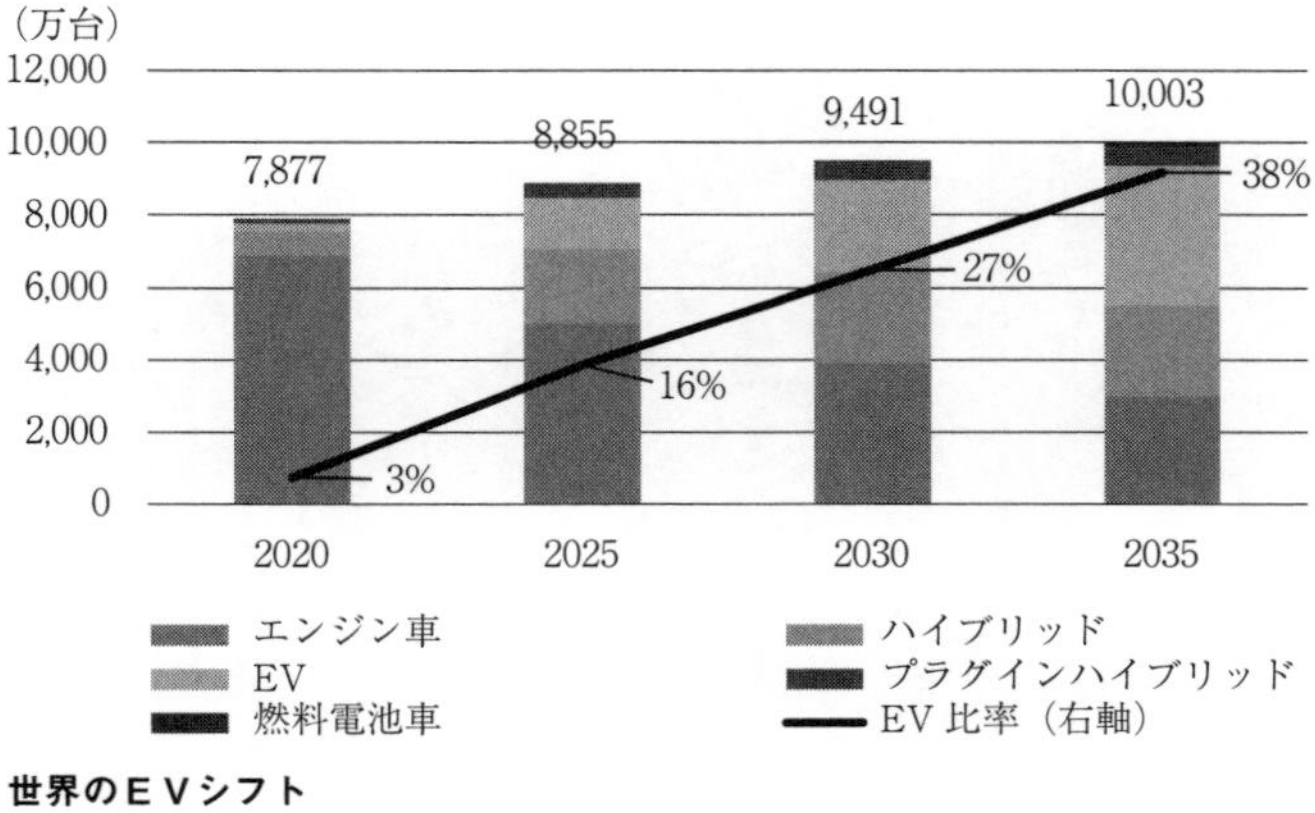

世界のＥＶシフト

筆者作成

米国の環境規制の変化は期待が薄い

第2章で指摘した通り、ＩＲＡ（米国インフレ抑制法）の狙いは、巨大補助金を提供することで米国を電池とクリーン産業を有する国に育成することにある。電池を持つ国（中国・韓国）、電池を持たない国（欧州・日本）に分断されそうな情勢の下、米国は力ずくで電池を持つ国になろうとしている。３６９０億ドル（約50兆円）を投資して、世界のクリーンエネルギー産業を米国、カナダ、メキシコへ誘導している。

そして、２０２６年からＧＨＧ（地球温暖化ガス）規制を一気に強化することでＥＶシフトを加速化させ、エネルギーとモビリティ産業を世界的な競争力を有する産業へ導こうとしている。同時に、カリフォルニアのＺＥＶ（ゼロエミッション車）規制も２０２６モデルイヤーから35％という異常なほどのＺＥＶ（ＥＶ、プラグインハイブリッド車、燃料電池車）の比率を要求してくる。２０２５モデルイヤーのＺＥＶ規制なら８％程度のＥＶ比率でクリアできるが、過去からの繰越クレジットを考慮しなければ、翌年からは準拠に28％以上のＥＶ比率が必要となる。

現在、世界で最もがむしゃらに厳しいＥＶシフトを促す環境規制を敷こうとしているのは米国だといえる。日本メーカーはその米国を収益源としているだけに舵取りを間違えると命取りとなりかねない。

現在の米国の環境規制やＥＶ政策とは、エネルギーと産業政策が連携した国家経済安全保障を確立する手段であり、そう簡単には政策変更することはなさそうなのである。２０２４年の大統領選挙や議会選挙の結果しだいで政策の潮目が変わるシナリオはある。しかし、施行された法律を変えていくには少なくとも2～3年はかかるだろう。従って、２０２７年頃までの規制政策はほぼ現政権で固めたと考えるべきで、規制をクリアし、市場シェアと収益性を確保する体質を持つことは企業として必須のこととなる。そう考えれば、米国市場のＥＶ比率は25％から30％のレンジに一気に跳ね上がる可能性が高い。

そこから先の米国市場が一本調子でＥＶシフトできるかといえば、確かに数多くの不確定要素がある。場合によっては２０２８年以降のＥＶ比率の推移には幅が出てくる可能性もある。トレンド通り２０３０年に50％を超えていくのか、それとも踊り場に差し掛かるのか先読みは困難だ。企業には変化に対応できる柔軟性が求められる。

欧州の戦略転換が意味するもの

米国よりも先にゼロエミッション規制を進めた欧州は、政策の軟化が見られる。ｅ-Ｆｕｅｌ（グリーン水素由来で合成されたカーボンニュートラル燃料）を燃料とするクルマの新車販売を２０３５年以降も認可することで合意した。これは大きな転換点となるのだろうか。

ドイツをはじめ多くの欧州諸国は、ロシア危機に端を発したエネルギー不足と化石燃料への回帰をうけて、目論んだカーボンニュートラルの実現に黄色信号が灯っている。追い打ちをかけたのが米国ＩＲＡであり、欧州に向かうはずのクリーンエネルギー投資が堰を切って北米に流れ始めている。

段階的に、欧州はＥＶ以外の脱炭素技術の選択肢を増やしていく可能性が高い。第２章で論じた通り、先行してＺＥＶ１００％化を目標に掲げ、地域の自動車産業のＺＥＶへの対応力を進めてきたが、その準備がある程度達成できた段階で、脱炭素への選択肢を広げる方向を模索し始めている可能性がある。欧州政治の二枚舌（建て前と本音）は今に始まったことではなく、したたかな戦略性を常に持ってきた。

これをＳＮＳにおいては「欧州が方針転換しエンジンを認めた」、「トヨタのマルチパスウェイ（全方位）の正しさが勝った」というような、まるで日本の勝利のような声が聞かれるが、そんなに楽観するような話ではない。大切な議論はどこに優先順位を置くかである。複合的なエネルギー基盤を構築し、そのアプリケーションとして電動車の種類が選択できるのであれば、まずはＥＶを進め、段階的に選択肢を広げることは理にかなっている。

ＥＶの是非論はむなしい

地球規模でカーボンニュートラルを本気で目指すとしたら、結果としてマルチパスウェイ（全方位）になると従前から筆者は考えており、その中で、水素を電気に還元する燃料電池車、合成燃料や次世代バイオ燃料を燃焼させるエンジン車へ選択肢が広がることに違和感がない。

そもそも、ＥＶでCO_2が減らせ脱炭素に近づけるかといえば、それは電力エネルギー構成による「CO_2排出係数（1キロワット時あたりのCO_2排出量）」、「電費（1キロ走行に必要な電力ワット時）」、クルマのライフサイクルでの「走行距離」の相関関係で決まるもの。

少なくとも現時点でＥＶにシフトしたからといって、脱炭素が実現できるものではない。欧州ではＥＶは大きな解決策となっても、排出係数の高い日本、中国、インドでは環境問題の解決に向けた出口戦略とはならない。ハイブリッド車をはじめ、プラグインハイブリッド車、燃料電池車等の技術をバランスよく普及させようという主張は合理性の高い考え方なのである。

豊田章男のいう「敵は炭素、内燃機関ではない」は全くの正論である。

しかし、本書ではこういったＥＶの是非論にはページを割かなかった。それはむなしいからだ。CO_2を減らせる、減らせないにかかわらず、欧・米・中はＥＶを推進するパワーポリティックを振りかざしている。これに正論をぶつけて何が得られるだろうか。ＥＶは環境によろしくないといってただ慎重論を主張しても、日本の自動車産業は電池を持たないプレーヤーとなり、滅ぶ未来が待つだけではないか。

第2章の「デジュール戦略対デファクト戦略」で論じた通り、欧・米・中のデジュール戦略に対して、トヨタをはじめ日本の自動車メーカーにはデファクト戦略をもってユーザーに選ばれなければならない。そして、巨大な欧・米・中の市場においてビジネスで勝ち残らなければ消えていくだけだ。日本車はＥＶで勝ち、国内産業の未来のためにさまざまな選択肢も残していくという、したたかな戦略を目指さざるを得ないのだ。

トヨタのEV戦争のゆくえ

出遅れたビジネス判断

ＥＶでの競争力を高めるテスラやＢＹＤにトヨタは対抗できるのか。確かに、将来のトヨタのＥＶ競争力に不安があったことは否定しない。２０２３年の「テクニカル・ワークショップ」は、ＥＶ開発に消極的だとか、技術で出遅れているという猜疑心を払拭しただろう。ただし、それを事業に落とし込むところで何らかの躊躇があり、ビジネスの判断が出遅れたところは否めない。

ユーザーが求めるものを、求めるタイミングで提供するのがトヨタ生産方式であり、最終的な量産期に勝利すればいい。トヨタとはそもそも意図した出遅れがお家芸のような会社だった。トヨタのマルチパスウェイ（全方位）戦略は合理的で、かつ日本産業の未来につながるものだ。まだインフラも技術も熟成していないＥＶを無理に普及させて、ユーザーに不便をかけることはトヨタのカルチャーにはない。

安易なＥＶシフトは、トヨタだけに留まらず日本の国内自動車産業の飯の種であるハイブリッドのマーケットを潰しかねない。それが日本の未来を潰し、ＥＶでも敗戦したら共倒れの連鎖で日本は全てを失ってしまう。そんな悩みがトヨタのＥＶ技術の事業化を躊躇させたのではないだろうか。

厳しく明白にいおう。トヨタの現在のＥＶ事業計画では２０２７年に向けて米国と中国市場でシェアを失い、規制対応コストで収益性を大きく悪化させるリスクが高い。２０２６年以降にＢＥＶファクトリーの成果が出てくるまでは、際立ったＥＶでの逆転劇を演じることは困難に映る。

特に、トヨタの北米事業の競争力低下と市場シェア悪化のリスクは看過できない。米国は現在最も厳しい規制強化に突き進んでいる。その結果、自国の自動車会社の一角が失われても、テスラのような新興企業に置き換わるだけで、時代に即した健全な新陳代謝を生み出せる。労働組合の利害をどう考えるかという議論はあるだろうが、中国との覇権争いが続く限り、米国が規制と構造転換の手綱を緩めることはなさそうだ。トヨタは長期的に規制対応に相当難しい舵取りを迫られるだろう。

ライバルを育てる悪循環

トヨタの新体制が目指す２０２６年のＥＶ１５０万台を仮に達成したとしても、そのうち北米で販売されるのは30万台程度と考えられる。その時トヨタの北米販売のＥＶ比率は10％強に過ぎず、30％近いＺＥＶ比率が求められるカリフォルニア州のＺＥＶ規制の準拠にはほど遠い。第10章で試算した通り、ＧＨＧ規制に対するクレジット不足も深刻となるだろう。

最大手の一角であるトヨタがクレジットを大量に購入すれば、需給関係がタイト化してクレジット単価は上昇する。買えば買うほど、価格が上がれば上がるほど、EVで先行してクレジットを提供するテスラのようなライバルを育てていく悪循環が待っているのである。

2023年6月16日、経済産業省はトヨタ、トヨタ傘下のPPES（プライムプラネット・エナジー&ソリューションズ）、PEVE（プライムアースEVエナジー、主にハイブリッド用電池を生産）、豊田自動織機の4社の国内電池設備と研究投資に対し、1200億円の助成金を交付することを発表した。この対象には、3300億円を投下する25ギガワット時（約35万台のEVを作れる）の国内生産設備や次世代電池開発費も含まれる。国内はこの助成金で一息つける。

一方、トヨタは米国には10ギガワット時程度の電池供給能力しかない。これからいかに急いでも、電池能力拡大は2026年以降になってしまう。IRAの恩恵を受けるには競合と比較して遅すぎやしないだろうか。

BEVファクトリーに残る課題

BEVファクトリーが主導する構造転換があって、初めてトヨタの明るい未来のシナリオが描ける。変化が乏しくメカニカルで重い既存事業の呪縛から解放され、EVに必要な構造転換とソフトウェアやデジタルの競争力を主導していくことになるだろう。ただし、実行には多くの困難を克服しなければならない。課題は大きく3点あると考える。

第1に、内製電池の生産性、コストの克服だ。現時点で、子会社のPPESは量産に苦戦を強いられており、電池コストもかなり割高と聞く。自前で5つの電池開発を進めながら、大規模な量産を進めていくことは至難の業である。

第2に、トヨタ社内、トヨタグループ企業の変革に向けた抵抗に打ち勝てるかだ。電池に限らず、ビークルOS、ソフトウェア、電動ユニット、インバーター、パワー半導体などの重要な次世代EV技術は、トヨタとグループ会社との協業で進めるグループ内製指向が強い。テスラやBYDの成功要因から判断して、重要技術の内製指向は正しい。しかし、そこへハイブリッド事業で潤って動きの鈍いトヨタグループが関わってくる場合、変革に立ち向かう覚悟が備わっていなければ意図せざる抵抗勢力ともなりかねない。最も重要な変革へのスピードを失う懸念がある。

第3に、第9章でも指摘した通りカローラやRAV4クラスの廉価版EVでトヨタがどのような提供価値を示し、コスト競争力を見出そうとしているのか最大の難問への答えが見えていない。開発中の多くのEVコンテンツ、クルマを磨き上げるソフトウェアを含めて、価格の高いミッドサイズ商品からラージ商品には大きな効果が期待できる。一方、コモディティ化が進み、価格低下が見込まれる大衆車クラスのEVに対するトヨタの提供価値の決め手が何であるのか。まだまだ不透明さが残る。

ホンダが2023年のCESの舞台に立てた理由

最下位から日本車EVシフトの先鋒へ

ここ数年でEVシフトの基盤を一気に進めたのがホンダだ。2023年1月のラスベガスでのCES（コンシューマー・エレクトロニクスショー）の舞台において、最新のソフトウェアをまとい、ソニーとの合弁会社ソニー・ホンダモビリティが販売する新型EV「アフィーラ」を堂々と発表しCESの主役のひとつを演じた。

CESはモバイル（スマートフォン中心）からモビリティ（ソフトウェア・ディファインドのEV中心）へ主役がすっかり入れ替わり始め、その中で日本車メーカーやサプライヤーの存在感が消滅しかかっていた。ホンダはひとり気を吐いた格好だ。

その原動力とは、エンジンへの退路を断ちEVファーストを徹底する経営を実践した三部敏宏のリーダーシップにあった。2021年4月に社長に就任した三部は、2040年にグローバルでEVと燃料電池車のゼロエミッション車の販売比率を100%に引き上げる目標を掲げた。

その中間目標である2030年に、同比率は日本で20%、中国40%、北米40%という高水準を目指すものであった。2015年以来自動車事業の競争力が陰り、その課題解決と構造対応に追われ、世界のＥＶシフトでは最下位に位置すると考えられてきたのがホンダである。三部の言葉は社内の意識改革を促す内向きのメッセージで、正直とても実現可能なものには聞こえなかった。

しかし、三部は怒涛のように決断を下し続けた。ＥＶ開発に向けたＧＭ、ソニーとの戦略提携に始まり、電池領域においてＬＧエナジー（ＬＧＥＳ）との40ギガワット時（ＥＶ約55万台に相当）の新工場設立、経済産業省から１８００億円の助成金を受けた20ギガワット時（ＥＶ約28万台に相当）の生産能力を目指したＧＳユアサとの国内合弁会社の設立など、下した決定は枚挙にいとまがない。

ホンダは２０２４年の２つの大型ＥＶ、２０２５年の「アフィーラ」、自社大型ＳＵＶ、２０２６年以降にＧＭと共同開発する「ＣＲ－Ｖ」クラスのコンパクトＥＶの全てが、ＩＲＡが提供する７５００ドルの税控除（＝補助金）の対象となる見通しだ。ＬＧＥＳの合弁工場は２０２５年

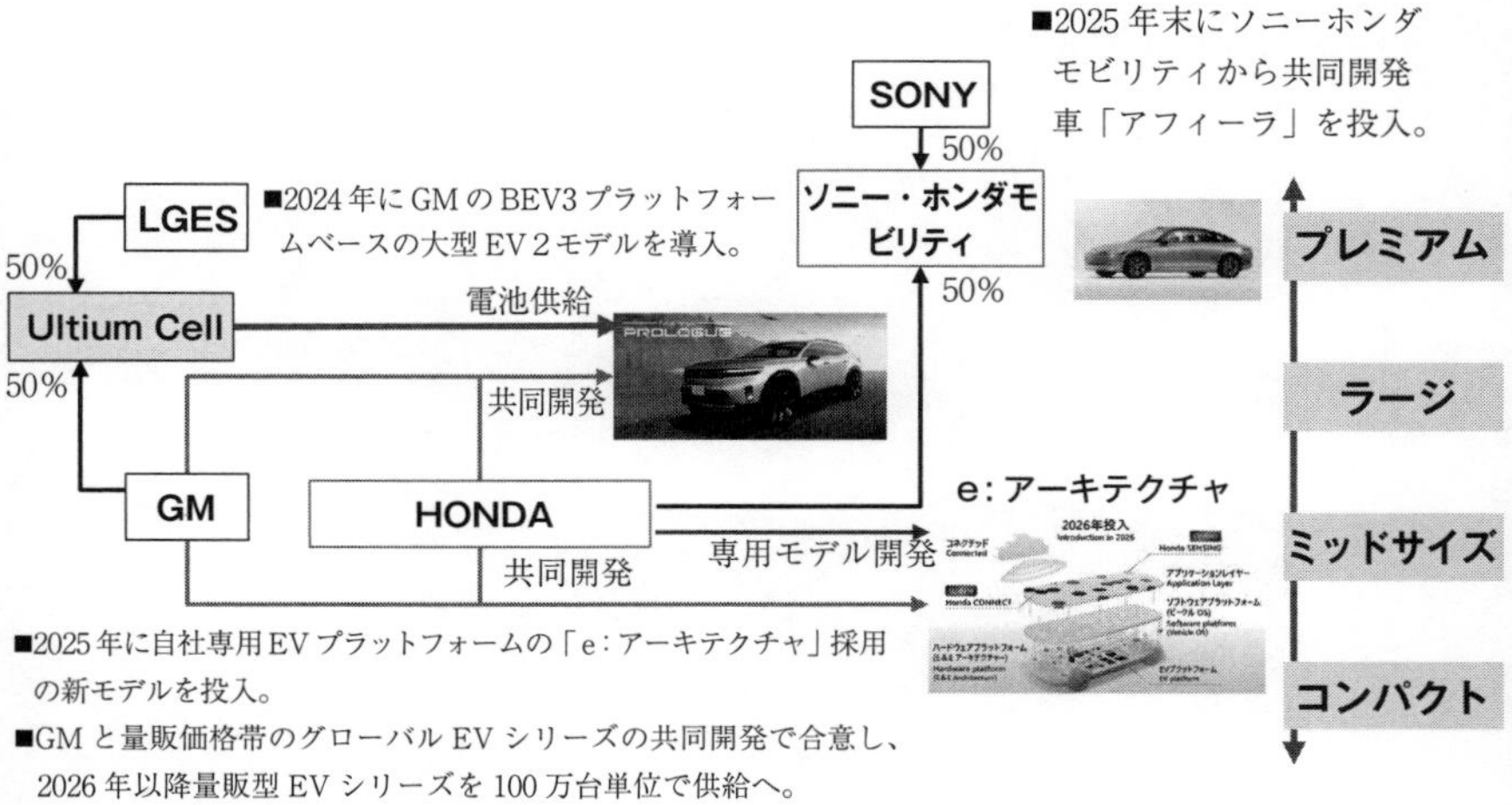
■2025年末にソニーホンダモビリティから共同開発車「アフィーラ」を投入。
SONY
50%
ソニー・ホンダモビリティ
50%
LGES
■2024年にGMのBEV3プラットフォームベースの大型EV 2モデルを導入。
50%
Ultium Cell
50%
電池供給
共同開発
GM
HONDA
専用モデル開発
共同開発
e: アーキテクチャ
プレミアム
ラージ
ミッドサイズ
コンパクト
■2025年に自社専用EVプラットフォームの「e：アーキテクチャ」採用の新モデルを投入。
■GMと量販価格帯のグローバルEVシリーズの共同開発で合意し、2026年以降量販型EVシリーズを100万台単位で供給へ。

ホンダの北米EV戦略

筆者作成、写真はホンダ、ソニー・ホンダモビリティのホームページ

末から米国で電池供給を開始し、その電池は２０２５年にＥＶ生産工場に転換されるオハイオ工場（生産能力45万台）でのＥＶ生産に概ね紐づいている。２０２６年から急激に強化される米国連邦政府とカリフォルニア州の規制強化に準拠できるよう、ホンダは着実に準備を進めている。米国に電池、ＥＶ工場のハブを揃え、そこを最優先に開発を進めてきたことが奏功している。

北米における次のＥＶの主戦場はテスラが攻め込もうとする３万ドル（約４００万円）を切る市場での戦いに移っていく。この厳しいマーケットでは、ＧＭと共同開発する「ＣＲ‐Ｖ」クラスのコンパクトＥＶで防衛する考えだ。しかし、この市場で盤石な地位を築くことは容易ではない。クルマのＳＤＶ化を進め、バリューチェーンを吸い尽くすようなビジネスモデルを築かなければ、生き残りへのパスポートを手に入れることはできないだろう。

ホンダとＧＭの本気のパートナーシップ

ホンダとＧＭとの提携関係は２０１３年に燃料電池システムの開発・生産を両社で統合したところから関係が深まり、２０１８年に自動運転モビリティのクルーズへ出資し、無人ライドシェアサービス用ＥＶ専用車の共同開発へ発展している。ホンダはクルーズへの出資額７・５億ドル（当時レート換算で８２５億円）と、２０３０年までに事業資金約20億ドル（同２２００億円）の支出を決定した。この無人のロボタクシー事業は日本へも導入すべく、ホンダとＧＭのアライアンスは拡大している。

２０２０年には、北米における戦略的提携を発表し、電動パワートレインを含めたプラットフォームの共有化に進むことを決断する。ＧＭのＥＶ専用プラットフォーム（ＢＥＶ３）とＧＭとＬＧ傘下の電池会社ＬＧＥＳとの合弁会社アルティウム・セルズ電池を搭載したラージ商品２モデルを開発し、２０２４年よりＧＭから供給を受ける。

２０２２年には、ホンダの次世代ＥＶ専用プラットフォーム「ｅ：アーキテクチャ」をベースとするＣＲ-Ｖクラスのコンパクトクロスオーバ－ＳＵＶの共同開発を決定した。１００万台規模の巨大なスケールの新モデルＥＶで、２０２６年以降、北米、南米、中国に向けグローバルに展開を進める。このモデルは第３章で登場したＧＭシボレーエクイノックスの後継モデルとなる可能性が高い。

CES2023 でアフィーラを紹介する水野泰秀 CEO

ソニーホンダモビリティホームページ
https://www.shm-afeela.com/ja/news/2023-01-04/

ソニーとの連携で生まれるＩＴ企業型のＳＤＶ

２０２２年６月、「ソニー・ホンダモビリティ」が発足した。ソニーが保有するセンサー、通信、ネットワーク、エンタテインメント技術とホンダの持つ車体製造、環境・安全技術、アフターサービス体制を持ち寄り、ＩＴとクルマ屋が一緒にＥＶ（＝ＳＤＶ）を開発・販売し、モビリティ向けサービスのエコシステムを構築しようとするものだ。

ＳＤＶには大きく3つのタイプがある。中国市場で台頭する中国型ＳＤＶが先行し、それをトヨタやメルセデスが目指す伝統的自動車メーカーならではの安心・安全を重視した伝統型ＳＤＶが追う。その中間に位置するのが、ソニーやテスラ、おそらくアップルのようなＩＴ企業が進めるＩＴ型ＳＤＶだ。ソニー・ホンダモビリティの面白さとは、ＩＴ企業と伝統的自動車メーカーの良いとこ取りを実現できるところだろう。クルマの外（アウトカー）へのサービスのつながりをソニーが主導し、クルマの中（インカー）設計はホンダという分業で開発を進めることで、アフィーラは驚異的なスピードで開発が進んでいる。ソニーが得意とする時空の拡張、ホンダが得意な身体の拡張を、この先2年間でどこまで具現化できるのかが勝負のポイントとなるだろう。

日産自動車、マツダ、スバルそれぞれの道

日産の命運を握るルノーとのアライアンスの再構築

「（アライアンスの）終わりの始まりではないのか？」

ルノーが日産の43％、日産がルノーの15％を相互に出資するアライアンスの見直しが基本合意

に至ったという2023年2月の記者会見において、日本のメディアが日産とルノーの経営陣に投げかけた質問だ。

「議決権は43％が15％になるのではなく、ゼロが15％になるのだ。それは（ゼロが15％になる）日産も同じだ」とルノーCEOのルカ・デメオが切り返した。ややこしい回答だが、デメオは、アライアンスは実体的に「ゼロとゼロ」であったが、「15％と15％」の対等なアライアンスでスタートラインに立つのであることを主張したかったのだ。

ルノーは日産の43％を所有する実質的な支配権を有するが、カルロス・ゴーン元会長が制定した「改定アライアンス基本合意書（RAMA）」によって、日産の取締役会決議にルノーが反動できなくされている。ルノーは日産の経営に全く干渉することができなかった。フランスの会社法では子会社が親会社の議決権を行使できないため、日産が所有するルノーの15％には議決権がない。それが「ゼロとゼロ」の関係を生み出したわけだ。

ルノーはEVシフトの中で生き残るために、2022年11月に構造改革案を発表して計画を断行してきた。EVとSDVを担う「アンペア」、ハイブリッドなどのエンジン事業の「ホース」を含めた5つのユニットに事業分割する。コア事業となるアンペアは本体からスピンオフさせ株式上場させる。ここに日産が参画し、EV事業の基盤とすることが基本合意にあるのだ。

トヨタは仲間（スバル、スズキ、ダイハツ）と日本、ホンダはGMと北米、日産はルノーと欧州というそれぞれハブを作る地域は違っていても、目的はスケールを拡大することにある。半導体・ソフトウェア・電池などのグローバルスケールが必要な技術においては、スケールメリットが極めて重要なのである。

日産のEV戦略

ところが、基本合意に基づいたRAMAに変わる新しいアライアンス契約の締結は、目途としていた2023年3月を越えても進展がなく交渉が長期化している。日産社内がルノーとのアライアンスの推進派と慎重派に分断し、経営が混乱しているためだ。

しかし、日産には内紛に時間を浪費する暇は1秒たりともてない。日産の競争力につながるようにルノーとのアライアンス基本契約を合意し、アンペアとのかかわり方、中国・北米のEV事業を強化する中期経営計画を速やかに策定しなければならない。中国・北米ではルノー以外の他自動車メーカーなどとの協業も含めて、日産自らの力で競争力を切り開くことを目指さなければならない。

2023年2月、日産は電動化戦略への取り組みの加速化を発表した。2026年時点のグローバルな電動車（EVとハイブリッド車合計）の販売比率を従来の40%から44%以上へ引き上げたが、どれだけEV販売を目指そうとしているのか、国内主要メーカーのなかで唯一明確化できていない。

ストレスフリーでワクワクし、不要な振動や挙動のない電動車の運転体験はモーター制御技術がもたらす。日産はその価値を極めていくことで電動化の競争に勝ち残ろうとしている。日産の

ＥＶ戦略の最大の特徴とは、２０１０年代に先行したＥＶ基盤を元にハイブリッドのｅ－ＰＯＷＥＲを普及させ、１００％モーター駆動で走る電動車の価値をエンジン車と同等のコストで作り上げる。そして、ＥＶとハイブリッド車でモーター、インバーター、ギア部品と制御を共用化することで、スケールとコスト競争力の確立を目指そうとすることだ。

　これは、ＥＶに向けて専用のプラットフォームと電動パワーユニットを開発し、その標準化を進めてスケールを確保しようとしているテスラやグローバル自動車メーカーの戦略とは一線を画す。２０２８年に頭出しを狙う全固体電池で競合に先駆けゲームチェンジを目指すこととあわせ、日産のアプローチが真の競争力を獲得できるのか今後を注視する必要がある。

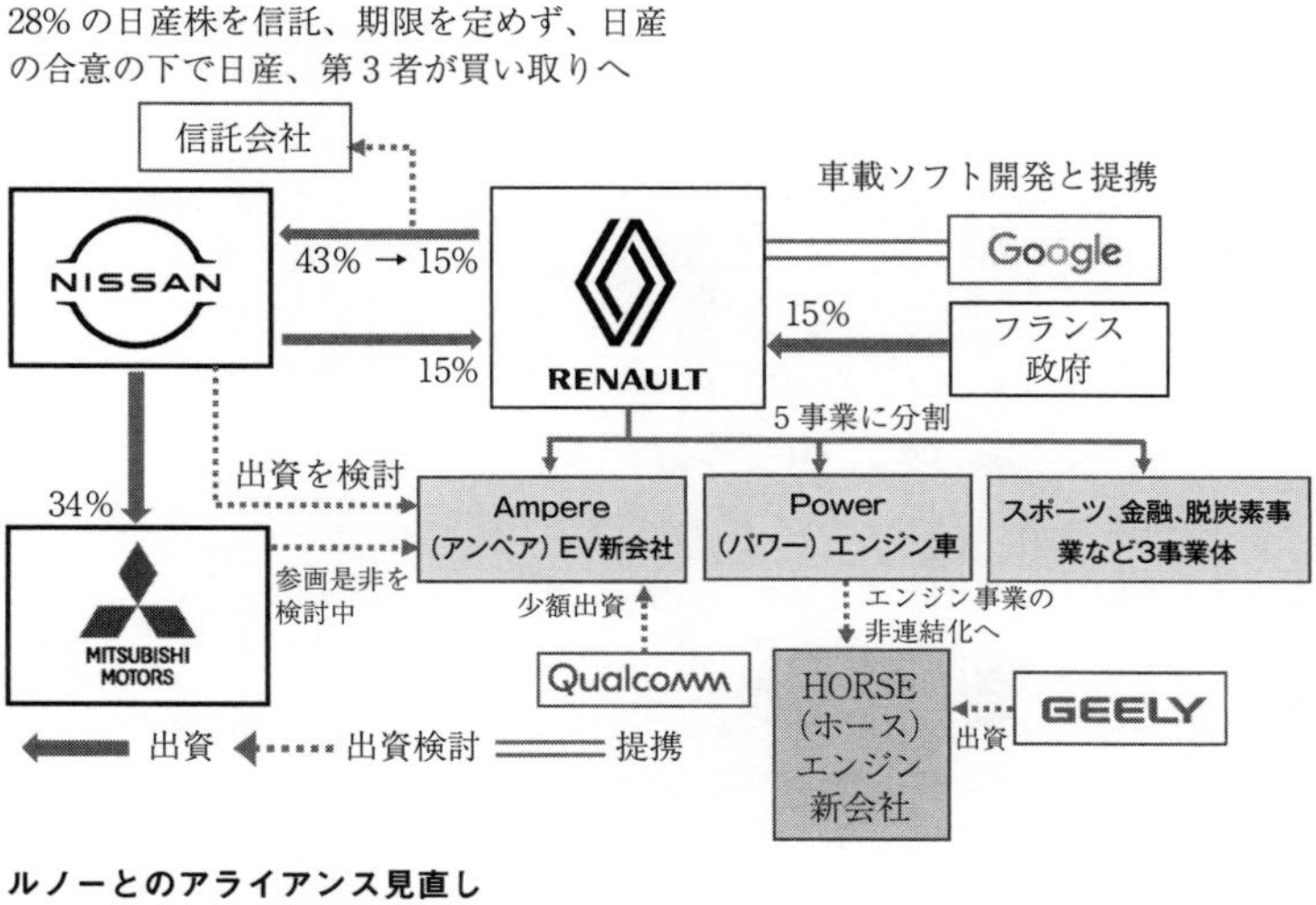

ルノーとのアライアンス見直し

2023 年 2 月発表会社資料を基に筆者作成

ＥＶ事業での自立を目指すマツダ

マツダは、２０２２年11月に「２０３０年の経営方針」を発表した。その中で２０３０年のグローバルにおけるＥＶ販売比率を従来の25％から25～40％のレンジへ幅を広げた。世界のＥＶ普及に対しスローフォロワー戦略には変わりはなくとも、変化への対応力を身に付けるという意思である。ＥＶ関連（含む電池）事業に合計で１・５兆円を投資する。

２０３０年までを３つのフェーズに分け、フェーズ１（２０２２～２０２４年）においては、電動化時代に向けた基盤となる戦略的ラージプラットフォーム商品（ＣＸ‐60／80、ＣＸ‐70／90）の市場投入を進める。フェーズ２（２０２５～２０２７年）は電動化へのトランジション（移行期間）と定め、ＳＫＹＡＣＴＩＶ技術を発展させた「マルチソリューションスケーラブルアーキテクチャー」の普及を進め、エンジン、ハイブリッド、プラグインハイブリッド、そしてスモールプラットフォームをベースにしたＥＶを含めたマルチソリューションを提供する。そして、フェーズ３（２０２８～２０３０年）においてスケートボード型の「ＥＶ専用スケーラブルアーキテクチャー」を導入し、ＥＶを本格導入する考えだ。

マツダらしい選択は、独自の駆動ユニットを目指すところだ。ＭＨＨＯエレクトリックドライブ社をオンド、広島アルミニウム工業、ヒロテックと設立し、電動駆動ユニットを共同開発する。富田電機、中央化成品とＭＣＦエレクトリックドライブ社を設立し、モーターを先行開発する。

そして、ローム、今仙電機とＭａｚｄａ Ｉｍａｓｅｎエレクトリックドライブ社を設立し、インバーターの開発を実施する。

地域と共創するというコンセプトを基に、広島経済圏の持続可能性を追求する。同時に、自前で多くを手掛けるマツダ独自の垂直統合型のＥＶ開発・生産体制を地元の広島・山口で確立することを目指す。電池調達は、中国資本傘下にあるが日本企業のエンビジョンＡＳＥＣから導入を開始し、将来的にパナソニックエナジーの円筒形電池の採用も検討する。スバルがトヨタの電池や駆動ユニットとの標準化を図るのに対し、マツダは独自で自立したＥＶ戦略を選択する。国内にＥＶ基盤を構築するという考え方はスバルと同様で、米国に完全に軸足を置こうとするホンダとは考えの違いが明白である。

地域経済と寄り添うことも目的にあるが、マツダが目指す「走る歓び」にブランド価値の根本があるなら、あえて独自の提供価値を重んじるということは理解できる。しかし、本格的なＥＶの投入が２０２８年ともなれば、米国のＩＲＡ、カリフォルニアＺＥＶ規制への対応力がどの程度あるかは、現時点では不透明としかいいようがない。

ＥＶにスバルの走破性を見出せるか

独自路線のマツダとは対照的に、スバルのＥＶプラットフォーム「ｅ-ＳＧＰ」はトヨタとの標準化を重視してきた。従って、トヨタのｅ-ＴＮＧＡと標準化されたところが多く、スバルのブランドアイコンである高度安全技術の「アイサイト」が搭載されていない。これは、電子プラットフォームがトヨタの電子プラットフォーム「e-PF2・0」をベースにしているためだ。

トヨタと共同開発した「ソルテラ」は「bZ4X」と同じくトヨタの元町工場で生産されている。スバルは規模が小さくEVシフトには多大なハンディキャップとなる。一方、これから最もEV規制が高まる米国を主戦場としていることから、トヨタとの標準化は避けられない戦略となる。

スバルが米国販売の半分をEV化するとなれば、2030年には30万〜40万台の北米向けEVを販売しなければならなくなる。北米事業を命綱にしてきたスバルにとって、北米消費者が認めるEVの提供価値と規制対応を進めることは会社の生命線となる。

その基盤として国内にEV工場を築き、コスト競争力のカギとなる電池や電動駆動ユニットをトヨタと標準化することは、規模が小さいスバルが生き残る道として合理的だ。そうはいっても、IRAが提供する補助金を獲得する好機は縮小する。価値を高め、EVでは従来よりも高価格のセグメントに攻め込んでいかなければ競争力を保てない。

そのためには、水平対向エンジンとシンメトリカルAWDが生み出したスバルらしい走破性とブランドアイコンである「アイサイト」を活かし、独自の走りと安全価値をEVで大きく拡張していかなければならない。協調領域の電池や電動駆動ユニットをトヨタと標準化しながらも、車体設計、電子プラットフォームに独自性を拡大させていくことが2027年頃からの次世代e-SGPの開発課題となっていくだろう。

2023年6月、スバルの新社長に技術畑出身で製造本部長の大崎篤が昇格した。新体制の重要課題は次世代e‐SGPをどのように発展させ、トヨタの新しいBEVファクトリー戦略とシンクロさせていくかにある。

スバルは2023年4月に電動化戦略をアップデートしている。2026年までにトヨタとのアライアンスを活用して3つのEVを追加するとしており、その中にスバルオリジナルのモデルを設計・製造する可能性がある。

ハイブリッドとEVを一緒に生産する、いわゆる混流生産を用いて2025年を目途に矢島工場でEV生産を開始し、2026年に20万台のEV生産能力を確立する。2027年頃に大泉工場の敷地内にEV専用工場を新設し、20万台の生産能力を追加、2028年以降に群馬県でEV生産40万台体制の確立を目指す。矢島工場では現行のe‐SGP（e‐TNGAと同質）、大泉新EV工場では次世代e‐SGPをベースとするEVが生産される。さらに、2030年頃には北米EV現地生産の検討が必要となるだろう。

マツダとスバルは国内にEVの生産ハブを確立してい

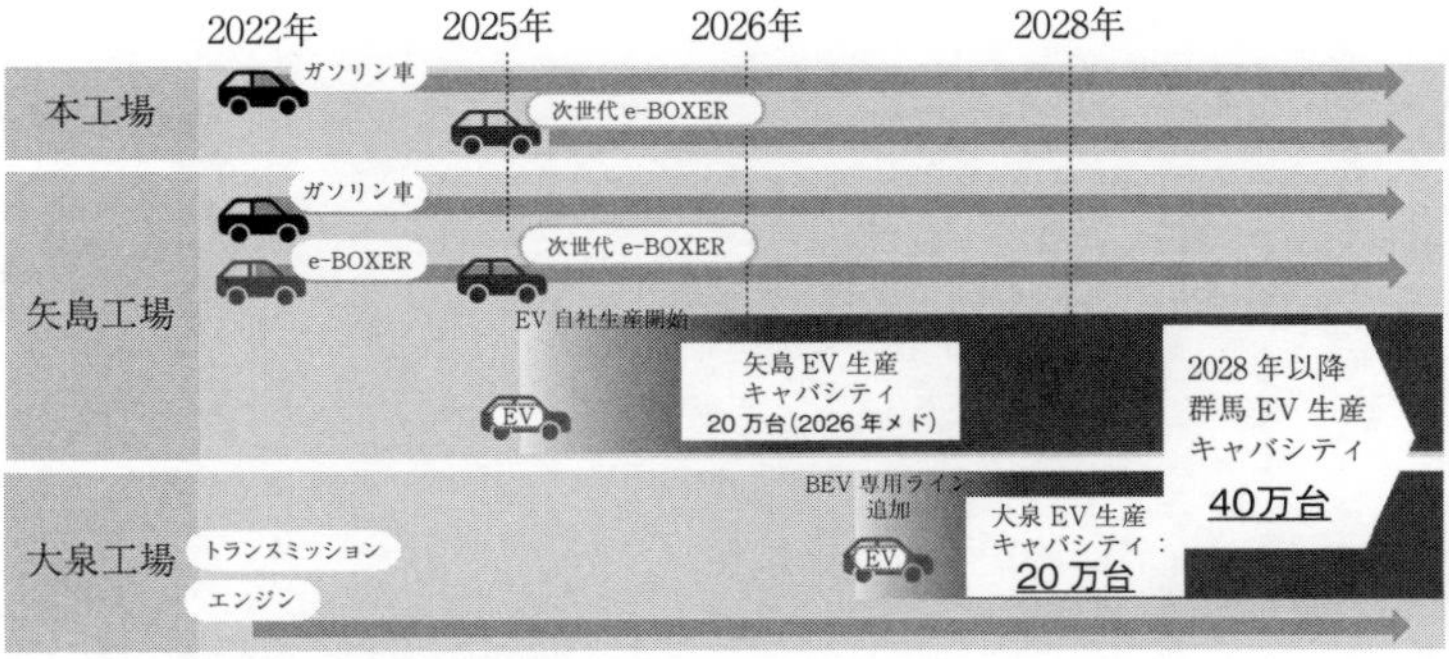

スバルの国内 EV 生産能力増強計画

会社資料を基に筆者が加筆作成

く。規模が相対的に小さいため、その方が投資を回収しやすいためだ。しかし、両社共に収益の柱は北米市場にある。輸出型のEV事業を確立するためには、際立った独自の提供価値を見出さなければならない。それが実現できない時、両社の事業規模は大きく後退していくリスクが控えている。

2030年から2035年の未来図

中国のSDV市場でどう戦っていくのか

2023年の上海モーターショーは、自動運転車、スマートコックピット、コネクテッドカーなど、SDVとしての顧客体験で溢れていた。EVだから中国ブランドのクルマが売れるのではなく、スマート化をクルマの最大のセールスポイントとしたSDVであることが大きな理由である。ユーザーのクルマに求める価値は、AIやエネルギーマネジメントに移り変わっている。

中国ブランドが採用を進めるスマートコックピットは世界で最も進化が速い。モニターサイズもますます大型化している。中国ではBATと呼ばれる百度（バイドゥ）、「阿里巴巴集団（アリババ）、騰訊（テンセント）のテック企業が広げたエコシステムが存在し、そこではクラウドでのデータ処理の標準化が進み、多くのプレーヤーの参入が容易になっている。

マルチメディアや通信を司るドメインコントローラと呼ばれる統合ＥＣＵの標準化も進み、自動車メーカーは容易に最新のスマートコックピットを採用し、多くの機能をてんこ盛りにしても廉価な提供が可能となっている。中国標準とグローバル標準は完全に分離し、中国標準が怒涛のスピードでＳＤＶを先行しているわけである。中国でのデータは世界から遮断されており、海外メーカーの中国市場向けＳＤＶは中国専用として開発していかなければならないし、どうやっても中国メーカーの開発スピードに追いつかないのである。コロナ禍で３年程度ぼんやりしていた間に、追いつけないほどの強烈な差が生まれているのだ。

日本の自動車メーカーには新たな課題が浮上している。これまではグローバル市場に向けたＳＤＶに追いつけ追い越せでやってきたが、今後は全く別世界の中国のＳＤＶ市場でどう戦っていくのかという、もうひとつの難題をこなさなければならない。最悪の場合、多くの日本車メーカーは中国市場からの撤退も視野に入れざるを得なくなる。ＥＶシフトがクルマのＳＤＶへの進化を加速化させることに疑いはない。クルマはデジタル化され、センサー、半導体、ＳｏＣ（セキュリティ・オペレーション・センター＝サイバー攻撃を阻止するための対策）、ＡＩ、ソフトウェア、仮想化技術等で日本勢の存在感は薄く、世界に標準を握られ始めている中で、この戦いは非常に厳しいものとならざるを得ない。

伝統的自動車メーカーの窮地

ＥＶシフトを受けた世界の自動車産業の勢力図には、どんな変化が起こるのだろうか。現在の筆者の予想に基づけば、中国とインドの自動車メーカーの台頭が予想され、米国と日本車メーカーの後退が懸念される。

日本車メーカーの世界シェアは２０３０年には29％へ若干の減少に留まると見ている。これは、新興国で成長が続くトヨタとスズキの市場シェアが上昇する予想が含まれているためだ。現段階では、トヨタはＥＶ戦争に最終的に勝利できるという前提に立っている。万が一、２０２６年からのＢＥＶファクトリーが不発に終われば、日本車メーカーのシェアダウンは一段と大きくなるリスクがある。

中国と米国市場における苦戦が予想されるホン

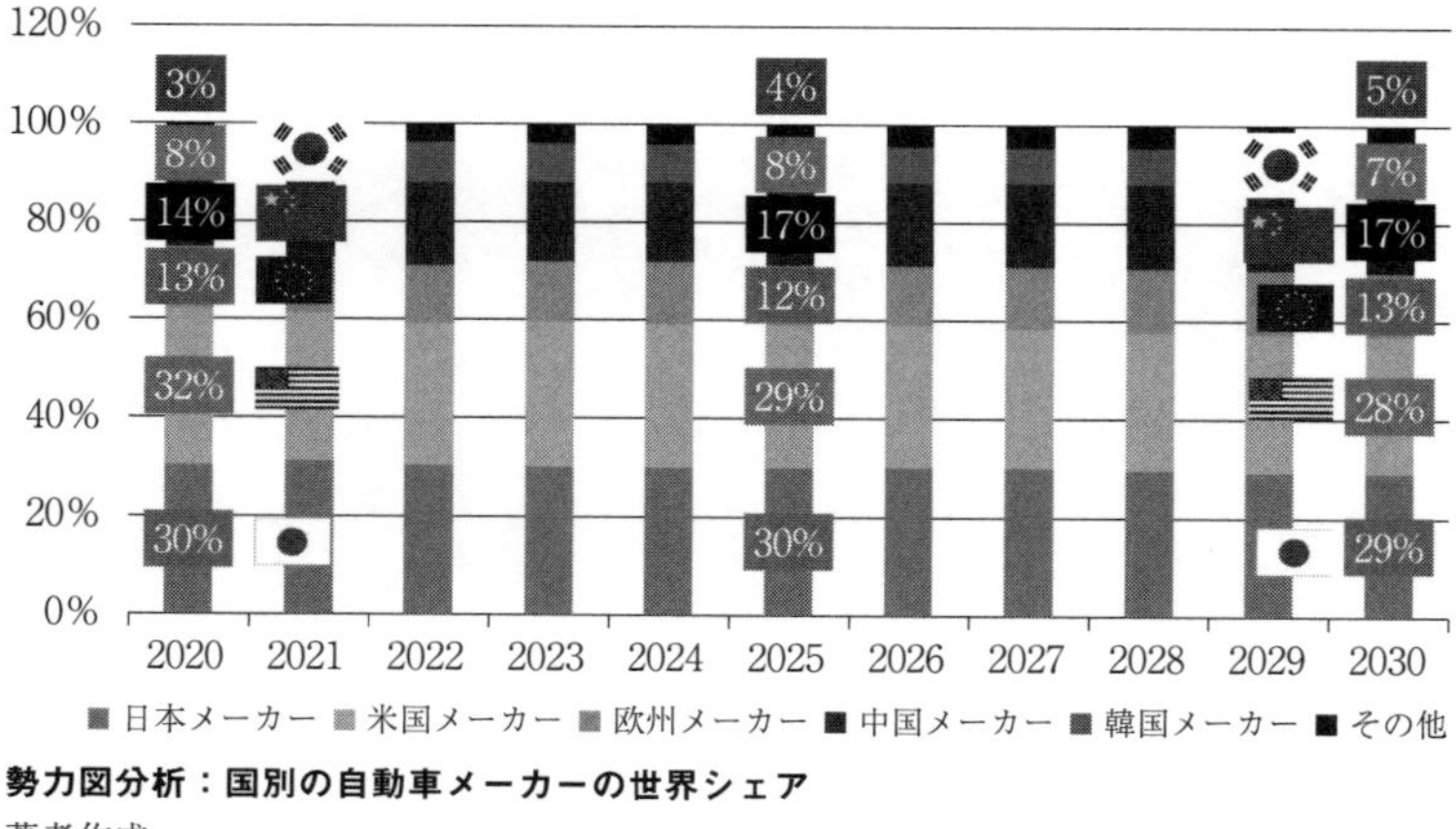

勢力図分析：国別の自動車メーカーの世界シェア

著者作成

ダや日産のシェアダウンは避けられそうにない。日本車メーカーの中でのシェア配分はトヨタが37％から41％へ、スズキが10％から14％へ大きく伸びるが、ホンダは19％から16％へ、日産は17％から13％へ後退する予想だ。先進国での台数成長は難しく、製品構成を高めバリューチェーンやリカーリングビジネス（継続的に提供するサービスから得る収益）で稼ぐ構造にいち早く変化することもこの背景にある。

より大きな構造変化は、新興自動車メーカーの著しい台頭にある。トヨタやGMのような伝統的自動車メーカーと新興自動車メーカーは明暗が分かれそうだ。新興勢力は２０２０年には世界の1％のシェアしかなかったが、２０３０年に世界市場の８％、２０３５年には15％程度まで拡大する公算である。

その成長をけん引するのがテスラやアップルカーというベンチャーと異業種参入組の新興自動車メーカーだ。もうひとつの存在が、中国の伝統的な自動車メーカーが続々と立ち上げている新興自動車メーカーのビジネスをコピーした新興ブランドであり、吉利汽車傘下のＺＥＥＫＲや長城汽車のＯＲＡなどを含む。２０３０年時点で、新興自動車メーカーの販売台数は６００万台、新興ブランドは２００万台レベルの規模に拡大する見通しである。これはもう無視できない規模ではないか。

これまでの90％の市場規模の中で伝統的な自動車メーカーは戦っていかなければならなくなる。その市場の相当部分が利幅の薄いＥＶへシフトするとなれば、従来の売り切り型のビジネスモデルは成立しない。作って儲け、売って儲け、直して儲けるビジネスは終わりを迎えるのである。

６６００万年前にメキシコに落ちた巨大な小惑星が恐竜を含む地球上の生物の75%を絶滅させたが、洞穴などに生息する哺乳類の小動物は生き残った。規模が小さく洞窟などに避難が可能なマツダとスバルは、もう少し構えを縮小させてプレミアムやニッチ市場に逃げ込めば生存のチャンスがある。しかし、恐竜化しているトヨタ、ホンダ、日産には逃げ場はない。生き残るには環境変化へ対応していくしかない。

トヨタは仲間のスズキ、スバル、マツダと共にスケールを確立できる。ホンダ、日産は単独での生存は困難かもしれない。両社のＥＶシフトに向けた戦略には類似性がある。共に高価格帯に少しでも販売構成をシフトさせながら、販売金融事業でＥＶ資産を囲い込み、電池の二次利用を含めたバリューチェーンを絞り尽くしていくことで混沌とする10年を乗り切ろうとしている。

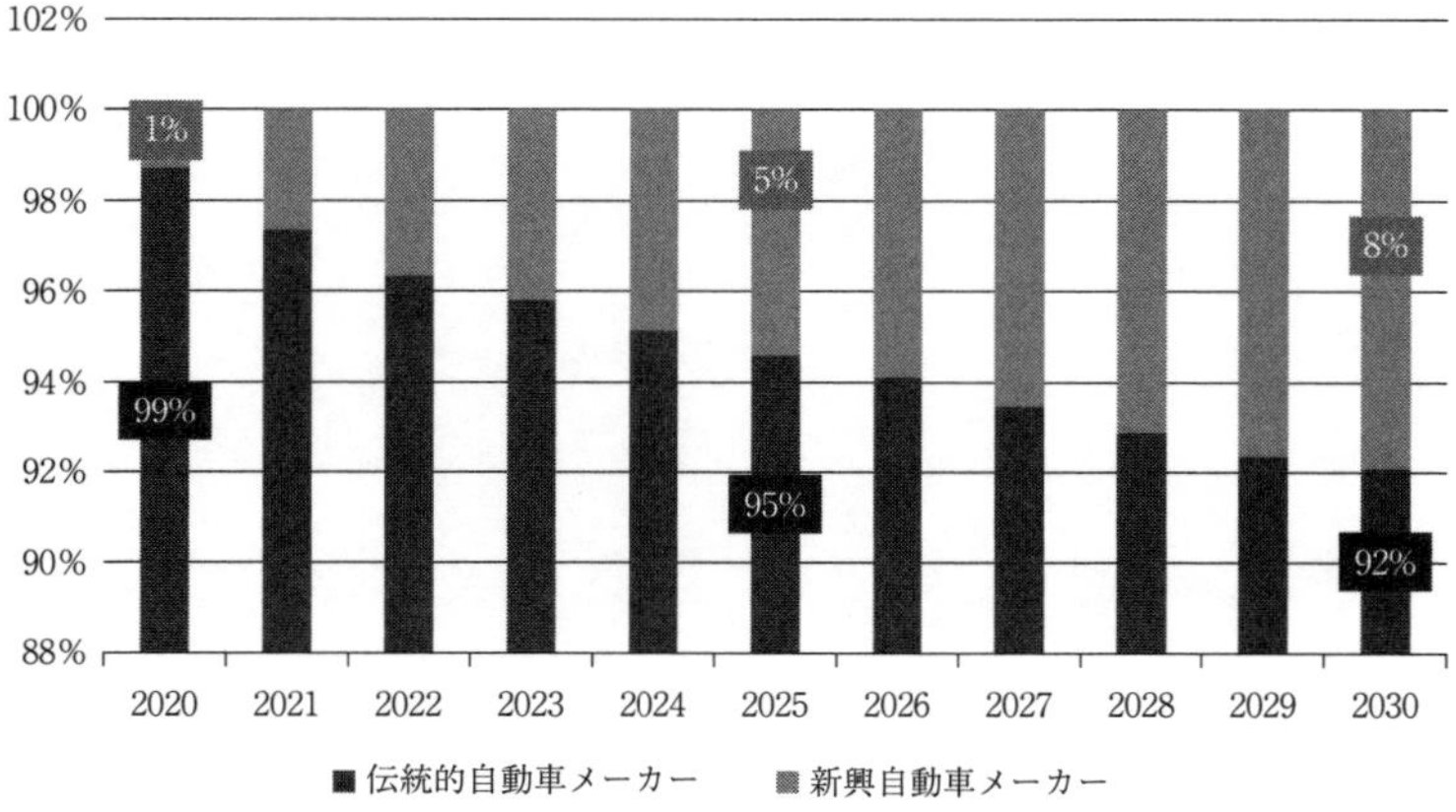

勢力図分析：伝統・新興属性別

著者作成

戦略に類似性があるなら、いっそのこと両社で組めるところはとことん手を握るのも大切な選択肢であるだろう。国内の軽自動車製造など、バラバラで進める意義は薄れている。国内販売でも手を結ぶことも可能ではないだろうか。国内自動車産業がトヨタの仲間とホンダの仲間に二分されるシナリオはあり得るだろう。

サプライヤーに訪れる2030年の崖

国内サプライヤーを取り巻く経営環境も多大な変化に見舞われるだろう。EVシフトに伴う部品点数の減少や車両生産台数の減少は明白である。それに加え、自動車メーカーが直接関わる垂直統合型の開発・生産の拡大、SDV化によるハードウェアのアップデート期間の長期化など、質的・量的構造変化が直撃する。

国内生産台数のEVシフトが2030年に15%、2035年に30%に上昇するシナリオをベースとして、日本自動車部品工業会が集計する品目別出荷金額を基に国内部品生産金額を推計した。コロナ前の2019年度の国内自動車部品生産金額は約19兆円であった。この先、数年はハイブリッド比率の上昇が期待されるが、EVシフトは伝統的なエンジンや電装品、電動系の1台あたりの部品売上金額を大きく削る。

日本の自動車部品総出荷金額自体は電池、モーターの出荷金額が増大することで横ばい圏を維持できる。一方、エンジン関連の出荷金額は2・4兆円から1・8兆円へ3割削減され、情報と電池などの電動車両用部品を除く全体の出荷金額も18兆円から15兆円に2割減少が予想される。２０２５年までは穏やかに回復が続くが、２０３０年を境に急激に減少に転じ、２０３５年に向けて崖を滑り落ちることが予想される。

２０２３年4月のトヨタ新体制の方針説明において、トヨタの台数成長は１０００万台から２０３０年に向けて右肩上がりの未来図が描かれたことで、それを見て安堵するサプライヤーが多かったと聞く。それは誤解である。そもそもトヨタの世界シェアには下落のリスクがある上、電池を除く1台あたりの部品売上金額はＥＶシフトで確実に減少に向かう。サプライヤーを襲う２０３０年からの受注急減から目をそらすことはできない。

トヨタのハイブリッド戦略に追随すれば未来の事業が守られるという神話をもとに、思考停止気味のサプライヤーが国内に多く存在する。間違いなく、トヨタはハイブリッドを最後まで延命化し守るだろう。しかし、その事業に甘え、自らの構造転換を進めないことは将来の大きな負担となりかねない。また、トヨタのＥＶ競争力向上を実現させる構造改革の足かせとなりかねない。トヨタもホンダも本気だ。サプライヤーに覚悟は定まっているのだろうか。

自動車部品産業は構造改革を推進し、成長が見込めない

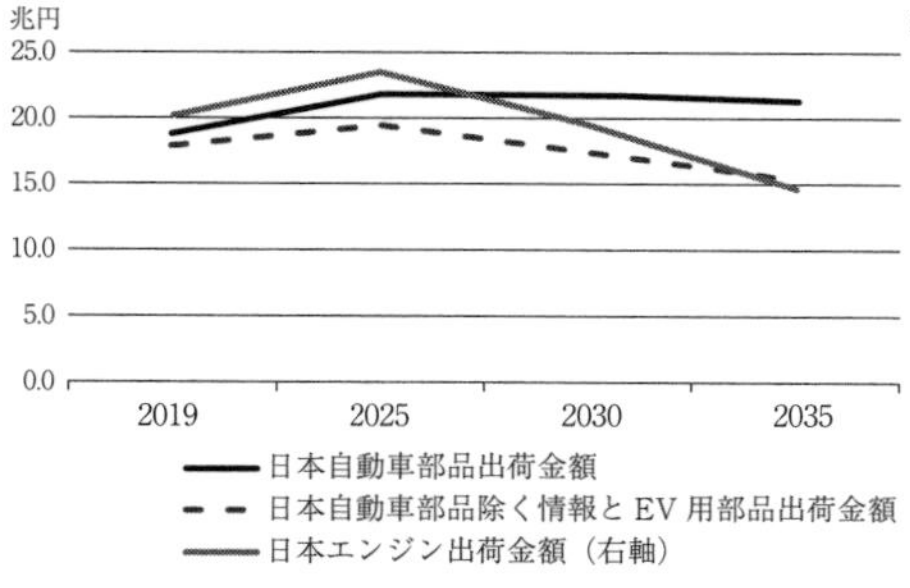

日本自動車部品出荷金額予想（生産減少シナリオ）

著者作成

領域は積極的に整理統合する気概が必要だ。こういった事業再編を捨てられたかのように、後ろ向きに考えることはやめよう。低成長事業であっても創意工夫でバリューアップは図れる。何もせず、ただじり貧になっていくことはやがて来る行き詰まりを待つことに等しい。

思い出すべき昔のチャレンジャー精神

１９９０年代、日本車はチャレンジャーだった。その精神を思い出す時がきた。当時はグローバルカーと政治的な圧力を受け日本車は弱体化していたが、その危機を跳ね返し、ハイブリッドの成功と共に繁栄の時代を迎えた。その原動力が何であったのか。叩き上げで粗野ながら、さまざまな試行錯誤と改善へ生き生きと取り組むチャレンジャー精神ではなかったか。現在、テスラが取り組むＥＶのコスト削減へ向けた飽くなき挑戦と同じようなスタンスで、愚直にエンジンの熱効率の向上に取り組んできたのが日本の自動車産業であった。

エンジン車の成功体験に守られ、伝統的なプロセスを変えようとしない現在の自動車産業を見るにつけ、デジタル化の中で敗れ去っていった国内電機産業と同じ運命を感じざるを得ない。幸い、自動車は家電ほど一気にデジタル化が進むものではない。まだ時間がある。すぐに動けば日本車が提供する素晴らしいＥＶ価値を作り出すことが可能である。日本車はもう一度チャレンジャーの立場として、ＥＶに真剣に取り組むことが必要なのだ。

トヨタは昔から幾重もの危機を乗り越えてここまで成長してきた。最大の危機であった

2010年の品質問題から生還し発展できたのは、豊田章男の14年間の社長時代を通して、かつてのトヨタらしさを取り戻す戦いに勝利したからだ。

それでは、今後のリーダーは誰と何のため戦っていくのだろうか。EVシフトという新しいゲームルールと戦い、さらにその中にトヨタらしさを発見する戦いとなるだろう。過去の成功体験を否定すべきところは否定し、新しいトヨタへ変革をもたらす戦いとなる。

構造改革を断行するには、社内・グループ企業からの激しい抵抗勢力とも戦っていかなければならない。トヨタのEV戦争。社長となった佐藤恒治が率いる新体制の、決して負けることが許されない戦いがここにある。

おわりに

初めてトヨタをタイトルに冠した拙著『トヨタ対VW』を2013年に書いてから、早くも10年が過ぎようとしています。この間、筆者のアナリスト人生も30年目の大きな区切りを迎えました。10年前は「ハイブリッド対ディーゼル」というエンジン車における戦いの構図の中で、トヨタの国際競争力の再生への道を描く書物でした。当時のトヨタは、台数成長主義、トヨタ標準を崇め奉り、標準化に出遅れ、コスト競争力も品質も劣化し、最大の危機を迎えていました。

嵐の中の船出となった豊田章男氏の経営は、当初は非常に不安な航海が続いたのですが、TNGA戦略で見事に再生を果たし、持続可能な真の競争力を追求し、トヨタを世界で最も成功した自動車メーカーに育て上げました。一方、最近のトヨタはEV戦略の初動につまずき、組織の風通しも悪く、組織的な膠着が今後の改善課題にあると考えます。

本書を執筆するにあたり、10年前の『トヨタ対VW』を読み返したところ、なんと、当時のトヨタを厳しく批判していたのかを再認識しました。近年、すっかりトヨタに甘口になっている自身を反省しました。

国内自動車産業には過去最大の危機が迫っていると認識しています。そしてそれは業界トップのトヨタの危機でもあります。世界の強国のパワーポリティックに飲み込まれたEVとSDVをめぐる新しいゲームに勝ち残らなければ、日本の自動車産業のみならず、日本経済の未来に暗雲が漂うことになる。そういう危機意識を高めながら、フラットに、しかしトヨタにやや厳しく批判的なスタンスを心掛けました。

トヨタは筆者を応援団だと思ってきたのではないかと察します。その応援団から突然厳しい内容を突きつけられ、がっかりするかもしれません。筆者はアナリストとして常に中立で、応援しているのは企業価値を高め、世界で勝てる企業です。過去10年間トヨタを応援してきたように見えたのは、トヨタが企業価値を本当に生み出してきたからでしょう。

本書はトヨタを再び堂々と応援できる日を求めて、トヨタが直面する危機を乗り越えて欲しい、その気持ちで書き上げました。成功体験とトヨタの栄光しか見ていないトヨタやトヨタグループ企業の若い人材にはぜひ手に取って読んでもらいたい。果敢に構造改革に挑んで欲しいと願います。トヨタと日本の未来は、こういった人材にかかっているでしょう。

本書の構想に取り掛かったのは２０２２年初頭でした。２０２１年末のトヨタのＥＶ本気宣言を受けた新しいトヨタの戦いを描こうと考えていたのですが、モチーフは根本から練り直しを迫られました。トヨタのＥＶ戦略のほころびが日々筆者の耳に届くこととなったためです。そして、新ＥＶ戦略のスケルトンと共に２０２３年初頭をターゲットに構想を練り直そうとしたら、今度は電撃的な社長交代、新体制の息もつかせぬ新方針の発表が続くことになりました。具体化する新戦略を可能な限り盛り込むことができましたが、過去に経験のないリアルタイムの執筆作業となりました。

【謝辞】

１年半もかかった執筆作業でしたが、多くの人たちのご協力が執筆を支えてくれました。本書に登場して頂いた自動車会社、自動車部品会社等のＩＲ、広報のご担当者の皆様には大変お世話になりました。この場を借りて厚くお礼を申し上げます。

出版の機会を頂いた講談社ビーシーの飯干俊作様には大変に有益なアドバイスを頂き、かつ多大な編集サポートを頂きました。厚く御礼を申し上げます。

執筆に向けてデータ収集、編集、校閲から雑務までサポートしてくれた弊社のインターン生である早稲田大学大学院基幹理工学研究科の張開旂（チョウ・カイキ）さん、同大学院商学研究科の楊妹（ヨウ・シュ）さん、ノースイースタン大学大学院のＳａｒａｈさんへ感謝を申し上げます。ＩＴ担当のカズさん、ジェフリーズ証券東京支店調査部の鄧競飛（ダン・ジンフェイ）さん、荻野茂美さんに感謝を申し上げます。そして、支え続けてくれた家族と友人のサポートなしに、成し遂げることはできなかったと思います。

本文中の肩書は当時のものとし、敬称は省略いたしました。

２０２３年７月

中西孝樹

脚注

1.「『トヨタbZ4X』でまさかの電欠!? 長距離試乗で実感した最新国産EVの実力と現在点」, 2022年6月10日. https://www.webcg.net/articles/-/46473.

2.「EU、35年以降もエンジン車販売容認 合成燃料利用で」、日本経済新聞、2023年3月25日. https://www.nikkei.com/article/DGXZQOGR252US0V20C23A3000000/

3.「グローバル化・経済安全保障」, 通商政策局・貿易経済協力局, 2023年4月. https://www.meti.go.jp/shingikai/sankoshin/shin_kijiku/pdf/014_04_00.pdf.

4.『合成燃料(e-fuel)の導入促進に向けた官民協議会(日本自動車工業会)』, 一般社団法人日本自動車工業会, 2022年9月16日. https://www.meti.go.jp/shingikai/energy_environment/e_fuel/pdf/001_07_00.pdf.

5.「COP27を踏まえたパリ協定6条(市場メカニズム)解説資料」, 環境省, 2023年3月. https://www.env.go.jp/content/000060573.pdf. パリ協定では、すべての国が自国の温室効果ガスの排出削減目標(Nationally Determined Contribution:NDC)等を定めることが規定されている。一方、世界の温室効果ガスの排出削減を効率的に進めるため、パリ協定6条には、排出を減らした量を国際的に移転する『市場メカニズム』が規定されている。

6.「GMの25年EV生産、60万台下回る可能性 電池増産に遅れ=調査会社」、ロイター、2023年5月18日. https://www.reuters.com/article/gm-electric-battery-idJPL4N37G0NW

7.「ディースCEOを事実上の解任 独VW新体制、EVシフトの行方は」, 日経ビジネス, 2022年8月3日. https://business.nikkei.com/atcl/NBD/19/depth/01514/?P=2.

8.「『山積課題の全体最適解探れ 危機克服への道筋』藤本隆宏 東京大学教授」, 日本経済新聞, 2021年1月7日. https://www.nikkei.com/article/DGXKZO67918950W1A100C2KE8000/.

9.「『なぜEVのこと知りたい?』トヨタ佐藤新社長、逆質問の真意」, 日経ビジネス, 2023年4月21日. https://business.nikkei.com/atcl/

gen/19/00109/042100211/?P=2.

10.「テスラインベスターデイ」. Tesla. ２０２３年３月１日. https://www.youtube.com/watch?v=Hl1zEzVUV7w.

11.「Elon Musk Details 'Excruciating' Personal Toll of Tesla Turmoil」. The New York Time. ２０１８年８月16日. https://www.nytimes.com/2018/08/16/business/elon-musk-interview-tesla.html.

12.「ＣＡＳＥ革命 ２０３０年の自動車産業」. 中西 孝樹. 日本経済新聞. ２０１８年.

13.「The Software-Defined Vehicle Enabling the Updatable Car」. ２０２１年７月. https://insight.sbdautomotive.com/rs/164-IYW-366/images/Preview%20-%20The%20Software- defined%20Vehicle%20report.pdf.

13.「【なぜ】新型プリウスがリーズナブルになる？ サブスク『ＫＩＮＴＯ』が仕掛ける新たな一手」. ２０２２年12月22日. https://newspicks.com/news/7909453/body/?ref=user_3481.

14.「『なぜＥＶのこと知りたい？』 トヨタ佐藤新社長、逆質問の真意」. 日経ビジネス. ２０２３年４月21日. https://business.nikkei.com/atcl/gen/19/00109/042100211/?P=2.

参考文献

【著書】

湯進『中国のＣＡＳＥ革命＝CASE Revolution in China：２０３５年のモビリティ未来図』日経ＢＰ日本経済新聞出版本部、２０２１年

安井孝之『２０３５年「ガソリン車」消滅』青春出版社、２０２１年

加藤康子、池田直渡、岡崎五朗『ＥＶ推進の罠：「脱炭素政策」の嘘』ワニブックス、２０２１年

桑島浩彰、川端由美『日本車は生き残れるか』講談社、２０２１年

中西孝樹『ＣＡＳＥ革命：２０３０年の自動車産業』日本経済新聞出版社、２０１８年

中西孝樹『トヨタ対VW（フォルクスワーゲン）：2020年の覇者をめざす最強企業』日本経済新聞出版社、2013年
深尾幸生『EVのリアル：先進地欧州が示す日本の近未来』日経BP日本経済新聞出版社、2022年
黒川文子『自動車産業のESG戦略』中央経済社、2018年
佐伯靖雄『自動車電動化時代の企業経営』晃洋書房、2018年
藤村俊夫『EVシフトの危険な未来 間違いだらけの脱炭素政策』日経BP、2022年
片山修『豊田章男の覚悟：自動車産業グレート・リセットの先に』朝日新聞出版、2022年
丸川知雄、徐一睿、穆尭芊編『高所得時代の中国経済を読み解く』東京大学出版会、2022年
ジャック・ユーイング『フォルクスワーゲンの闇：世界制覇の野望が招いた自動車帝国の陥穽』訳者長谷川圭と吉野弘人、日経BP社、2017年
村沢義久『日本車敗北：「EV戦争」の衝撃』プレジデント社、2022年

【雑誌・新聞】

「ソフトで勝ち抜く ビークルOS時代の自動車戦略」『日経 Automotive』2020年7月1日
「背水のホンダ」『東洋経済』2023年2月11日
「EV産業革命」『東洋経済』2021年10月9日
「マスク氏の微妙な戦略 テスラ値下げは吉か凶か」『THE WALL STREET JOURNAL』2023年5月2日
「製造業、顧客との協働力磨け 日本企業、復活できるか」藤本隆宏『日本経済新聞』2022年4月4日
「米運輸省、2026年モデル車の燃費を1ガロン49マイルとする新規則発表」『日本貿易振興機構』2022年4月6日
「トヨタ自動車のEVシフトに関して」『グリーンピース・ジャパン』2022年5月19日
「脱炭素化でトヨタが果たす役割に強く期待――グリーンピース、積極的な対策求め本社前で訴え」『グリーンピース・ジャパン』2022年6月15日

「絶頂トヨタの真実」『ダイアモンド』２０２２年３月５日
「再生可能エネルギーとEV抜きに日本の将来は描けない」小泉進次郎『中央公論』２０２１年３月

【Website】
「〈自動車人物伝〉豊田英二…トヨタ中興の祖」. 2014. GAZOO. https://gazoo.com/feature/gazoo-museum/car-history/14/03/20/（閲覧日 2022年11月12日）.
「２０５０年カーボンニュートラルに伴うグリーン成長戦略を策定しました」. 2020. 経済産業省. https://www.meti.go.jp/press/2020/12/20201225012/20201225012.html（閲覧日２０２０年12月26日）.
「Big news from Mercedes-Benz, Volkswagen and Tesla」. 2023. Linkedin. https://www.linkedin.com/pulse/big-news-from-mercedes-benz-volkswagen-tesla-christof-horn（閲覧日２０２３年４月７日）.
「Carbon Neutrality by 2050」. 2022. OICA. https://www.oica.net/wp-content/uploads/OICA-Position-Paper-on-Carbon-Neutrality-by-2050-NOV2022.pdf（閲覧日２０２２年12月２日）.
「ＣＯＰ27を踏まえたパリ協定６条（市場メカニズム）解説資料」. 2023. 環境省 地球環境局 国際脱炭素移行推進・環境インフラ担当参事官室. https://www.env.go.jp/content/000060573.pdf（閲覧日２０２３年４月５日）.
「Elon Musk Details 'Excruciating' Personal Toll of Tesla Turmoil」. 2018. The New York Times.（閲覧日２０２３年１月５日）.
「ＥＵ、バッテリー規則案に政治合意、２０２４年から順次適用へ」. 2022. JETRO. https://www.jetro.go.jp/biznews/2022/12/12e41e15f44c73df.html（閲覧日２０２３年１月５日）.
「ＥＶバッテリーの高電圧化の背景」. 2022. Mapion. https://www.mapion.co.jp/news/column/cobs2445584-1-all/（閲覧日２０２２年８月４日）.
「General Motors and Samsung SDI Plan to Invest More than $3 Billion to Expand U.S. Battery Cell Manufacturing」. 2023. GM Homepage.

https://news.gm.com/newsroom.detail.html/Pages/news/us/en/2023/apr/0426-samsungsdi.html（閲覧日2023年4月26日）.

「GMの25年EV生産、60万台下回る可能性　電池増産に遅れ＝調査会社」. 2023. Reuters. https://www.reuters.com/article/gm-electric-battery-idJPL4N37G0NW（閲覧日2023年5月20日）.

「Haru Oni: Base camp of the future」. 2021. Siemens Energy. https://www.siemens-energy.com/global/en/news/magazine/2022/haru-oni.html（閲覧日2023年3月1日）.

「Investor Day 2023」. 2022. GM Homepage. https://investor.gm.com/static-files/374bb801-7774-44d3-9356-3fa708a393a5（閲覧日2023年12月1日）.

「Tesla FSD cost and price increase history」. 2022. not a tesla app. https://www.notateslaapp.com/tesla-reference/958/tesla-fsd-price-increase-history Kevin Armstrong.（閲覧日2022年6月5日）.

「Tesla Crashes on Full Self Driving BETA」. 2022. https://www.youtube.com/watch?v=sbSDsbDQjSU&t=200s（閲覧日2022年2月15日）.

「The Software-Defined Vehicle Enabling the Updatable Car」. 2021. SBD. https://insight.sbdautomotive.com/rs/164-IYW-366/images/Preview%20-%20The%20Software-defined%20Vehicle%20report.pdf（閲覧日2023年3月2日）.

「Volkswagen AG Annual Media and Analyst and Investor Conference 2023」. 2023. VWG Homepage. https://www.volkswagenag.com/presence/investorrelation/publications/presentations/2023/03/2023-03-14_VolkswagenAG_JPK_long_final.pdf（閲覧日2023年3月15日）.

「VW社長退場、未完の『ミッションT』　EV改革後退も」. 2022. 日経モビリティ. https://www.nikkei.com/prime/mobility/article/DGXZQOGR234R90T20C22A7000000（閲覧日2022年10月31日）.

「自動車の持続可能な未来へ―自動車環境ガイド2022発表」. グリーンピース・ジャパン. https://www.greenpeace.org/japan/campaigns/story/2022/09/13/59187/（閲覧日2023年6月6日）.

「脱炭素化でトヨタが果たす役割に強く期待――グリーンピース、積極的な対策求め本社前で訴え」. グリーンピース・ジャパン. https://www.greenpeace.org/japan/campaigns/press-release/2022/06/15/57696/（閲覧日2023年4月6日）.

「クルマ作りを大変革するトヨタの『ソフトウェアファースト』とは」. 2023. Response. https://response.jp/article/2023/02/21/367844.html?pickup-text-list=2（閲覧日2023年4月1日）.

「ビジョナリーカンパニー 3 衰退の五段階」. 日経BP. ジェームズ・C・コリンズと山岡洋一. 2010.（閲覧日2023年2月11日）.

「シェフラーなど自動車業界10社で合弁会社 Cofinity-X を設立」. 2023. https://kyodonewsprwire.jp/release/202302082789（閲覧日2023年2月11日）.

「タイタニック　なんでハード・スターボードなの?.」. 2021. ふなむしのひとりごと（2021）. http://www.funamushi.jp/note/2021/note202102.html（閲覧日2023年4月9日）.

「AIの役割は人間の代替ではなく、人間の知能を拡張することだ」. デイビッド・デ・クレーマーとガルリ・カスパロフ. 2021. Harvard Business Review.（閲覧日2023年5月9日）.

「テスラが明かした『モデル3』生産地獄の実態」. 2018. 東洋経済オンライン. https://toyokeizai.net/articles/-/208352（閲覧日2023年5月12日）.

「テスラを侮る人に知ってほしい（評価される訳）」. 2021. 東洋経済オンライン. https://toyokeizai.net/articles/-/422534（閲覧日2023年5月5日）.

「テスラ、次の一手は自動車生産の大変革『EV製造コストを半分に』」. 2023. 日経ビジネス. https://business.nikkei.com/atcl/gen/19/00109/031700207/?P=2（閲覧日2023年4月5日）.

「テスラ『次世代PFでサプライヤーさらに絞る』、コロナ禍の〝悪夢〟が教訓」. 2023. 日経BP. https://xtech.nikkei.com/atcl/nxt/column/18/02385/032200008/（閲覧日2023年3月24日）.

「トヨタ『bZ4X』東京―青森長距離走行で実感した『疑問』について考えてみる」. 2022. Car Watch. https://car.watch.impress.co.jp/docs/news/1296023.html（閲覧日2023年3月10日）.

「トヨタ自動車、新体制を公表」. 2016. トヨタ. https://global.toyota/jp/detail/11234112（閲覧日2023年5月1日）.

「トヨタ渾身のEV『bZ4X』でリコール、脱輪懸念の裏にねじ締結の設計変更」. 2023. 日経クロステック. https://xtech.nikkei.com/atcl/nxt/mag/

nmc/18/00016/00046/?P=5（閲覧日2023年3月3日）．

「『なぜEVのこと知りたい？』トヨタ佐藤新社長、逆質問の真意」．2023．日経ビジネス．https://business.nikkei.com/atcl/gen/19/00109/042100211/?P=2．（閲覧日2023年5月18日）．

「液体水素を搭載した水素エンジンカローラ、スーパー耐久シリーズ第1戦鈴鹿大会は欠場も、富士24時間レースに向けて挑戦を継続」．2023．トヨタ．https://global.toyota/jp/newsroom/corporate/38934532.html?adid=ag478_mail&padid=ag478_mail（閲覧日2023年3月19日）．

「欧州EVに地盤沈下不安　米中攻勢のはざまで打つ手なし」．2023．産経新聞．ttps://www.itmedia.co.jp/business/articles/2303/26/news033_2.html（閲覧日2023年3月27日）．

「【核心】トヨタの『死』について議論しよう」．NEWSPICKS．2019．https://newspicks.com/news/3613786/body/（閲覧日2022年4月5日）．

「現代自動車、2030年までに国内EV産業に2.4兆円を投資」．2023．日経 Automotive．https://xtech.nikkei.com/atcl/nxt/news/18/14988/?P=2（閲覧日2023年4月15日）．

「顧客が求めるものを提供するトヨタ生産方式（TPS）」．2023．monorevo．https://monorevo.jp/（閲覧日2023年4月16日）．

「国境炭素調整で欧米連携か」．2021．日経新聞．https://www.nikkei.com/article/DGKKZO69172610X10C21A2EA1000/（閲覧日2023年4月5日）．

「自動運転システムの訓練に特化、テスラの独自チップから見えた〝クルマの未来〟」．2021．wired．https://wired.jp/2021/09/14/why-tesla-designing-chips-train-self-driving-tech/（閲覧日2022年9月16日）．

「自動走行の実現及び普及に向けた 取組報告と方針」．2023．自動走行ビジネス検討会．https://www.meti.go.jp/policy/mono_info_service/mono/automobile/jido_soko/pdf/20230428_houkokusyo.pdf（閲覧日2023年4月29日）．

「小泉環境相が見た首相決断　『脱炭素』へのルビコン」．2020．日本経済新聞．https://www.nikkei.com/article/DGXZQOGH071NQ0X01C20A2000000/（閲覧日2022年11月1日）．

「第18回『自動車業界におけるクラウドネイティブ技術の活用例』」2022. IBM. https://www.ibm.com/blogs/solutions/jp-ja/container-cocreation-center-18/（閲覧日2022年11月1日）.
「第二百三回国会における菅内閣総理大臣所信表明演説」2020. 首相官邸 . https://www.kantei.go.jp/jp/99_suga/statement/2020/1026shoshinhyomei.html（閲覧日2020年10月27日）.
「電気自動車はガソリン車より石油消費量が多いのか?」2013. スマートジャパン. https://www.itmedia.co.jp/smartjapan/articles/1307/12/news107_2.html（閲覧日2022年12月1日）.
「製造業、顧客との協働力磨け　日本企業、復活できるか」藤本隆宏. 2022. 日本経済新聞. https://www.nikkei.com/article/DGXZQOCD251L60V20C22A3000000/ 閲覧日（2023年4月1日）.
「日米通商交渉の歴史（概要）」2012. 外務省. https://www.mofa.go.jp/mofaj/gaiko/tpp/pdfs/j_us_rekishi.pdf（閲覧日2022年11月15日）.
「日本自動車工業会ホームページ記者会見」2022. 日本自動車工業会. https://www.jama.or.jp/release/press_conference/2022/1331/（閲覧日2023年3月1日）.
「配属ガチャで『気絶しそうに』人事に泣いたトヨタ新社長の人づくり」2023. 日経ビジネス https://business.nikkei.com/atcl/gen/19/00109/042100212/（閲覧日2023年5月6日）.
「Catena-X（カテナ-X）とは? 欧州自動車業界の『カーボンニュートラル戦略』最新動向」福本　勲. 2021. 東芝. https://www.sbbit.jp/article/cont1/76153（閲覧日2023年4月5日）.
「米環境保護庁が自動車排ガスの新規制案を発表、2032年までに2026年比56%の削減を要求」2023. JETRO. Fhttps://www.jetro.go.jp/biznews/2023/04/81f90adffd8cec8c.html（閲覧日2023年4月22日）.
「利益でVWに勝ち続けるトヨタの秘密　~開発組織ZのHWPM, 組織と労働~」野村　俊郎. 2015. https://core.ac.uk/download/pdf/235019048.pdf（閲覧日2023年5月15日）.

著者紹介

中西孝樹（なかにし・たかき）

1962年生まれ。オレゴン大学卒。山一證券、メリルリンチ証券等を経由し、JPモルガン証券東京支店株式調査部長、アライアンス・バーンスタインのグロース株式調査部長を歴任。現在は、ナカニシ自動車産業リサーチ代表アナリスト。1994年以来一貫して自動車産業調査に従事し、日経金融新聞・日経ヴェリタス人気アナリストランキング自動車・自動車部品部門、米国Institutional Investor自動車部門ともに2004年から6年連続で第1位の不動の地位を保った。2013年に独立しナカニシ自動車産業リサーチを設立。「CASE革命2030年の自動車産業」「自動車新常態（ニューノーマル）CASE/MaaSの新たな覇者」（いずれも日経新聞出版社）など著書多数。

トヨタのEV《イーブイ》戦《せん》争《そう》

2023年7月25日　第1刷発行

著者　中西《なかにし》孝《たか》樹《き》
発行者　出樋一親／髙橋明男
編集発行　株式会社講談社ビーシー
〒112-0013　東京都文京区音羽1-2-2
電話 03-3943-6559（書籍出版部）
発売発行　株式会社講談社
〒112-8001　東京都文京区音羽2-12-21
電話 03-5395-4415（販売）
電話 03-5395-3615（業務）
KODANSHA
印刷所　株式会社KPSプロダクツ
製本所　牧製本印刷株式会社
本文DTP　株式会社KPSプロダクツ
装丁・本文デザイン　next door design
編集　飯干俊作

ISBN 978-4-06-533025-8　